"十二五"职业教育国家规划教材
经全国职业教育教材审定委员会审定

混凝土结构平法识图

Hunningtu Jiegou Pingfa Shitu

建筑类专业

王仁田　林宏剑　主　编

高等教育出版社·北京

内容简介

本书是"十二五"职业教育国家规划教材，依据教育部颁布的《中等职业学校建筑工程施工专业教学标准》、16G101系列国家建筑标准设计图集，并参照助理造价工程师、施工员、监理员等岗位技能要求编写。

本书在《建筑结构施工图识读》（王仁田、林宏剑主编）的基础上修订而成，以真实图纸为案例，讲授混凝土结构设计总说明的识读、基础平法施工图的识读、柱平法施工图的识读、梁平法施工图的识读、板平法施工图的识读、楼梯平法施工图的识读、剪力墙平法施工图的识读、装配式混凝土结构施工图的简单识读。

本书为立体化新形态教材，配有多种数字化资源。运用BIM技术、虚拟现实技术，通过三维模型、动画、视频等直观地呈现图纸信息和钢筋构造，使平法识图变得轻松容易。登录爱课程网中国职教MOOC频道，可在线学习、测验考试、互动讨论。通过手机扫描书上的二维码，可随时随地学习微课。登录Abook网站 http://abook.hep.com.cn/sve，可下载配套的教学课件等教学资源。

本书采用的某小学行政楼施工图的建筑、结构、水电全套图纸和构造详图见林宏剑、蒋敏主编的《建筑工程施工图实例和构造详图》（ISBN 978-7-04-043478-1），该书可与高等教育出版社出版的建筑类相关课程职业教育教材配套使用。

本书可作为职业学校、应用型本科建筑工程、工程造价等建筑类专业教材，也可作为相关企业建筑工程技术人员培训和继续教育用书。

图书在版编目（CIP）数据

混凝土结构平法识图/王仁田，林宏剑主编.--北京：高等教育出版社，2020.9（2022.1重印）

建筑类专业

ISBN 978-7-04-053902-8

Ⅰ.①混… Ⅱ.①王… ②林… Ⅲ.①混凝土结构-建筑制图-识图 x 中等专业学校-教材 Ⅳ.①TU37

中国版本图书馆CIP数据核字(2020)第049648号

策划编辑 梁建超　　责任编辑 陈梅琴　　封面设计 杨立新　　版式设计 童 丹
插图绘制 于 博　　责任校对 陈 杨　　责任印制 朱 琦

出版发行	高等教育出版社	网　址	http://www.hep.edu.cn
社　址	北京市西城区德外大街4号		http://www.hep.com.cn
邮政编码	100120	网上订购	http://www.hepmall.com.cn
印　刷	三河市骏杰印刷有限公司		http://www.hepmall.com
开　本	787mm×1092mm 1/16		http://www.hepmall.cn
印　张	16		
字　数	400千字	版　次	2020年9月第1版
购书热线	010-58581118	印　次	2022年1月第2次印刷
咨询电话	400-810-0598	定　价	45.80元

物 料 号 53902-00

本书配套的数字化资源获取与使用

本书为立体化新形态教材，配套多种数字化资源，运用BIM技术和虚拟现实技术，通过三维模型、动画、视频等直观地呈现图纸信息和钢筋构造，使平法识图学习变得轻松容易。

职教MOOC

在线开放课程

http://www.icourses.cn/vemooc

通过计算机端或手机端登录在线开放课程，可进行在线学习、测验考试、互动讨论等。

- 计算机端学习方法：访问地址http://www.icourses.cn/vemooc，或搜索“爱课程”，进入“爱课程”网“中国职教MOOC”频道，在搜索栏内搜索课程“混凝土结构平法识图”。
- 手机端学习方法：扫描封底二维码或在手机应用商店中搜索“中国大学MOOC”，安装 APP 后，搜索课程“混凝土结构平法识图”。

扫码下载
中国大学MOOC APP

二维码教学资源

用手机扫描书上的二维码，可观看配套微课，随时随地学习。

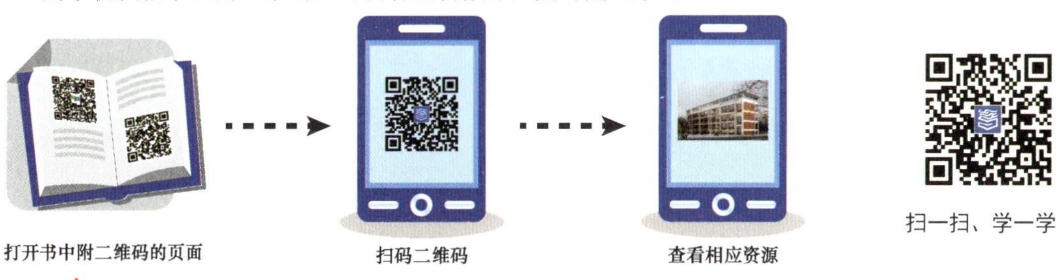

打开书中附二维码的页面
扫码二维码
查看相应资源
扫一扫、学一学

Abook教学资源
http://abook.hep.com.cn/sve

登录 Abook 网站 http://abook.hep.com.cn/sve 或 Abook APP，可免费获取配套课件、电子教案等数字化资源，详细说明见书后“郑重声明”页。

注册
登录
绑定课程
密码
访问网站http://abook.hep.com.cn/sve，
用常用邮箱注册，设置用户名、密码
输入用户名、
密码、验证码
刮开教材封底学习卡
上的防伪标签，输入20位密码
扫码下载Abook APP

前言

本书是“十二五”职业教育国家规划教材，是校企“双元”合作开发的“互联网+”技能应用型创新教材，对接助理造价工程师、施工员、监理员等岗位技能要求，依据《混凝土结构施工图平面整体表示方法制图规则和构造详图》（16G101—1、2、3）、《桁架钢筋混凝土叠合板》（60 mm 厚底板）（15G366—1）、《混凝土结构设计规范》（GB 50010—2010）等编写。

混凝土结构平法识图是土木类专业的一门核心技能课程，本书可作为职业学校、应用型本科建筑工程、工程造价等建筑类专业教材，也可作为相关企业建筑工程技术人员培训和继续教育用书。

本书通过改革创新，主要有以下特色：

1. 校企协同，双元合作。本书编写团队由学校教学名师与企业技术专家组成，包括由长期从事教学一线工作的特级教师、教授、全国技能大赛优秀指导教师以及全国教学比赛一等奖获得者，以及长期在企业从事建筑设计、工程施工工作的高级工程师、国家一级注册结构工程师以及建造师、软件开发工程师等。

2. 精选内容，对接标准。按照框架结构施工图内容及顺序编写平法识图教学项目，精选相应的构件基础知识以及平法制图规则和构造要求编写教学任务，紧密对接助理造价工程师、施工员、监理员等岗位的职业技能标准，突出应用性。

3. 资源配套，立体教学。本书为立体化新形态教材，配套多种数字化资源。运用 BIM 技术、虚拟现实技术，通过三维模型、动画、视频等直观地呈现图纸信息和钢筋构造，使平法识图变得轻松容易。登录爱课程网中国职教 MOOC 频道，可在线学习、测验考试、互动讨论。通过扫描书上的二维码，可随时随地学习微课。登录 Abook 网站 http://abook.hep.com.cn/sve，可下载配套的教学课件等教学资源。

本书针对不同的学习对象，建议学时为 60~80，各教学项目的学时分配建议如下：

教学项目	建议学时	教学项目	建议学时
项目 1　混凝土结构设计总说明的识读	4~6	项目 5　板平法施工图的识读	10~14
项目 2　基础平法施工图的识读	6~8	项目 6　楼梯平法施工图的识读	6~8
项目 3　柱平法施工图的识读	10~14	项目 7　剪力墙平法施工图的识读	8~10
项目 4　梁平法施工图的识读	14~16	项目 8　装配式混凝土结构施工图的简单识读	2~4

本书由王仁田、林宏剑主编，汪洋、蒋敏、潘娅红、卢胜利、蔡旦辉、高美林参加了部分内容编写

和相应微课的制作,全书由王仁田统稿。上海维启软件科技有限公司积极参与了教材配套的软件、动画的开发,李承汉绘制了三维图形,谨此表示诚挚感谢。

本书采用的某小学行政楼施工图的建筑、结构、水电全套图纸和构造详图见林宏剑、蒋敏主编的《建筑工程施工图实例和构造详图》(ISBN 978-7-04-043478-1),该书可与高等教育出版社出版的建筑类相关课程职业教育教材配套使用。

由于编者水平有限,书中难免存在不足之处,恳切期望各位读者批评指正,以便进一步修改完善(读者意见反馈信箱:zz_dzyj@ pub. hep. cn)。

编　者

2020 年 6 月

目 录

项目1 混凝土结构设计总说明的识读

导读

混凝土结构施工图的识读始于结构施工图的图纸目录(图 1–1)，结构设计总说明位于建筑工程项目结构施工图纸的首页。通过结构设计总说明，识读者可以从工程概况(结构名称、类别、尺寸等)、建筑物主要荷载(作用)取值、主要结构材料、工程施工要点等多方面了解工程设计者的设计意图以及对结构施工图所表述内容的统一要求。

××市××设计研究院 图纸目录	建设单位	××市××小学		
	项目名称	××市××小学	专业	结构
	子项名称	行政楼	阶段	施工图
	项目编号	2013-T-03	版次	A

审定	审核	项目负责	专业负责	校对	设计	日期
						2013.05

序号	图别 图号	图纸名称	图幅	备注
1	结施–01	结构设计总说明(1)	A2	
2	结施–02	结构设计总说明(2)	A2	
3	结施–03	基础平法施工图	A2	
4	结施–04	基础顶面~4.470柱平法施工图	A2	
5	结施–05	4.470~11.670柱平法施工图	A2	
6	结施–06	11.670~15.300柱平法施工图	A2	
7	结施–07	4.470梁平法施工图	A2	
8	结施–08	8.070~11.670梁平法施工图	A2	
9	结施–09	15.300梁平法施工图	A2	
10	结施–10	4.470~11.670板平法施工图	A2	
11	结施–11	15.300板平法施工图	A2	
12	结施–12	节点结构详图	A2	
13	结施–13	T1楼梯平法施工图(1)	A2	
14	结施–14	T1楼梯平法施工图(2)	A2	
15	结施–15	T2楼梯平法施工图(1)	A2	
16	结施–16	T2楼梯平法施工图(2)	A2	

注:《建筑工程施工图实例和构造详图》中的基础平法施工图提供了桩基础和独立基础两种方案，本书选用独立基础，图纸目录中的图号相应调整。

图 1–1　图纸目录

任务 1 常用建筑结构的识别

1. 知道建筑结构的分类及特点。
2. 识别常用建筑结构。

建筑物都是由基础、墙、梁、柱、板等基本构件组成，如图 1-2 所示。这些基本构件相互连接、互相支承，构成建筑物的支承骨架，承受各种荷载作用。建筑结构是指建筑物中用来承受荷载和其他间接作用(如地基不均匀沉降、温度变化引起的伸缩等)并起骨架作用的体系。本任务简要介绍常用建筑结构的分类及特点。

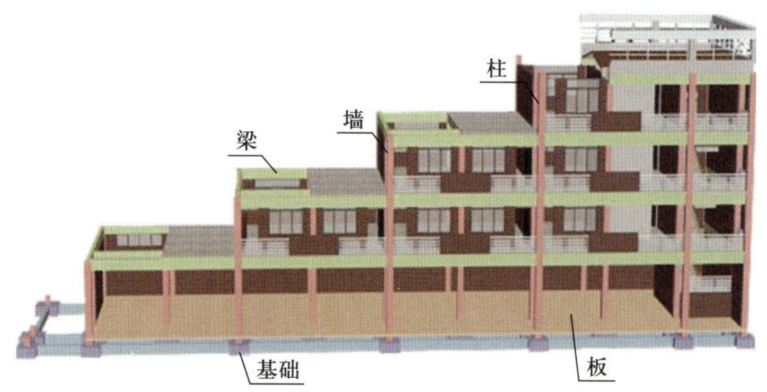

图 1-2 建筑物中的基本构件

由于实际建筑物的功能、形体、用途等各不相同，因此，建筑结构的形式也各异。一般建筑结构可根据结构使用的材料和结构的受力特点来分类。

一、建筑结构按结构使用的材料分类

建筑结构按结构使用的材料分类，常用的有钢筋混凝土结构、砌体结构、钢结构、木结构，见表 1-1。

表 1-1 建筑结构按结构使用的材料分类

建筑结构形式	主要材料	优点	缺点	用途
钢筋混凝土结构	混凝土、钢筋	强度高，耐久性、耐火性、可模性、整体性好，易于就地取材	自重大，抗裂性较差，施工工期长	广泛应用于多层与高层工业与民用建筑中

续表

建筑结构形式	主要材料	优点	缺点	用途
砌体结构	块材(砖、石、砌块)、砂浆	易于就地取材,成本低,耐火性、耐久性、保温隔热性能较好	自重大,强度低,抗震性能差,砌筑工作量大	大部分用于多层民用建筑中
钢结构	钢板、型钢(工字型钢、H型钢、角钢等)	强度高,重量轻,材质均匀,抗震性好,施工速度快	造价高,易锈蚀,耐久性、耐火性较差	特别适用于工业建筑及高层建筑中
木结构	木材	易于就地取材,制作简单	强度低,易燃,易腐蚀,变形大	现在很少使用

二、建筑结构按结构受力特点分类

建筑结构按结构受力特点分类,常用的有混合结构、框架结构、剪力墙结构、框架-剪力墙结构等,见表 1-2。

表 1-2　建筑结构按结构受力特点分类

建筑结构形式	受力特点	优点	缺点	用途
混合结构	由砌体和钢筋混凝土构件共同承受荷载	施工难度低,刚度大,造价低	自重大,强度低,抗震性差,施工工期长	一般适用于层数不多的民用建筑中
框架结构	梁、柱构件构成承重骨架	建筑空间分隔比较灵活,承受竖向荷载能力较强	抗侧移能力较弱	一般适用于多层工业与民用建筑中
剪力墙结构	由整片的钢筋混凝土墙体和钢筋混凝土楼(屋)盖组成	整体刚度大,抗侧移能力强	建筑空间划分受到限制,造价相对较高	一般适用于横墙较多的建筑中
框架-剪力墙结构	在框架结构中设置适当的剪力墙结构。框架承受竖向荷载,剪力墙主要承受水平荷载	布置灵活,有较大的空间,抗侧移能力强	造价相对较高	一般适用于高层建筑中

建筑结构形式的识别

根据建筑结构的分类方法，请对表 1-3 中建筑结构示例的建筑结构形式进行识别。

表 1-3 建筑结构形式

建筑结构示例	建筑结构形式	建筑结构示例	建筑结构形式

任务 2　结构设计总说明的识读

1. 说出结构施工图的基本组成。
2. 简述结构设计总说明的主要内容。
3. 熟练识读图 1-3 所示结构设计总说明，知道建筑工程项目结构的基本情况。

一、结构施工图的基本组成

在每个建筑工程项目开始施工前，首先从阅读这个建筑工程项目的施工图纸开始。通常一个建筑工程项目的施工图纸包括建筑施工图、结构施工图、给排水施工图、电气施工图和暖通空调施工图等各专业的施工图纸。从本项目开始，将结合某小学行政楼结构施工图的实例，介绍结构施工图的识读要点。

结构设计总说明概述

结构施工图的基本组成为图纸目录、结构设计总说明、结构平法施工图和结构详图。通过图纸目录可了解图纸的排列、总张数和每张图纸的序号及内容，检查图纸的完整性，便于查找图纸。结构平法施工图一般包括基础、柱、梁、板、楼梯平法施工图。

二、结构设计总说明的主要内容

对一个建筑工程项目的认识，从无到有总是从相关的建筑设计总说明和结构设计总说明开始的。通过识读结构设计总说明，可以对将要施工的建筑工程项目在结构方面的特点和基本要求有一个全面的了解。

每个单项工程的结构设计总说明通常由以下主要内容组成：

① 工程概况；② 设计依据；③ 图纸在标高、尺寸、钢筋符号、表示方法等制图规则上的说明；④ 建筑工程在结构方面的分类等级；⑤ 主要荷载取值；⑥ 设计计算程序；⑦ 主要结构材料；⑧ 基础及地下室工程的结构要点和施工要求；⑨ 钢筋混凝土工程的结构要点和施工要求；⑩ 砌体工程的结构要点和施工要求；⑪ 变形观测等检测要求；⑫ 其他施工时需注意的事项。

结构设计总说明的识读

以如图 1-3 所示的结施-01、结施-02 结构设计总说明（节选）为例，介绍结构设计总说明的识读。

一、结构特性

结构特性

建筑工程项目的结构特性识读主要有工程概况、设计依据、图纸说明的识读，见表 1-4。

结构设计总说明(1)

一、工程概况

本工程为××市××小学四层框架结构行政楼，建筑长度为43.20 m，宽度为9.90 m，建筑总高度为15.450 m，基础形式为柱下独立基础。

二、设计依据

2.1 本工程设计使用年限为50年。

2.2 自然条件：本工程基本风压值为0.75 kN/m²，地面粗糙度为B类，基本雪压值为0.30 kN/m²；本地区抗震设防烈度为7度，本工程抗震等级为三级。

2.3 本工程根据××工程勘察院提供的《××市××小学新建行政楼岩土工程勘察报告》(20××年××月)进行施工图设计。

2.4 政府有关主管部门对本工程的审查批复文件。

2.5 本工程设计所执行的规范及规程见下表：

序号	名称	标准号
1	《建筑工程抗震设防分类标准》	GB 50223—2008
2	《建筑结构可靠性设计统一标准》	GB 50068—2018
3	《建筑结构荷载规范》	GB 50009—2012
4	《建筑抗震设计规范》	GB 50011—2010
5	《混凝土结构设计规范》	GB 50010—2010
6	《建筑地基基础设计规范》	GB 50007—2011
7	《砌体结构设计规范》	GB 50003—2011
8	《建筑地基处理技术规范》	JGJ 79—2012
9	《建筑设计防火规范》	GB 50016—2014
10	《建筑工程设计文件编制深度规定》	建质[2008]216号

三、图纸说明

3.1 本工程结构施工图中除注明外，标高以m为单位，尺寸以mm为单位。

3.2 本工程建筑室内地面标高±0.000相当于黄海高程4.850 m。

3.3 图中构件编号见下表：

构件类型	代号	序号	构件类型	代号	序号
基础梁	JL	××	构造柱	GZ	××
框架柱	KZ	××	梯梁	TL	××
框架梁	KL	××	梯板	AT	××
屋面框架梁	WKL	××	梯柱	TZ	××
次梁	L	××	平台板	PTB	××
屋面次梁	WL	××			

3.4 本工程结构施工图采用平面整体表示方法，参照平法16G101系列标准图集见下表：

序号	图集名称		图集代号
1	混凝土结构施工图平面整体表示方法制图规则和构造详图	现浇混凝土框架、剪力墙、梁、板	16G101-1
2		现浇混凝土板式楼梯	16G101-2
3		独立基础、条形基础、筏形基础、桩基础	16G101-3

四、建筑分类等级

建筑分类等级见下表：

序号	名称	等级	依据的国家标准规范
1	建筑结构安全等级	二级	《建筑结构可靠性设计统一标准》GB 50068—2018
2	地基基础设计等级	丙级	《建筑地基基础设计规范》GB 50007—2011
3	建筑抗震设防类别	丙类	《建筑工程抗震设防分类标准》GB 50223—2008
4	框架抗震等级	三级	《建筑抗震设计规范》GB 50011—2010
5	建筑耐火等级	二级	《建筑设计防火规范》GB 50016—2014
6	混凝土构件的环境类别	一类 二a类 二b类	《混凝土结构设计规范》GB 50010—2010

五、主要荷载取值

5.1 楼(屋)面恒载(建筑隔墙墙体自重)见下表：

序号	墙体类型	墙体材料	自重/(kN/m²)
1	外墙	240厚烧结页岩砖(容重≤11 kN/m³)	4.00
2	内墙	240厚烧结页岩砖(容重≤11 kN/m³)	3.60

5.2 楼(屋)面活荷载见下表：

序号	荷载类别	标准值/(kN/m²)	序号	荷载类别	标准值/(kN/m²)
1	不上人屋面	0.50	3	其余房间	2.00
2	上人屋面	2.00	4	走廊、门厅、楼梯	3.50

注：使用及施工堆料重量均不得超过以上值。

六、设计计算程序

本工程使用中国建筑科学研究院建筑工程软件研究所编制的《多高层建筑结构空间有限元分析软件SATWE》(20××年××月版)进行结构整体分析，结构整体计算嵌固部位为基础顶面(-0.550)。

七、主要结构材料

7.1 混凝土

(1)混凝土强度等级：基础垫层(100厚)为C15，主体结构梁、板、柱均为C25。

(2)混凝土构件的环境类别及耐久性要求见下表：

部位	构件	环境类别	最大水灰比	最小水泥用量/(kg/m³)	最大氯离子含量	最大碱含量/(kg/m³)
地上	室内正常环境	一类	0.65	225	1.0	不限制
地上	厨房、卫生间、雨篷等潮湿环境基础梁、板侧面顶面	二a类	0.60	250	0.3	3
地下	基础梁、板底面	二b类	0.55	275	0.2	3

7.2 钢筋符号、钢材牌号见下表：

热轧钢筋种类	符号	f_y/(N/mm²)	钢材牌号	厚度/mm	f/(N/mm²)
HPB300(Q235)	Φ	270	Q235-B	≤16	215
HRB400	Φ	360			

7.3 焊条：

E43型：用于HPB300级钢筋，Q235-B钢材焊接。

E50型：用于HRB400级钢筋，Q345-B钢材焊接。

钢筋与钢材焊接随钢筋定焊条，焊接应符合《钢筋焊接及验收规程》(JGJ 18—2012)以及《钢结构焊接规范》(GB 50661—2011)有关规定。

7.4 墙体材料：

±0.000以下为240厚，采用MU10混凝土标准砖、M10水泥砂浆实砌，两侧用1∶3水泥砂浆粉刷20厚。±0.000以上外墙，内隔墙及楼梯间采用MU10烧结页岩砖，M7.5混合砂浆实砌，砌筑施工质量控制在B级。砌筑方法及水电线穿墙处按2006浙G30《烧结多孔砖房屋结构构造》施工。

××市××设计研究院				工程名称	××市××小学	
				项目	行政楼	
院长		工种负责		结构设计总说明(1)	设计号	
审定		校对			图别	施工图
审核		设计			图号	结施-01
工程负责		制图			日期	

结构设计总说明(2)

八、地基基础部分

本工程根据××工程勘察院提供的《××市××小学新建行政楼岩土工程勘察报告》(20××年××月)并结合房屋上部结构情况采用柱下独立基础，基槽开挖时如发现与设计不符，请及时与设计单位联系。

九、钢筋混凝土部分

9.1 混凝土构件的环境类别和混凝土保护层最小厚度见下表：

序号	构件名称及范围		环境类别	保护层最小厚度/mm
1	基础底板	底部、顶部	二b	40
2	基础梁	底部、顶部、侧面	二b	40
3	框架柱	室内正常环境	—	25
		室外、潮湿环境	二a	30
4	梁	室内正常环境	—	25
		室外、潮湿环境	二a	30
5	板	室内正常环境	—	20
		室外、潮湿环境	二a	25

9.2 纵向受拉钢筋的锚固长度 l_a(l_{aE})见下表：

混凝土强度等级		C25		C30	
钢筋直径 d/mm		≤25	>25	≤25	>25
纵向受拉钢筋锚固长度		l_a(l_{aE})		l_a(l_{aE})	
HPB300	非抗震、四级抗震等级	34d	38d	30d	33d
	三级抗震等级	36d	40d	32d	36d
HRB400	非抗震、四级抗震等级	40d	44d	35d	39d
	三级抗震等级	42d	47d	37d	41d

注：1. HPB300级钢筋末端应做180°弯钩，弯后平直段长度不应小于3d，但受压时可不做弯钩。

2. 纵向受压钢筋的锚固长度不应小于受拉锚固长度的0.7。

3. 柱纵筋伸入基础内的长度应满足锚固长度 l_{aE} 的要求，并应伸入基础底部后做水平弯折，弯折长度不小于15d。

9.3 纵向受拉钢筋的绑扎搭接长度 l_l(l_{lE})见下表：

混凝土强度等级				C25		C30	
钢筋直径 d/mm				≤25	>25	≤25	>25
纵向受拉钢筋绑扎搭接长度				l_l(l_{lE})		l_l(l_{lE})	
HPB300	非抗震、四级抗震等级	同一区段内搭接接头面积百分率	≤25%	41d	46d	36d	40d
			>25%≤50%	48d	54d	42d	47d
	三级抗震等级		≤25%	44d	48d	39d	44d
			>25%≤50%	51d	56d	45d	51d
HRB400	非抗震、四级抗震等级		≤25%	48d	53d	42d	47d
			>25%≤50%	56d	62d	49d	55d
	三级抗震等级		≤25%	51d	57d	45d	50d
			>25%≤50%	59d	66d	52d	58d

注：1. 两根直径不同钢筋的搭接长度，以较细钢筋的直径计算。

2. 在任何情况下，纵向受拉钢筋的绑扎搭接长度不应小于300 mm。

9.4 纵向受力钢筋连接方式和要求：

1. 绑扎搭接接头的有关要求：

(1) 钢筋绑扎搭接位于同一连接区段长度(1.3l_l或1.3l_{lE})内的受拉钢筋搭接接头面积百分率，对梁、板、墙不宜大于25%，不应大于50%，对柱不应大于50%。

(2) 在梁、柱构件的纵向受力钢筋搭接长度范围内，除另有说明外，应按下列要求配置箍筋：箍筋直径不应小于8 mm，受拉搭接区段的箍筋间距不应大于100 mm或搭接钢筋较小直径的5倍；受压搭接区段的箍筋间距不应大于150mm或搭接钢筋较小直径的10倍。

2. 机械连接接头的有关要求：

(1) 纵向受力钢筋机械连接接头宜相互错开。钢筋机械连接接头连接区段的长度为35d(d为纵向受力钢筋的较大直径)。凡接头中点位于该连接区段长度的机械连接接头均属同一连接区段。

(2) 同一连接区段的纵向受拉钢筋机械接头面积百分率不应大于50%。纵向受压钢筋的钢筋接头面积百分率可不受限制。

3. 焊接接头的有关要求：

(1) 纵向受力钢筋的焊接接头应相互错开。钢筋焊接接头连接区段的长度为35d(d为纵向受力钢筋的较大直径)，且不小于500 mm。凡接头中点位于该连接区段长度内的机械连接接头均属于同一连接区段。

(2) 同一连接区段的纵向受拉钢筋焊接接头面积百分率不应大于50%。纵向受压钢筋的钢筋接头面积百分率可不受限制。

4. 本工程钢筋应优先采用机械接头：钢筋直径d≥28 mm时应采用机械连接；d=25 mm时宜采用机械连接。

××市××设计研究院				工程名称	××市××小学	
				项目	行政楼	
院长		工种负责		结构设计总说明(2)	设计号	
审定		校对			图别	施工图
审核		设计			图号	结施-02
工程负责		制图			日期	

图 1-3　结构设计总说明(节选)

表 1-4 建筑工程项目的结构特性识读

主要内容图纸表述	主要内容识读
一、工程概况 本工程为××市××小学四层框架结构行政楼，建筑长度为 43.20 m，宽度为 9.90 m，建筑总高度为 15.450 m。基础形式为柱下独立基础	工程概况中，用简要的文字说明本工程项目的主要特征： （1）四层框架结构行政楼。 （2）建筑长度和宽度。 （3）建筑总高度。 （4）基础形式。 这些信息也可以在阅读相关图纸后得到印证
 工程实例效果图	
二、设计依据 2.1 本工程设计使用年限为 50 年。 2.2 自然条件：本工程基本风压值为 0.75 kN/m^2，地面粗糙度为 B 类，基本雪压值为 0.30 kN/m^2；本地区抗震设防烈度为 7 度，本工程抗震等级为三级。 2.3 本工程根据××工程勘察院提供的《××市××小学新建行政楼岩土工程勘察报告》（20××年××月）进行施工图设计。 2.4 政府有关主管部门对本工程的审查批复文件。 2.5 本工程设计所执行的规范及规程见结施-01（图 1-3）	（1）明确建筑工程项目主体结构部分有质量保证的使用年限，结构设计使用年限分类见表 1-5。 （2）明确建筑工程项目建设地点对应的各项气象条件、抗震设防烈度等指标。 （3）明确建筑工程项目的基础设计依据的工程地质资料。 （4）明确进行建筑工程项目建设的政府各相关主管部门的批复文件，如发改委的立项批文、土地管理部门的建设用地许可证（俗称土地证）、规划部门的建设用地规划许可证等。 （5）列出建筑工程项目结构施工图依据的主要现行规范和规程

续表

<table>
<tr><th>主要内容图纸表述</th><th>主要内容识读</th></tr>
<tr><td>三、图纸说明
3.1　本工程结构施工图中除注明外，标高以 m 为单位，尺寸以 mm 为单位。
3.2　本工程建筑室内地面标高±0.000 相当于黄海高程 4.850 m。
3.3　图中构件编号见下表：
<table>
<tr><th>构件类型</th><th>代号</th><th>序号</th><th>构件类型</th><th>代号</th><th>序号</th></tr>
<tr><td>基础梁</td><td>JL</td><td>××</td><td>构造柱</td><td>GZ</td><td>××</td></tr>
<tr><td>框架柱</td><td>KZ</td><td>××</td><td>梯梁</td><td>TL</td><td>××</td></tr>
<tr><td>框架梁</td><td>KL</td><td>××</td><td>梯板</td><td>AT</td><td>××</td></tr>
<tr><td>屋面框架梁</td><td>WKL</td><td>××</td><td>梯柱</td><td>TZ</td><td>××</td></tr>
<tr><td>次梁</td><td>L</td><td>××</td><td>平台板</td><td>PTB</td><td>××</td></tr>
<tr><td>屋面次梁</td><td>WL</td><td>××</td><td></td><td></td><td></td></tr>
</table>
3.4　本工程结构施工图采用平面整体表示方法，参照平法 16G101 系列标准图集见结施-01(图 1-3)</td><td>(1) 明确建筑工程项目结构施工图中尺寸、标高对应的单位。
(2) 明确建筑工程项目±0.000 对应国家基准高程中的标高。
(3) 对结构施工图中用到的构件编号进行说明。
(4) 对结构施工图中采用的表示方法配套的国标图集进行说明</td></tr>
</table>

表 1-5　结构设计使用年限分类

类别	设计使用年限	示例
1	5	临时性结构
2	25	易于替换的结构构件
3	50	普通房屋和构筑物
4	100	纪念性建筑和特别重要的建筑结构

二、建筑分类等级

每个建筑工程项目根据其重要性、所处的自然环境等分别对应不同的建筑分类等级，依据相应的建筑分类等级采取对应的可靠度设计(指为保证建筑物在正常使用阶段的安全可靠，针对建筑物特性设定的建筑结构安全概率目标的设计要求)标准。

建筑分类等级

建筑分类等级主要包括建筑结构安全等级、地基基础设计等级、建筑抗震设防类别、框架抗震等级、建筑耐火等级和混凝土构件的环境类别等，其识读见表 1-6。

表 1-6 建筑分类等级识读

主要内容图纸表述	主要内容识读
建筑结构安全等级：二级	对于通常的建筑物，其建筑结构安全等级均为二级。建筑结构安全等级划分为一级、二级、三级，对应的破坏后果为很严重、严重、不严重，分别对应重要建筑（如核电站）、一般建筑（如教学楼）、次要建筑（如临时性建筑物）
地基基础设计等级：丙级	对于大量的工业和民用建筑，通常其地基基础设计等级为乙级或丙级。由于建筑地基基础引发的工程质量事故较多且各地的工程地质条件多样，为防止地基基础质量事故的发生，应区别对待不同建筑地基基础设计问题。施工中应关注因为建筑地基基础设计等级的不同，对地基和基础施工完成后采取的不同检测要求。《建筑地基基础设计规范》（GB 50007—2011）对建筑地基基础设计等级的划分见表 1-7
建筑抗震设防类别：丙类	一般的工业与民用建筑物，其建筑抗震设防类别为丙类。根据建筑物自身重要性的不同、建筑物在地震作用下产生破坏带来的危害程度的不同等区分不同的建筑抗震设防类别，进行相应的地震作用计算和采取对应的抗震构造措施。《建筑工程抗震设防分类标准》（GB 50223—2008）对建筑抗震设防类别的划分见表 1-8
框架抗震等级：三级	《建筑抗震设计规范》（GB 50011—2010）针对不同的抗震设防类别、抗震设防烈度、结构类型及建筑物高度对建筑物划分不同的抗震等级，进行相应的地震作用计算和采取对应的抗震构造措施。抗震设防类别为丙类的框架结构建筑抗震等级的划分见表 1-9
建筑耐火等级：二级	通常钢筋混凝土结构建筑、砌体结构建筑可基本定为一、二级耐火等级，砖木结构建筑可基本定为三级耐火等级，以木屋架等承重的木结构、砖石分隔建筑可基本定为四级耐火等级；当钢筋混凝土结构建筑各建筑构件的保护层、内隔墙和构件截面等满足一级耐火等级的耐火极限要求后，可确定为一级耐火等级
混凝土构件的环境类别：一类、二 a 类、二 b 类	根据建筑物耐久性的基本要求对混凝土的环境类别进行划分，对于一般建筑工程，建筑物室内正常环境的环境类别为一类；屋面、卫生间等潮湿环境的环境类别为二 a 类；基础梁、基础底板等处于地下水位附近（干湿交替环境）的环境类别为二 b 类。《混凝土结构设计规范》（GB 50010—2010）对混凝土结构的常用环境类别区分见表 1-10

表 1-7 建筑地基基础设计等级

地基基础设计等级	建筑和地基类型
甲级	重要的工业与民用建筑； 30 层以上的高层建筑； 体型复杂、层数相差超过 10 层的高低层连成一体的建筑物； 大面积的多层地下建筑物（如地下车库、商城、运动场等）； 对地基变形有特殊要求的建筑物（如安装精密仪器设备的厂房、实验室等）； 复杂地质条件下的坡上建筑物（包括高边坡）； 对原有工程影响较大的新建建筑物（如和原有建筑物相距较近、地基开挖深度较深的新建建筑物）； 场地和地基条件复杂的一般建筑物； 位于复杂地质条件及软土地区的二层及二层以上地下室的基坑工程； 开挖深度大于 15 m 的基坑工程； 周边环境条件复杂、环境保护要求高的基坑工程

续表

地基基础设计等级	建筑和地基类型
乙级	除甲级、丙级以外的工业和民用建筑； 除甲级、丙级以外的基坑工程
丙级	场地和地基条件简单、荷载分布均匀的七层及七层以下民用建筑及一般工业建筑，次要的轻型建筑物； 非软土地区且场地地质条件简单、基坑周边环境条件简单、环境保护要求不高且开挖深度小于 5 m 的基坑工程

表 1-8　建筑抗震设防类别

抗震设防类别	对应的建筑类型
甲类	重大工程（如人民大会堂、毛主席纪念堂等）； 地震时可能发生严重次生灾害的建筑（如核电站、SRS 检测实验室等）
	 人民大会堂  核电站
乙类	地震时使用功能不能中断需尽快恢复的建筑物（如电力调度建筑物、通信枢纽工程、医院等）； 地震时可能导致大量人员伤亡的建筑物（如学校的教学用房、宿舍、食堂等）
	 医院  学校
丙类	甲、乙、丁类以外的一般建筑（如量大面广的一般工业与民用建筑）
丁类	次要建筑，震后破坏不造成人员伤亡和较大损失的建筑（如临时性建筑等）

表 1-9 抗震设防类别为丙类的框架结构建筑抗震等级

结构类型		设防烈度						
		6 度		7 度		8 度		9 度
框架结构	高度/m	≤24	>24	≤24	>24	≤24	>24	≤24
	框架	四	三	三	二	二	一	一
	大跨度框架(≥18 m)	三		二		一		一

表 1-10 混凝土结构的常用环境类别

环境类别	条件	图示
一	室内干燥环境; 无侵蚀性静水浸没环境	
二 a	室内潮湿环境; 非严寒和非寒冷地区的露天环境; 非严寒和非寒冷地区与无侵蚀性的水和土壤直接接触的环境; 严寒和寒冷地区冰冻线以下与无侵蚀性的水和土壤直接接触的环境	
二 b	干湿交替环境; 水位频繁变动环境; 严寒和寒冷地区的露天环境; 严寒和寒冷地区冰冻线以上与无侵蚀性的水和土壤直接接触的环境	

主要荷载取值和设计计算程序

三、主要荷载取值和设计计算程序

主要荷载取值和设计计算程序识读见表 1-11。

表 1-11 主要荷载取值和设计计算程序识读

<table>
<tr><th>主要内容图纸表述</th><th>主要内容识读</th></tr>
<tr><td>主要荷载取值：
楼(屋)面活荷载
<table>
<tr><th>序号</th><th>荷载类别</th><th>标准值/(kN/m²)</th><th>序号</th><th>荷载类别</th><th>标准值/(kN/m²)</th></tr>
<tr><td>1</td><td>不上人屋面</td><td>0.50</td><td>3</td><td>教室</td><td>2.00</td></tr>
<tr><td>2</td><td>上人屋面</td><td>2.00</td><td>4</td><td>走廊、门厅、楼梯</td><td>3.50</td></tr>
</table>
建筑隔墙墙体自重
<table>
<tr><th>序号</th><th>墙体类型</th><th>墙体材料</th><th>自重/(kN/m²)</th></tr>
<tr><td>1</td><td>外墙</td><td>240 厚烧结页岩砖(容重≤11 kN/m³)</td><td>4.00</td></tr>
<tr><td>2</td><td>内墙</td><td>240 厚烧结页岩砖(容重≤11 kN/m³)</td><td>3.60</td></tr>
</table>
</td><td>荷载可分为活荷载和恒载。活荷载是指施工和使用期间可能作用在结构上的可变荷载，恒载是指作用在结构上的不变荷载。
明确在建筑工程项目中所采用的楼(屋)面活荷载的数值，施工中施工堆料及建成使用后的活荷载均不得超过楼(屋)面活荷载表格中所列的数值。
提出工程项目中所用材料类型及容重的要求，采购相关材料时必须满足结构说明中提出的对材料容重的要求。自重属于恒载</td></tr>
<tr><td>本工程使用中国建筑科学研究院建筑工程软件研究所编制的《多高层建筑结构空间有限元分析软件 SATWE》(20××年××月版)进行结构整体分析，结构整体计算嵌固部位为基础顶面(-0.550)</td><td>随着计算机技术的进步，工程项目的结构设计通常利用计算机程序进行结构的辅助计算。在此明确项目结构设计采用的计算机程序及相应的版本号</td></tr>
</table>

四、主要结构材料

常见的钢筋混凝土工程中涉及的建筑结构材料包括混凝土、钢筋、焊条和墙体材料，主要结构材料识读见表 1-12。

主要结构材料

表 1-12 主要结构材料识读

<table>
<tr><th>主要内容图纸表述</th><th>主要内容识读</th></tr>
<tr><td>7.1 混凝土
(1) 混凝土强度等级：基础垫层(100 厚)为 C15，主体结构梁、板、柱均为 C25；
(2) 混凝土构件的环境类别及耐久性要求见下表：
<table>
<tr><th>部位</th><th>构件</th><th>环境类别</th><th>最大水灰比</th><th>最小水泥用量/(kg/m³)</th><th>最大氯离子含量</th><th>最大碱含量/(kg/m³)</th></tr>
<tr><td rowspan="2">地上</td><td>室内正常环境</td><td>一类</td><td>0.65</td><td>225</td><td>1.0</td><td>不限制</td></tr>
<tr><td>厨房、卫生间、雨篷等潮湿环境基础梁、板侧面顶面</td><td>二 a 类</td><td>0.60</td><td>250</td><td>0.3</td><td>3</td></tr>
<tr><td>地下</td><td>基础梁、板底面</td><td>二 b 类</td><td>0.55</td><td>275</td><td>0.2</td><td>3</td></tr>
</table>
</td><td>混凝土强度等级采用字母 C 加混凝土立方体抗压强度标准值表示，C15、C25 分别表示混凝土立方体抗压强度标准值为 15 MPa、25 MPa。采用 HRB400 级钢筋时，混凝土强度等级不能低于 C25。
环境类别及耐久性对混凝土的最大水灰比、最小水泥用量及最大氯离子、碱含量的相关要求</td></tr>
</table>

续表

<table>
<tr><th>主要内容图纸表述</th><th>主要内容识读</th></tr>
<tr><td>
7.2 钢筋符号、钢材牌号见下表：
<table>
<tr><th>热轧钢筋种类</th><th>符号</th><th>f_y/(N/mm²)</th><th>钢材牌号</th><th>厚度/mm</th><th>f/(N/mm²)</th></tr>
<tr><td>HPB300
(Q235)</td><td>φ</td><td>270</td><td>Q235-B</td><td>≤16</td><td>215</td></tr>
<tr><td>HRB400</td><td>Φ</td><td>360</td><td></td><td></td><td></td></tr>
</table>
</td><td>
热轧钢筋通常分为 HPB300(φ)、HRB400(Φ)、HRB500(Φ̄)。f_y 为钢筋抗拉强度设计值。
碳素结构钢按强度由低到高可分为 Q195、Q215、Q235 和 Q275 四牌号，低合金高强度结构钢按强度由低到高可分为 Q355、Q390、Q420 和 Q460 四牌号。质量等级由低到高分为 A、B、C、D 四个等级。
施工中每批次进场的钢筋均应符合对应的钢筋国家标准的质量要求并按规定送检
</td></tr>
<tr><td>
7.3 焊条
E43 型：用于 HPB300 级钢筋、Q235-B 钢材焊接。
E50 型：用于 HRB400 级钢筋、Q345-B 钢材焊接。
钢筋与钢材焊接随钢筋定焊条，焊接应符合《钢筋焊接及验收规程》(JGJ 18—2012)以及《钢结构焊接规范》(GB 50661—2011)有关规定
</td><td>
当施工中钢筋连接采用焊接时，不同牌号的钢筋所采用的焊条型号各不相同，工程中应采用说明中要求的焊条型号焊接相应的钢筋。
常用焊接连接方式有对焊、点焊、电弧焊和电渣压力焊
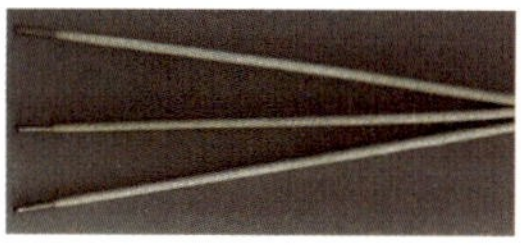
焊条

电弧焊

电渣压力焊
</td></tr>
</table>

续表

主要内容图纸表述	主要内容识读
7.4　墙体材料 ±0.000 以下为 240 厚，采用 MU10 混凝土标准砖、M10 水泥砂浆实砌，两侧用 1 : 3 水泥砂浆粉刷 20 厚。±0.000 以上外墙、内隔墙及楼梯间采用 MU10 烧结页岩砖，M7.5 混合砂浆实砌，砌筑施工质量控制在 B 级。砌筑方法及水电线穿墙处按 2006 浙 G30《烧结多孔砖房屋结构构造》施工	通常分为±0.000 以上、±0.000 以下和内隔墙、外墙分别说明所采用的墙体材料、强度等级及砂浆材料、强度等级。混凝土砖分为多孔砖和实心砖。混凝土标准砖是指规格尺寸为 240 mm×115 mm×53 mm 的实心砖。烧结页岩砖为多孔砖，分为 P 型（240 mm×115 mm×90 mm）砖和 M 型（190 mm×190 mm×90 mm）砖。  混凝土标准砖  烧结空心砖 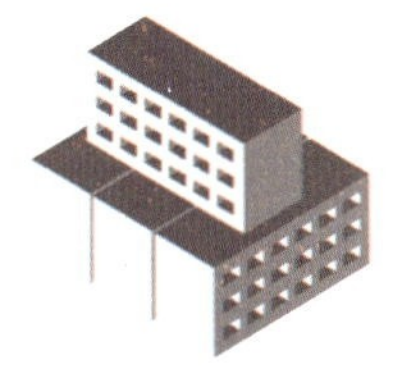 (a) P型  (b) M型 烧结页岩砖 MU10 表示砖的抗压强度标准值为 10 MPa，M10 水泥砂浆表示采用水泥、砂、水拌合而成的砂浆，抗压强度标准值为 10 MPa，一般用于砌筑潮湿环境（如±0.000以下的基础）的砌体。M7.5 混合砂浆表示采用水泥、石灰、砂、水拌合而成的砂浆，是一般墙体砌筑中常用的砂浆，抗压强度标准值为 7.5 MPa

五、混凝土构件的环境类别和混凝土保护层最小厚度

根据建筑物的设计使用年限和建筑中各构件所处的实际环境条件，混凝土构件的环境类别和混凝土保护层最小厚度在结构设计总说明中应予以明确。混凝土构件的环境类别和混凝土保护层最小厚度识读见表 1-13。

混凝土保护层最小厚度

表 1-13 混凝土构件的环境类别和混凝土保护层最小厚度识读

主要内容图纸表述	主要内容识读
9.1 混凝土构件的环境类别和混凝土保护层最小厚度见下表（见下方表格）	混凝土构件的环境类别划分见表 1-10。 混凝土保护层最小厚度是指最外层钢筋（包括箍筋、构造钢筋、分布钢筋等）的外边缘到混凝土表面的最小距离。 当构件混凝土强度等级≤C25 时，各构件的保护层最小厚度应比表 1-14 规定值增加 5 mm，本工程混凝土强度等级为 C25，左表所示保护层最小厚度比表 1-14 增加了 5 mm

9.1 混凝土构件的环境类别和混凝土保护层最小厚度见下表

序号	构件名称及范围		环境类别	保护层最小厚度/mm
1	基础底板	底部、顶部	二 b	40
2	基础梁	底部、顶部、侧面	二 b	40
3	框架柱	室内正常环境	一	25
		室外、潮湿环境	二 a	30
4	梁	室内正常环境	一	25
		室外、潮湿环境	二 a	30
5	板	室内正常环境	一	20
		室外、潮湿环境	二 a	25

对于钢筋混凝土结构工程，为满足建筑物设计使用年限要求下的耐久性，《混凝土结构设计规范》（GB 50010—2010）规定了混凝土保护层最小厚度的要求。不同建筑物设计使用年限对应的混凝土保护层最小厚度不同，同时混凝土保护层最小厚度还与构件类型和构件所处的环境类别有关，见表 1-14。

表 1-14 混凝土保护层最小厚度 c mm

环境类别	板、墙、壳	梁、柱、杆
一	15	20
二 a	20	25
二 b	25	35

注：1. 混凝土强度等级不大于 C25 时，表中保护层最小厚度数值应增加 5 mm；

2. 钢筋混凝土基础宜设置混凝土垫层，基础中钢筋的混凝土保护层厚度应从垫层顶面算起，且不应小于 40 mm。

纵向受拉钢筋的锚固长度

六、纵向受拉钢筋的锚固长度和纵向受力钢筋的连接

1. 纵向受拉钢筋的锚固长度

纵向受拉钢筋的锚固长度是指受力钢筋依靠其表面与混凝土的黏结作用而达到设计承受应力所需的长度，《混凝土结构设计规范》（GB 50010—2010）规定，要求按钢筋从混凝土中拔出时钢筋正好达到抗拉强度设计值作为确定锚固长度的依据。锚

固长度分为纵向受拉钢筋的锚固长度和纵向受压钢筋的锚固长度，通常规定纵向受拉钢筋的锚固长度，纵向受压钢筋的锚固长度按不小于纵向受拉钢筋锚固长度的70%控制。

结构设计总说明中通常宜明确梁、板、柱等构件纵向受拉钢筋的锚固长度。

纵向受拉钢筋的锚固长度识读见表1-15。

表1-15　纵向受拉钢筋的锚固长度识读

<table>
<tr><th>主要内容图纸表述</th><th>主要内容识读</th></tr>
<tr><td>
9.2　纵向受拉钢筋的锚固长度 l_a（l_{aE}）见下表：
<table>
<tr><td colspan="2">混凝土强度等级</td><td colspan="2">C25</td><td colspan="2">C30</td></tr>
<tr><td colspan="2">钢筋直径 d/mm</td><td>≤25</td><td>>25</td><td>≤25</td><td>>25</td></tr>
<tr><td colspan="2">纵向受拉钢筋锚固长度</td><td colspan="2">l_a（l_{aE}）</td><td colspan="2">l_a（l_{aE}）</td></tr>
<tr><td rowspan="2">HPB300</td><td>非抗震、四级抗震等级</td><td>34d</td><td>38d</td><td>30d</td><td>33d</td></tr>
<tr><td>三级抗震等级</td><td>36d</td><td>40d</td><td>32d</td><td>36d</td></tr>
<tr><td rowspan="2">HRB400</td><td>非抗震、四级抗震等级</td><td>40d</td><td>44d</td><td>35d</td><td>39d</td></tr>
<tr><td>三级抗震等级</td><td>42d</td><td>47d</td><td>37d</td><td>41d</td></tr>
</table>
注：1. HPB300级钢筋末端应做180°弯钩，弯后平直段长度不应小于3d，但受压时可不做弯钩。
2. 纵向受压钢筋的锚固长度不应小于受拉锚固长度的0.7。
3. 柱纵筋伸入基础内的长度应满足锚固长度 l_{aE} 的要求，并应伸入基础底部后做水平弯折，弯折长度不小于15d
</td><td>
纵向受拉钢筋的锚固长度与钢筋的种类和直径、结构抗震等级和混凝土强度等级有关。钢筋的抗拉强度、直径越大，纵向受拉钢筋的锚固长度越长；混凝土强度等级越高，纵向受拉钢筋的锚固长度越短；结构抗震等级越高（抗震等级一级为最高），纵向受拉钢筋的锚固长度越长。
带肋钢筋的直径大于25 mm时，锚固长度应增加10%。
柱纵向受拉钢筋在基础中的锚固和基础底部水平弯折长度，当结构设计总说明未注明时，按项目3中表3-10执行
</td></tr>
</table>

2. 纵向受力钢筋的连接

工程中使用的钢筋长度通常为9 m或12 m，纵向受力钢筋的连接方式分为绑扎搭接、机械连接和焊接，通过这些连接方式实现钢筋之间内力传递。结构设计总说明通常宜明确纵向受拉钢筋的绑扎搭接长度和连接接头的相关要求。

纵向受力钢筋的连接

纵向受力钢筋的连接识读见表1-16。

表1-16　纵向受力钢筋的连接识读

主要内容图纸表述	主要内容识读

9.3　纵向受力钢筋的绑扎搭接长度 $l_l(l_{lE})$ 见下表：

混凝土强度等级			C25		C30	
钢筋直径 d/mm			≤25	>25	≤25	>25
纵向受拉钢筋绑扎搭接长度			$l_l(l_{lE})$		$l_l(l_{lE})$	
HPB300	非抗震、四级抗震等级	同一区段内搭接接头面积百分率 ≤25%	41d	46d	36d	40d
		>25% ≤50%	48d	54d	42d	47d
	三级抗震等级	≤25%	44d	48d	39d	44d
		>25% ≤50%	51d	56d	45d	51d
HRB400	非抗震、四级抗震等级	≤25%	48d	53d	42d	47d
		>25% ≤50%	56d	62d	49d	55d
	三级抗震等级	≤25%	51d	57d	45d	50d
		>25% ≤50%	59d	66d	52d	58d

注：1. 两根直径不同钢筋的搭接长度，以较细钢筋的直径计算。
2. 在任何情况下，纵向受拉钢筋的绑扎搭接长度不应小于300 mm。

纵向受力钢筋的绑扎搭接长度与钢筋的种类和直径、结构抗震等级、同一区段内搭接接头面积百分率和混凝土强度等级有关。钢筋的抗拉强度、直径越大，搭接长度越长；混凝土强度等级越高，搭接长度越短；结构抗震等级越高，搭接长度越长；同一区段内搭接接头面积百分率越大，搭接长度越长。搭接长度还与钢筋的外形（光圆或带肋）情况有关。

9.4　纵向受力钢筋连接方式和要求

1. 绑扎搭接接头的有关要求

（1）钢筋绑扎搭接位于同一连接区段长度（$1.3l_l$或$1.3l_{lE}$）内的受拉钢筋搭接接头面积百分率，对梁、板、墙不宜大于25%，不应大于50%，对柱不应大于50%。

（2）在梁、柱构件的纵向受力钢筋搭接长度范围内，除另有说明外，应按下列要求配置箍筋：箍筋直径不应小于8 mm，受拉搭接区段的箍筋间距不应大于100 mm或搭接钢筋较小直径的5倍；受压搭接区段的箍筋间距不应大于150 mm或搭接钢筋较小直径的10倍。

2. 机械连接接头的有关要求

（1）纵向受力钢筋机械连接接头宜相互错开。钢筋机械连接接头连接区段的长度为35d（d为纵向受力钢筋的较大直径）。凡接头中点位于该连接区段长度的机械连接接头均属于同一连接区段。

（2）同一连接区段的纵向受拉钢筋机械接头面积百分率不应大于50%。纵向受压钢筋的钢筋接头面积百分率可不受限制。

大量民用建筑中，纵向受力钢筋连接方式：板中采用绑扎搭接、梁中采用电弧焊、柱中采用电渣压力焊。

当受拉钢筋直径>25 mm及受压钢筋直径>28 mm时，不宜采用绑扎搭接接头，应优先采用套筒挤压、直螺纹等机械连接，确保接头质量可靠

机械连接

续表

主要内容图纸表述	主要内容识读
3. 焊接接头的有关要求 (1) 纵向受力钢筋的焊接接头应相互错开。钢筋焊接接头连接区段的长度为 35*d*(*d* 为纵向受力钢筋的较大直径),且不小于 500 mm。凡接头中点位于该连接区段长度内的机械连接接头均属于同一连接区段。 (2) 同一连接区段的纵向受拉钢筋焊接接头面积百分率不应大于 50%。纵向受压钢筋的钢筋接头面积百分率可不受限制。 4. 本工程钢筋应优先采用机械接头 钢筋直径 $d \geqslant 28$ mm 时应采用机械连接,$d=25$ mm 时宜采用机械连接	纵向受力钢筋进行连接的一定长度范围,称为同一连接区段。对于绑扎搭接,一个连接区段的长度为$1.3l_l$或$1.3l_{lE}$;对于机械连接,一个连接区段的长度为35*d*;对于焊接,一个连接区段的长度为 35*d* 且 ≥500 mm;对于不同的连接方式和受力特性,连接区段的接头面积百分率和箍筋间距应满足各自的要求

通过对上述结构设计总说明的识读,对整个工程的结构特点有了一定的初步认识。对结构设计总说明中涉及的基础,钢筋混凝土柱、梁、板、楼梯等相关结构构件的构造做法和施工要求,将在后续各个项目中进行解读。

知识要点

结构施工图由图纸目录、结构设计总说明、结构平法施工图和结构详图组成。结构设计总说明主要内容有工程概况、设计依据、主要结构材料、主要结构构件的构造做法和施工要求等,结构平法施工图一般包括基础、柱、梁、板、楼梯平法施工图。

结构设计总说明识读。结合结构设计总说明的实例讲述了结构设计总说明中包含的工程概况、设计依据、图纸说明、建筑分类等级、主要荷载取值和主要结构材料等有关结构方面的基本情况,并通过识读结构设计总说明,对了解建筑工程项目的基本情况和识读后续的结构施工图打下了一定的基础。

学习检测

一、单项选择

1. 不属于结构设计总说明主要内容的是(　　)。

A. 图纸目录　　B. 工程概况

C. 主要结构材料　　D. 结构要点和施工要求

2. 普通房屋和构筑物设计使用年限为(　　)。

A. 5 年　　B. 25 年　　C. 50 年　　D. 100 年

3. 框架梁的代号为(　　)。

A. PTB　　B. AT　　C. KZ　　D. KL

4. 钢筋混凝土框架结构教学楼卫生间的环境类别属于(　　)。

A. 一类　　B. 二 a 类　　C. 二 b 类　　D. 三 a 类

5. 教学楼抗震设防类别取(　　)。

A. 甲类　　B. 乙类　　C. 丙类　　D. 丁类

6. 下列属于恒载的是(　　)。

A. 屋面雪荷载　　B. 楼面人群荷载　　C. 风荷载　　D. 自重荷载

7. 热轧钢筋符号"Φ"对应的是(　　)。

A. HPB300　　B. HRBF400　　C. HRB400　　D. HRB500

8. 基础中的砌体应选用(　　)砌筑。

A. 石灰砂浆　　B. 水泥砂浆　　C. 水泥石灰砂浆　　D. 水泥黏土砂浆

9. 钢筋混凝土框架柱,室内正常环境下强度等级为 C25 的混凝土保护层最小厚度为(　　)。

A. 20 mm　　B. 25 mm　　C. 30 mm　　D. 40 mm

10. 某三级抗震框架梁,其下部配置纵向受拉钢筋 4 Φ 20,混凝土强度等级为 C25,该纵向受拉钢筋的抗震锚固长度 l_{aE} 为(　　)。

A. 700 mm　　B. 800 mm　　C. 840 mm　　D. 940 mm

11. 某非抗震钢筋混凝土板,混凝土强度等级为 C25,纵向受力钢筋为Φ10@150,当同一区段内搭接接头面积百分率小于 25%时,其绑扎搭接长度 l_l 为(　　)。

A. 360 mm　　B. 400 mm　　C. 410 mm　　D. 460 mm

12. 建筑工程施工过程中,不属于钢筋连接方式的是(　　)。

A. 对接连接　　B. 绑扎搭接　　C. 机械连接　　D. 焊接

二、填空

1. 结构施工图由________、__________、__________和________组成。

2. 结构平法施工图一般包括________、________、________、________和楼梯平法施工图。

3. 政府有关部门对工程的审查批复文件有发改委的________、土地管理部门的建设用地________、规划部门的建设用地________等。

4. 建筑分类等级主要包括建筑结构________等级、地基基础________等级、建筑________类别、框架________等级、建筑________等级和混凝土构件的________类别等。

5. 混凝土强度等级"C15"表示混凝土立方体________强度标准值为________,采用 HRB400 级钢筋时,混凝土强度等级不能低于________。

6. 混凝土标准砖是规格尺寸为__________的实心砖,其符号"MU10"表示砖的________强度标准值为________。砌筑砂浆的符号"M7.5"表示其________强度标准值为________。

7. 混凝土保护层厚度指__________钢筋外边缘至__________表面的距离。室内正常环境下，混凝土强度等级为 C30 的板、梁(柱)的保护层最小厚度分别为_________ mm、_________ mm。基础底面钢筋的保护层厚度，有混凝土垫层时应从__________算起，且不应小于__________ mm。

8. 当混凝土强度等级为 C25、受拉钢筋为 HPB300、直径 $d \leqslant 25$ mm 时，该受拉钢筋非抗震锚固长度 l_a =__________，三级抗震锚固长度 l_{aE} =__________，且该钢筋末端应做__________弯钩。

9. 直径 $d \geqslant 28$ mm 的受力钢筋连接应采用__________，机械连接接头__________相互错开，其连接区段的长度为__________。焊接连接接头__________相互错开，其连接区段长度为__________，且不小于__________ mm。

三、识图

识读如图 1-4 所示结构设计总说明，完成以下问题。

1. 本工程设计使用年限为(　　)。

A. 5 年　　B. 25 年　　C. 50 年　　D. 100 年

2. 工程施工中，牌号为 Q355 的钢材进行焊接时，应采用(　　)型号的焊条。

A. E43　　B. E50　　C. E55　　D. E60

3. 二 a 类环境下，钢筋混凝土楼板的保护层最小厚度为(　　)mm。

A. 20　　B. 25　　C. 30　　D. 35

4. 本工程的结构形式为(　　)。

A. 砖木结构　　B. 砖混结构　　C. 框架结构　　D. 木结构

5. 本工程主体结构采用的混凝土强度等级为(　　)。

A. C15　　B. C20　　C. C25　　D. C30

6. 本工程中，钢筋采用绑扎搭接连接的方式，混凝土强度等级为 C25，钢筋种类为 HRB400 级，其纵向受力钢筋的锚固长度 l_a 为(　　)。

A. $24d$　　B. $30d$　　C. $33d$　　D. $40d$

7. 本工程中，钢筋接头面积百分率为 33%时，其搭接长度 l_l 为(　　)。

A. $1.2l_a$　　B. $1.4l_a$　　C. $1.6l_a$　　D. $1.8l_a$

8. 墙体与柱连接处设置拉结筋，竖向拉结筋为(　　)

A. 2 ϕ6@ 500　　B. 2 ϕ8@ 500　　C. 2 ⏀6@ 500　　D. 2 ⏀8@ 500

9. 墙体采用 MU________混凝土多孔砖和 M________混合砂浆砌筑，以下选项正确的是(　　)。

A. 15　5　　B. 10　7.5　　C. 10　5　　D. 15　7.5

10. 墙体长度大于 4 000 mm、与柱无拉结时，应每隔(　　)mm 左右设置构造柱。

A. 600　　B. 1 000　　C. 2 000　　D. 3 000

11. 板下部贯通纵筋在梁或墙内锚固的长度为(　　)。

A. max($5d$, $B/2$)　　B. max($10d$, $B/2$)　　C. max($12d$, $B/2$)　　D. max($15d$, $B/2$)

结构设计总说明(1)

一、设计依据

1. 有关部门的审批文件。
2. 国家颁布的有关设计规范和规程：
   (1)《建筑结构荷载规范》 (GB 50009—2012)
   (2)《建筑结构可靠性设计统一标准》 (GB 50068—2018)
   (3)《混凝土结构设计规范》 (GB 50010—2010)
   (4)《钢结构设计标准》 (GB 50017—2017)
   (5)《冷弯薄壁型钢结构技术规范》 (GB 50018—2002)
   (6)《钢结构焊接规范》 (GB 50661—2011)
   (7)《钢结构工程施工质量验收规范》 (GB 50205—2020)
   (8)《门式刚架轻型房屋钢构件》 (JG/T 144—2016)
   (9)《砌体结构设计规范》 (GB 50003—2011)

二、设计标高、尺寸

本工程所注的尺寸单位为mm，建筑标高尺寸单位为m。

三、工程结构设计概况

1. 本工程为××市××区职业教育中心临时实训车间，部分为单层框架结构、轻钢屋盖，部分为2层框架结构。建筑结构安全等级为二级，设计合理使用年限为50年，屋面压型钢板等易替换构件设计使用年限为25年。
2. 本地区抗震设防烈度小于6度，本工程不作抗震设防设计。
3. 地基基础设计等级为丙级。

四、设计荷载（标准值）

1. 风荷载：0.75 kN/m^2，地面粗糙类别为B类。
2. 雪荷载：0.30 kN/m^2。
3. 屋面恒荷载： 0.30 kN/m^2（轻钢屋面）、6.00 kN/m^2（混凝土屋面）。
4. 屋面活荷载： 0.50 kN/m^2（轻钢屋面）、0.50 kN/m^2（不上人混凝土屋面）、2.00 kN/m^2（上人混凝土屋面）。

五、钢结构主要结构材料及连接材料

1. 钢材（钢板、型钢、钢管等）：
   (1) 主框架构件（钢梁）：Q235B（图中注明除外）。
   (2) 次要构件：檩条采用Q235钢制作，拉条为HPB300级光圆钢筋。
   (3) 材料要求：Q235B的化学成分及力学性能应符合《碳素结构钢》(GB/T 700—2006)等有关标准的要求，钢材需保证抗拉强度、伸长率、屈服点、冷弯和常温冲击韧性试验（V形缺口）五项要求。
   (4) 所有构件钢材需保证硫、磷的极限含量，对焊接构件钢材尚需保证碳的极限含量。
   (5) 屋面梁采用焊接H型钢。
2. 焊接材料：

焊接方法	钢号	焊接材料
手工电弧焊	Q355	焊条：E50 系列
埋弧自动焊		焊剂与焊丝：HJ402—H08A
CO_2 气体保护电弧焊		焊丝：H08Mn2Si
手工电弧焊	Q235	焊条：E43 系列
埋弧自动焊		焊剂与焊丝：HJ402-H08 或 HJ401-H08A
CO_2 气体保护电弧焊		焊丝：H08Mn2Si

CO_2 气体保护电弧焊气体纯度≥99.7%，含水率≤0.05。

3. 屋面板及其连接：
   (1) 上层板为0.60 mm厚W600型(YX130-300-600)镀铝锌彩钢板PVDF滤层。
   中间为120 mm厚带箔玻纤保温棉，密度为16 kg/m^3。
   下层板为0.45 mm厚HV-225A镀铝锌彩钢板PE涂层。
   (2) 钢板屈服强度不小于345 MPa(即应采用二级钢钢板)，镀铝锌量不小于165 g/m^2。
   屋面板连接采用自攻螺钉连接，每波峰一个，间距300 mm，房屋端部、屋脊、转角、钢板端头及其他薄弱部位间距加密到150 mm，螺帽下应增设镀铝锌钢板垫片(直径不小于20 mm，厚度不小于1 mm，屈服强度不小于345 MPa)和防水密封胶垫，螺帽与钢板垫片、钢板垫片与胶垫、胶垫与基材之间应打玻璃胶。
   (3) 钢结构厂家如有特殊要求，也可用同档次以上板型。

六、焊缝形式及质量要求

除附图中另有注明外，焊缝形式规定如下：

1. 构件主材的工厂拼接焊缝、端板与梁的翼缘连接焊缝应符合二级焊缝质量标准，其余按三级焊缝。
2. 焊接尚应符合《钢结构焊接规范》(GB 50661—2011)及国家现行有关强制性标准的规定。
3. 焊接施工要求：①对接接头、T形接头和要求全焊透的角焊缝应在焊缝两端设引弧板和引出板，其材质应与焊件相同，手工焊引弧板长度不应<60 mm，自动埋弧焊引弧板长度不应<150 mm，引焊到引弧板上的焊缝长度不应小于引弧板长度的2/3。
   ②切除引弧板、引出板、垫板时，应沿柱、梁交接拐角处切割或圆弧过渡，且切割表面不得有深沟，不得伤及钢材。
   ③引弧板、引出板、垫板的固定焊缝应焊在接头焊接坡口内和垫板上，不应在焊缝以外的母材上焊接定位焊缝。

七、螺栓形式及质量要求

1. 本工程高强度螺栓均采用摩擦型连接，每种 10.9 级高强度螺栓的预拉力值见下表：

螺栓的公称直径 /mm	M18	M20	M22	M24	M27	M30
螺栓的预拉力 /kN	100	155	190	225	290	355

2. 在高强度螺栓连接范围内，构件接触面采用喷砂（丸）处理，要求抗滑移系数 >0.35，制作单位应进行抗滑移系数试验，安装单位应进行复验。
3. 高强度螺栓孔径比杆径大 1.5~2.0 mm，高强度螺栓应自动穿入螺栓孔。
4. 螺栓连接板材料与较高强度母材相同。
5. 高强度大六角头螺栓连接副、扭剪型高强度螺栓连接副出厂时，应分别随箱带有扭矩系数和预拉力的检验报告。

八、涂装

1. 钢材表面应采用抛式除锈，除锈等级为 Sa2$\frac{1}{2}$，应符合现行国家标准《涂覆涂料前钢材表面处理　表面清洁度的目视评定　第 1 部分：未涂覆过的钢材表面和全面清除原有涂层后的钢材表面的锈蚀等级和处理等级》(GB/T 8923.1—2011) 的规定。
2. 底漆选用红丹防锈底漆涂两遍，面漆选用醇酸调和面漆涂两遍。

九、加工及制作

本设计图纸的技术要求是钢结构制作并安装完毕后的最终要求，不包括工艺余量及加工安装偏差，制作安装时应采取必要的措施，使之符合《钢结构工程施工质量验收规范》(GB 50205—2020)。

十、钢结构安装要求

1. 钢结构的安装必须按施工组织设计进行，先安装刚架，并使之保持稳定，再逐次组装其他构件，最终固定并必须保证结构的稳定，不得强行安装导致结构或构件的永久塑性弯形。
2. 钢结构单元逐次安装过程中，应及时调整，消除累计偏差，使总安装偏差最小以符合设计要求。
3. 钢梁锚栓要采取有效措施保证定位准确，钢梁安装前应对全部圈梁位置、标高、轴线、锚栓位置、伸出长度进行检查并验收合格。
4. 钢梁在安装完毕后必须将锚栓垫板与梁底板焊牢，锚栓垫板及螺母必须进行点焊，点焊不得损伤锚栓母材。

十一、钢筋混凝土结构部分

1. 混凝土强度等级：C25。
2. 钢筋 Φ 表示 HPB300 级热轧钢筋，Φ表示 HRB400 级热轧钢筋。
3. 焊条：E43 型用于 HPB300 级钢筋及钢板，E50 型用于 HRB400 级钢筋。
4. 钢筋的保护层厚度 (mm)：楼板 25，梁 30，柱 30。环境类别：二 a 类。
5. 钢筋的接头和锚固：纵向受力钢筋最小锚固长度 l_a(mm)：

钢筋等级	C25	C30	C35	≥C40
HPB300	$34d$	$30d$	$28d$	$25d$
HRB400	$40d$	$35d$	$32d$	$29d$

受力钢筋绑扎搭接长度 l_l：

纵向受力钢筋搭接接头面积百分率 /%		
$A≤25$	$25≤A≤50$	$50≤A≤100$
$1.2l_a$	$1.4l_a$	$1.6l_a$

6. 现浇钢筋混凝土楼板，板内负筋锚入梁内长度应为 l_a，如图一所示。

十二、砌体结构部分

1. 墙体：采用 MU10 混凝土多孔砖、M5 混合砂浆实砌，砌筑施工质量控制在 B 级。
2. 墙体建筑构造做法采用图集 2006 浙 G30。
3. 墙体与柱连接处，设置拉结筋，竖向2Φ6@500，伸入墙内 1 000 mm或至洞边，锚入柱内 200 mm。
4. 构造柱应先砌墙（留马牙槎）后浇柱，沿竖向设 2Φ6@600 拉结筋，伸入墙内 600 mm 或至洞边，锚入柱内 200 mm。
5. 墙体长度大于 4 000 mm、与柱无拉结时，应每隔 3 000 mm 左右设构造柱，如图二所示。

十三、其他

1. 钢结构制作单位应根据本施工图编制施工详图。
2. 如施工单位所采用的施工工艺不适应本设计的部分节点及构造，需与设计单位配合，设计单位同意后在施工详图中表达调整后的节点。
3. 本说明未尽处请严格按国家现行有关规范及规程施工。

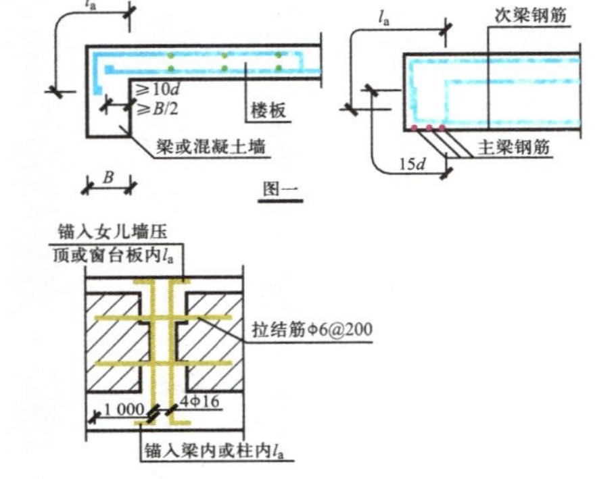

图 1-4　结构设计总说明

12. 构造柱应先砌墙(留马牙槎)后浇柱,沿竖向设 2φ6@600 拉结筋,伸入墙内(　　)mm 或至洞边,锚入柱内(　　)mm。

A. 200　　B. 600　　C. 1 000　　D. 2 000

13. 墙体与柱连接处,设置拉结筋,拉结筋伸入墙内(　　)mm,锚入柱内(　　)mm。

A. 200　　B. 600　　C. 1 000　　D. 2 000

14. 本工程的建筑标高尺寸单位为(　　)。

A. mm　　B. cm　　C. dm　　D. m

项目2　基础平法施工图的识读

导读

万丈高楼平地起，在建筑工程施工中，基础部分的施工尤为重要。基础施工从基础平法施工图的识读开始，通过本项目的学习，学生能熟练掌握柱下独立基础平法施工图的识读方法和识读要点。

图 2-1 所示为独立基础施工现场。

(a) 独立基础钢筋绑扎

(b) 独立基础浇筑完成

图 2-1　独立基础施工现场

任务 1 基础的形式及其构件组成

1. 说出钢筋混凝土结构常用的基础形式及其构件组成。
2. 熟练识读图 2-2 所示钢筋混凝土结构基础平面图(局部)。

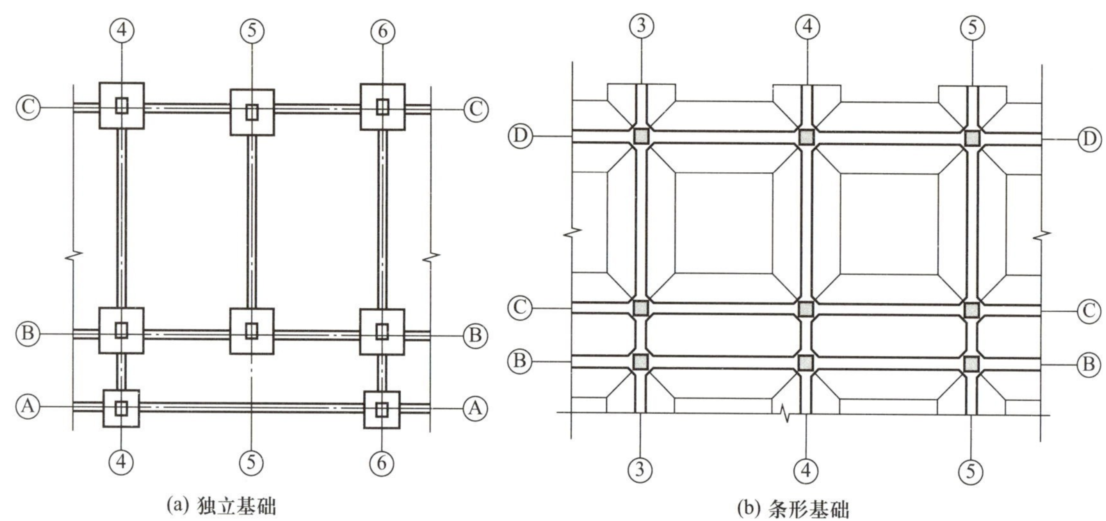

(a) 独立基础　　(b) 条形基础

图 2-2 钢筋混凝土结构基础平面图(局部)

钢筋混凝土结构常用的基础形式有独立基础、条形基础、筏形基础和桩基础。

一、独立基础

独立基础的类型

当建筑物上部结构采用框架结构或单层排架结构承重时,常采用正方形、矩形等形式的独立式基础,这种基础称为独立基础或柱式基础。

独立基础的类型分为普通独立基础和杯口独立基础,其基础底板的截面形式分为阶形和坡形。普通独立基础由若干阶台阶组成,杯口独立基础由台阶和杯口组成。独立基础的类型与组成见表 2-1。

表 2-1 独立基础的类型与组成

独立基础类型	基础底板截面形式	截面示意图	三维图
普通独立基础	阶形		

续表

独立基础类型	基础底板截面形式	截面示意图	三维图
普通独立基础	坡形		
杯口独立基础	阶形		
	坡形		

二、条形基础

当建筑物上部结构采用墙体或密集的柱子承重时，常采用基础长度比基础宽度大10倍及以上的长条形基础，称为条形基础或带形基础。条形基础整体上可分为梁板式条形基础和板式（无梁式）条形基础两类。梁板式条形基础由基础梁和基础底板组成，基础底板的截面形式分为阶形和坡形。梁板式条形基础的组成见表2-2。

表 2-2　梁板式条形基础的组成

条形基础类型	基础底板截面形式	截面示意图	三维图
梁板式条形基础	阶形		
	坡形		

三、筏形基础

当建筑物上部荷载较大而地基承载力较弱时，这时采用简单的独立基础或者条形基础不能适应地基变形的需要，通常将墙或柱下的基础连成一片，使整个建筑物的荷载作用在一块整板上，这种满堂式的基础称为筏形基础，也称为筏板基础或片筏基础。

筏形基础分为梁板式筏形基础和平板式（无梁式）筏形基础。梁板式筏形基础由基础主梁（柱下梁）、基础次梁和基础平板组成，平板式筏形基础由柱下板带、跨中板带或由普通基础平板组成。筏形基础的类型与组成见表 2-3。

表 2-3 筏形基础的类型与组成

筏形基础类型	截面示意图	三维图
梁板式筏形基础	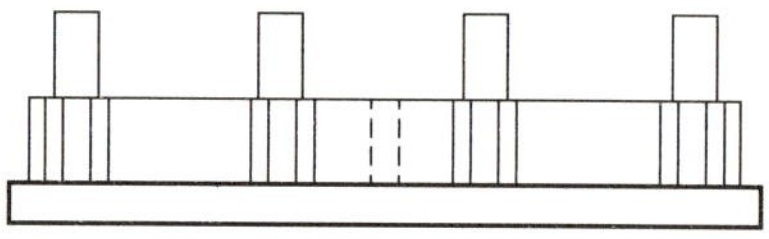	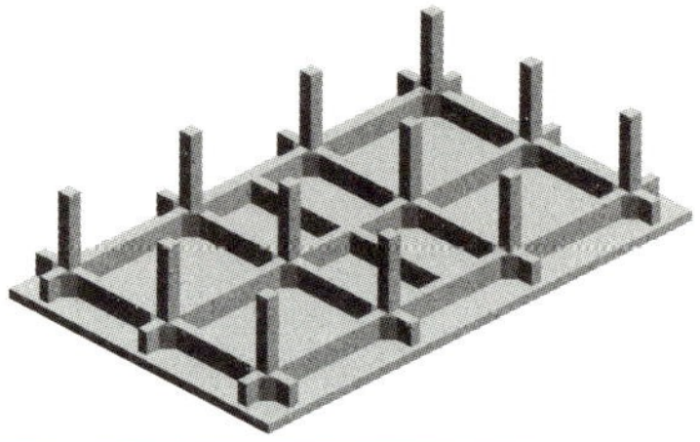
平板式筏形基础	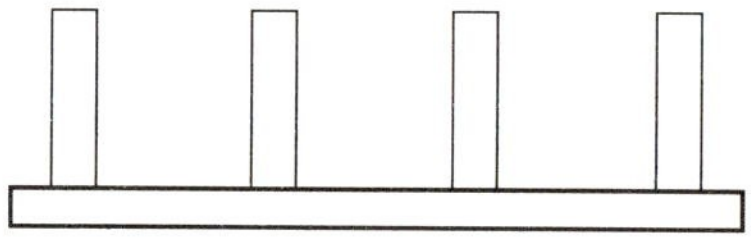	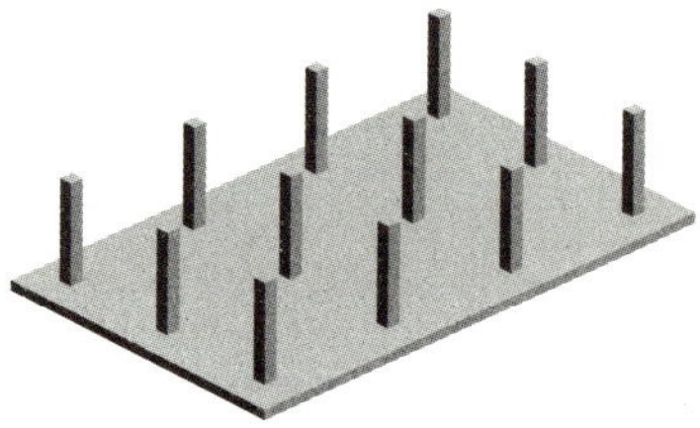

四、桩基础

当建筑物上部荷载较大而地基上部土层较弱，适宜的地基持力层位置较深，浅基础不能满足承载力要求时，常采用桩基础。

桩基础由桩身和连接于桩顶的桩基承台组成，桩基承台分为独立承台和承台梁，其中独立承台的截面形式分为阶形和坡形。工程中常用的独立承台为单阶正方形、单阶矩形与三角形承台。工程中常用的独立承台桩基础见表 2-4。

表 2-4 工程中常用的独立承台桩基础

独立承台桩基础	示意图	三维图
单阶正方形独立承台桩基础	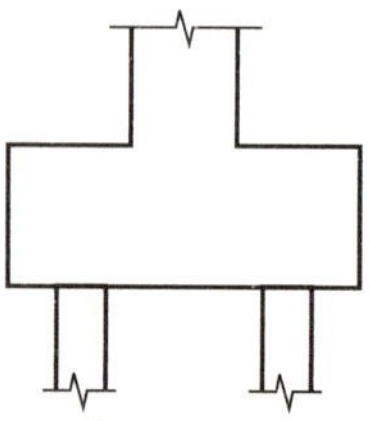	

续表

独立承台桩基础	示意图	三维图
单阶矩形独立承台桩基础		
单阶等边三桩独立承台桩基础		

基础形式类别的识读

根据钢筋混凝土基础平面图示例及其三维图，对表 2-5 中钢筋混凝土结构的基础形式类别进行识读。

表 2-5　钢筋混凝土结构的基础形式类别识读

钢筋混凝土基础平面图示例	三维图	基础形式
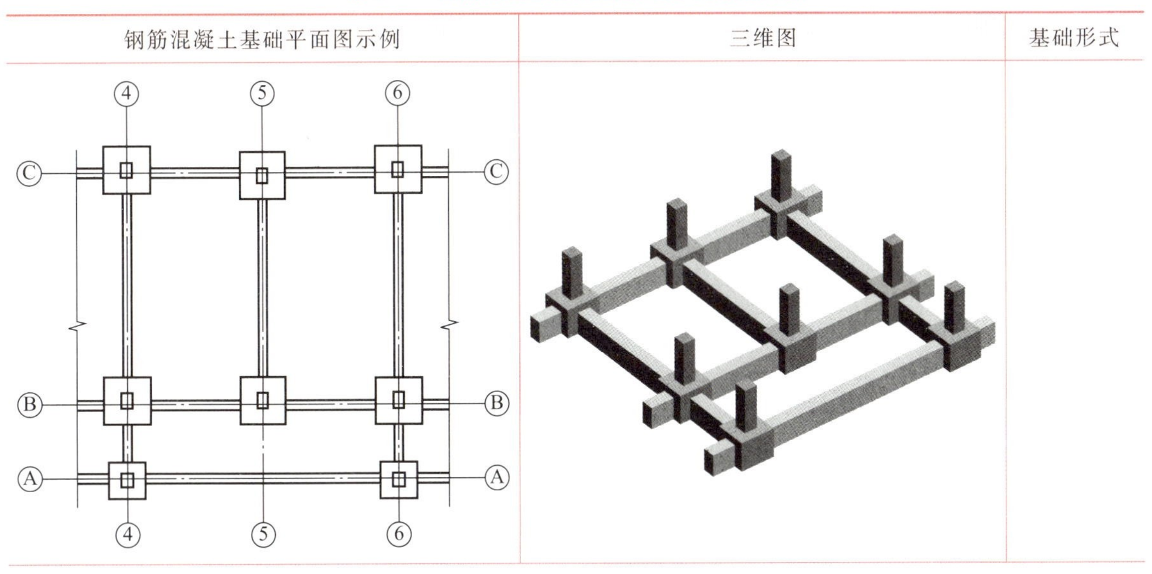		

续表

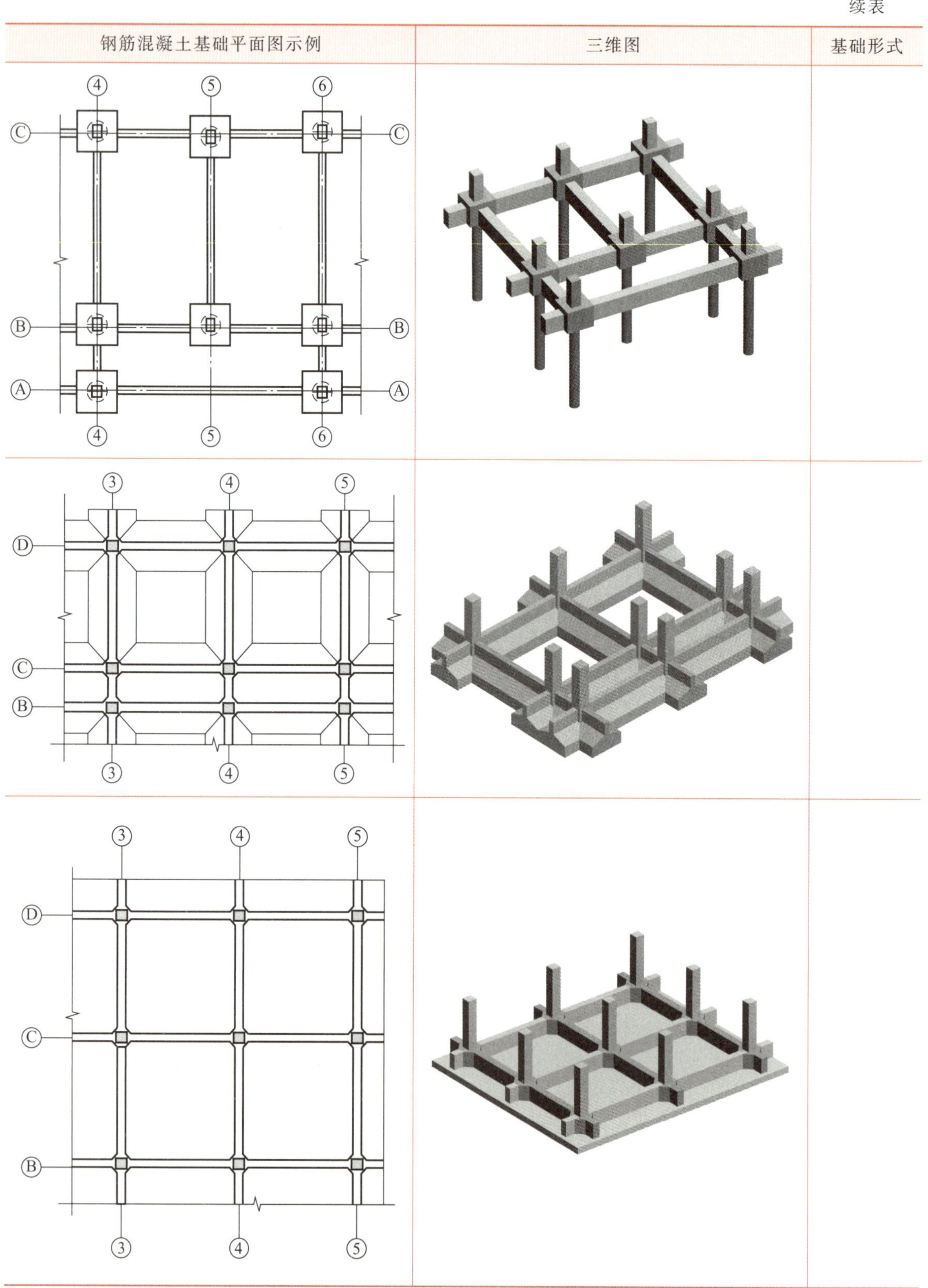

任务 2　独立基础平法施工图的识读

任务要求

1. 知道钢筋混凝土独立基础平法施工图的制图规则。
2. 熟练识读图 2-3 所示的独立基础平法施工图(局部)。

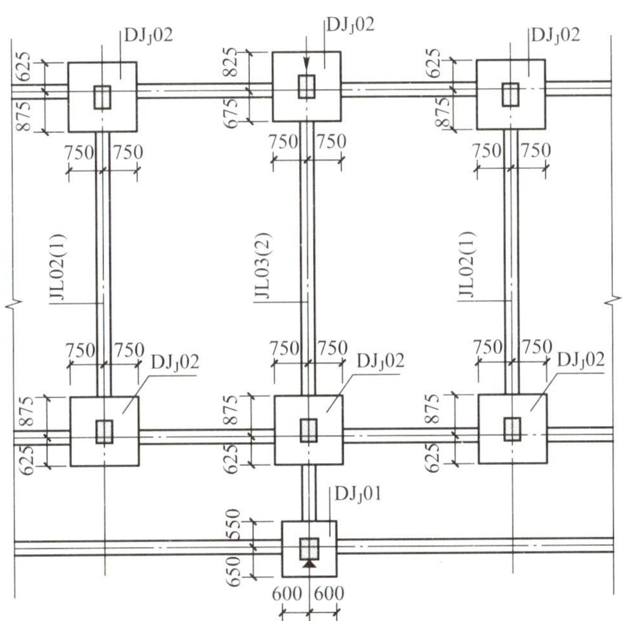

图 2-3　独立基础平法施工图(局部)

知识解读

一、独立基础平法施工图的表示方法

独立基础平法施工图有平面注写与截面注写两种表达方式,如图 2-4 所示。在实际工程结构施工图中,独立基础平法施工图大多数采用平面注写方式,本书主要介绍平面注写方式的内容。

二、独立基础的平面注写方式

独立基础的平面注写方式是指直接在独立基础平面布置图上进行数据项的标注,可分为集中标注和原位标注两部分内容,如图 2-5 所示。

独立基础的平面注写方式

集中标注是在基础平面布置图上进行集中引注,分为独立基础编号、截面竖向尺寸、配筋三项必注内容,以及基础底面标高(与基础底面基准标高不同时)和必要的文字注解两项选注内容,如图 2-6 所示。

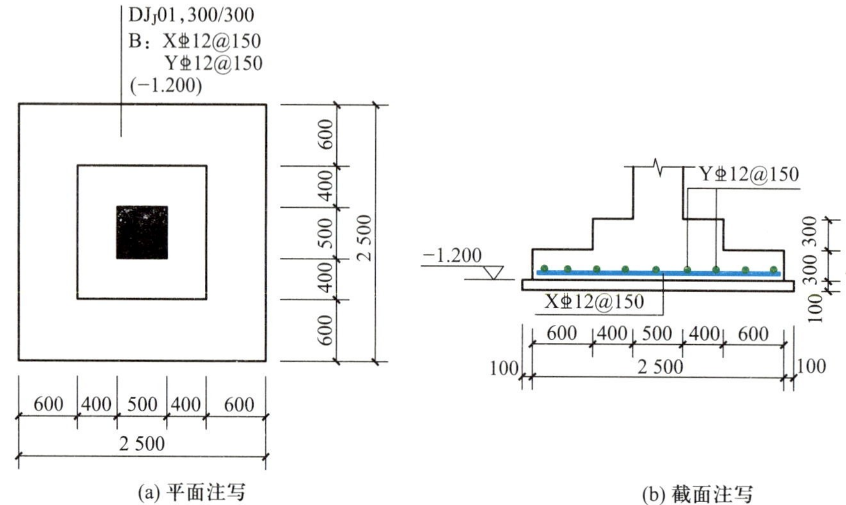

图 2-4 独立基础的平面注写与截面注写方式

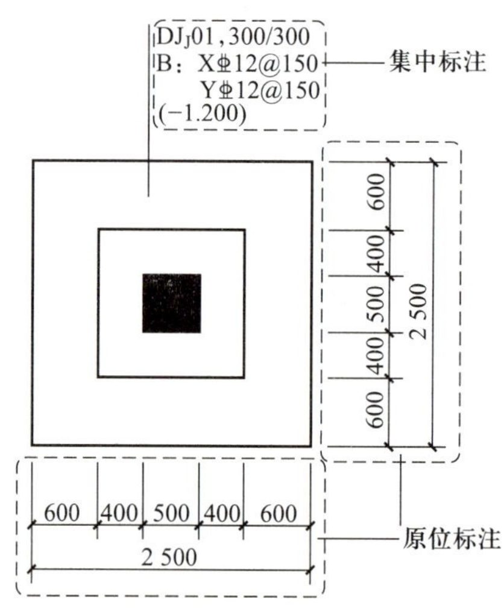

图 2-5 独立基础的平面注写方式

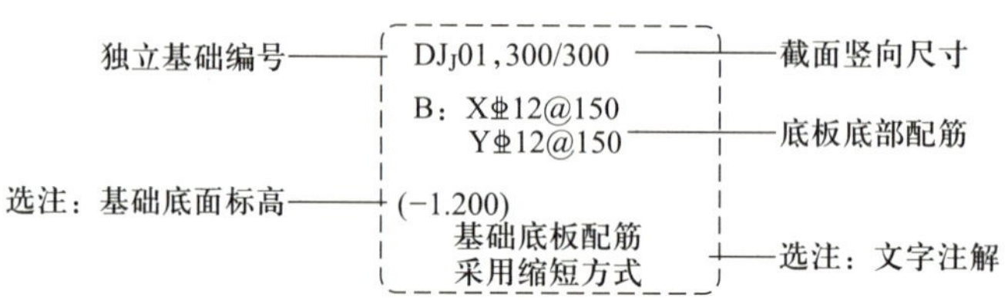

图 2-6 独立基础的集中标注

原位标注是在基础平面布置图上标注独立基础的平面尺寸。

独立基础集中标注识读如下：

1. 独立基础的编号和类型

独立基础集中标注的第一项必注内容是独立基础编号，通过对独立基础编号的识读，可以判别独立基础的类型，见表 2-6。

表 2-6　独立基础的编号和类型

独立基础类型	独立基础截面形式	示意图	代号	序号
普通独立基础	阶形	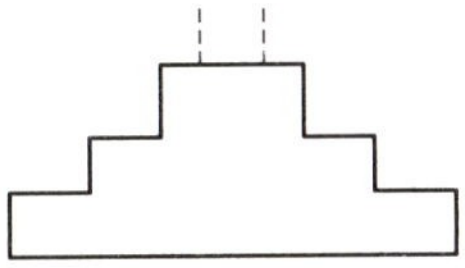	DJ_J	××
	坡形	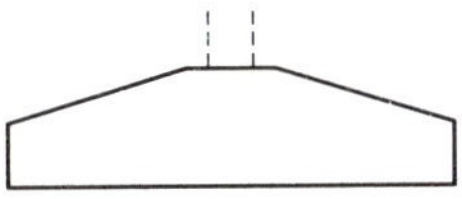	DJ_P	××
杯口独立基础	阶形	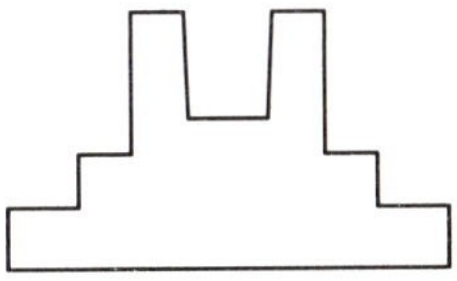	BJ_J	××
	坡形	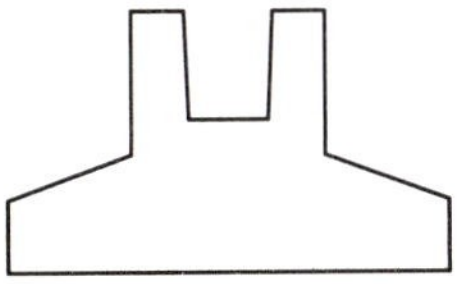	BJ_P	××

2. 独立基础的截面竖向尺寸

独立基础集中标注的第二项必注内容是截面竖向尺寸，独立基础截面竖向尺寸的识读见表 2-7。

表 2-7　独立基础截面竖向尺寸的识读

独立基础类型	截面形式	注写内容	示意图	识读
普通独立基础	阶形	$h_1/h_2/\cdots$	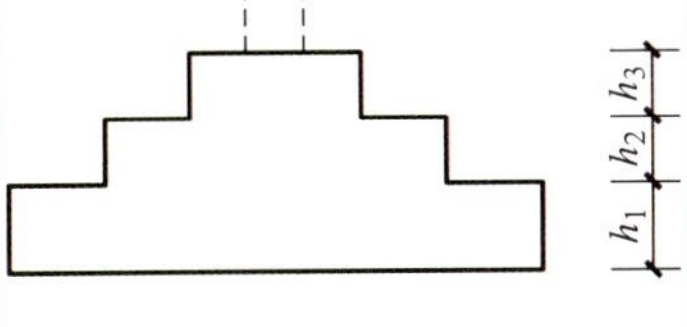 h_3 h_2 h_1	当阶形截面普通独立基础 DJ_J×× 的竖向尺寸注写为 400/300/300 时，表示 h_1 = 400 mm、h_2 = 300 mm、h_3 = 300 mm，基础底板总厚度为 1 000 mm

续表

独立基础类型	截面形式	注写内容	示意图	识读
普通独立基础	坡形	h_1/h_2	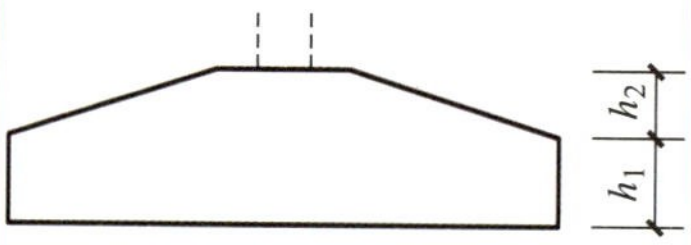	当坡形截面普通独立基础DJ_P××的竖向尺寸注写为400/300时，表示h_1=400 mm、h_2=300 mm，基础底板总厚度为700 mm
杯口独立基础	阶形	a_0/a_1，$h_1/h_2/\cdots$	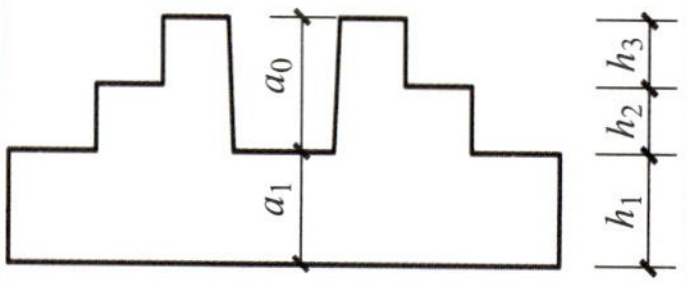	阶形截面杯口独立基础的竖向尺寸分为两组，一组表达杯口内，另一组表达杯口外，两组尺寸间用“，”隔开。当阶形截面杯口独立基础BJ_J××的竖向尺寸注写为600/500，500/300/300时，表示a_0=600 mm、a_1=500 mm，h_1=500 mm、h_2=300 mm、h_3=300 mm
	坡形	a_0/a_1，$h_1/h_2/\cdots$	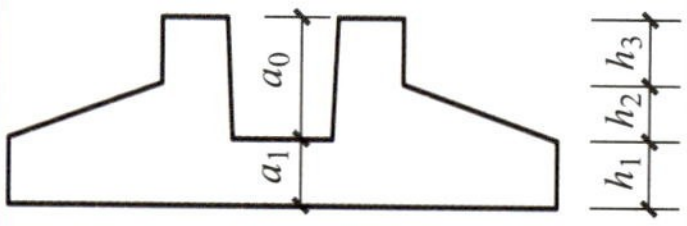	坡形截面杯口独立基础的竖向尺寸分为两组，一组表达杯口内，另一组表达杯口外，两组尺寸间用“，”隔开。当坡形截面杯口独立基础BJ_P××的竖向尺寸注写为550/300，300/250/300时，表示a_0=550 mm、a_1=300 mm，h_1=300 mm、h_2=250 mm、h_3=300 mm

3. 独立基础的配筋

独立基础集中标注的第三项必注内容是配筋，独立基础配筋注写见表2-8。

表2-8 独立基础配筋注写

注写分类	注写内容	注写示例	适用范围
1	独立基础底板底部配筋	B:XΦ12@150 YΦ12@150	各种独立基础底板
2	杯口独立基础顶部焊接钢筋网	Sn 2Φ14	杯口独立基础
3	高杯口独立基础杯壁外侧和短柱配筋	O:4Φ20/Φ16@200/Φ14@200， Φ8@100/200	高杯口独立基础
4	普通独立深基础短柱竖向尺寸及配筋	DZ:4Φ20/4Φ16/4Φ14， Φ8@100，-2.500~-0.030	普通独立深基础
5	多柱独立基础底板顶部配筋	T:7Φ16@150/Φ10@200	多柱独立基础

在各种独立基础中，杯口独立基础常用于上部排架柱为预制的工业建筑。本项目仅就普通独立基础配筋集中标注进行解读。

（1）独立基础底板的底部配筋

独立基础底板的底部配筋识读见表 2-9。

表 2-9 独立基础底板的底部配筋识读

注写说明	配筋注写示意图	独立基础剖面详图	识读说明
① 以 B 代表各种独立基础底板的底部配筋。 ② X 向配筋以 X 打头、Y 向配筋以 Y 打头注写；当两向配筋相同时，以 X&Y 打头注写	DJ$_J$01 300/200 B：X⌀12@150 Y⌀12@150 A A Y向钢筋 X向钢筋 （也可标注为 X&Y ⌀ 12@ 150）	Y⌀12@150 X⌀12@150 A—A	图中独立基础底板配筋标注为 B：X ⌀ 12 @ 150，Y ⌀ 12 @ 150。表示基础底板底部配置 HRB400 级钢筋，X 向钢筋直径为 12 mm，分布间距为 150 mm；Y 向钢筋直径为 12 mm，分布间距为 150 mm

（2）普通独立深基础短柱竖向尺寸及配筋

普通独立深基础短柱竖向尺寸及配筋识读见表 2-10。当独立基础埋深较大，需设置短柱时，短柱配筋应注写在独立基础中。

表 2-10 普通独立深基础短柱竖向尺寸及配筋识读

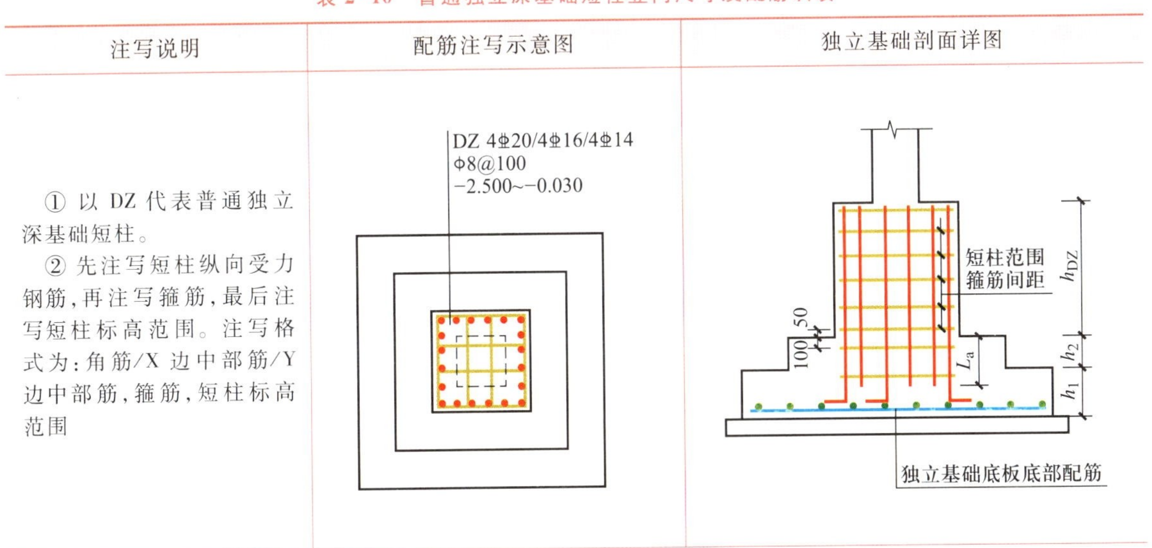

注写说明	配筋注写示意图	独立基础剖面详图
① 以 DZ 代表普通独立深基础短柱。 ② 先注写短柱纵向受力钢筋，再注写箍筋，最后注写短柱标高范围。注写格式为：角筋/X 边中部筋/Y 边中部筋，箍筋，短柱标高范围	DZ 4⌀20/4⌀16/4⌀14 ⌀8@100 −2.500~−0.030	短柱范围箍筋间距 50 100 L_a h_{DZ} h_2 h_1 独立基础底板底部配筋

续表

识读说明:短柱配筋标注为 DZ 4 Φ 20/4 Φ 16/4 Φ 14,φ 8@ 100,-2.500～-0.030。表示独立基础的短柱设置在-2.500～ -0.030 m 高度范围内,其竖向钢筋为 4 Φ 20 角筋、4 Φ 16 X 边中部筋和 4 Φ 14 Y 边中部筋,其箍筋直径为8 mm,间距为 100 mm

(3) 多柱独立基础底板顶部配筋

独立基础通常可分为单柱独立基础和多柱(双柱或四柱等)独立基础。多柱独立基础的编号、几何尺寸和配筋的标注方法和单柱独立基础相同。当为双柱独立基础且柱距较大时,除基础底板底部配筋外,还需在两柱间配置顶部钢筋或设置基础梁;当为四柱独立基础时,通常设置两道平行的基础梁,同时在两道基础梁之间配置顶部钢筋。多柱独立基础底板顶部配筋识读见表 2-11。

表 2-11　多柱独立基础底板顶部配筋识读

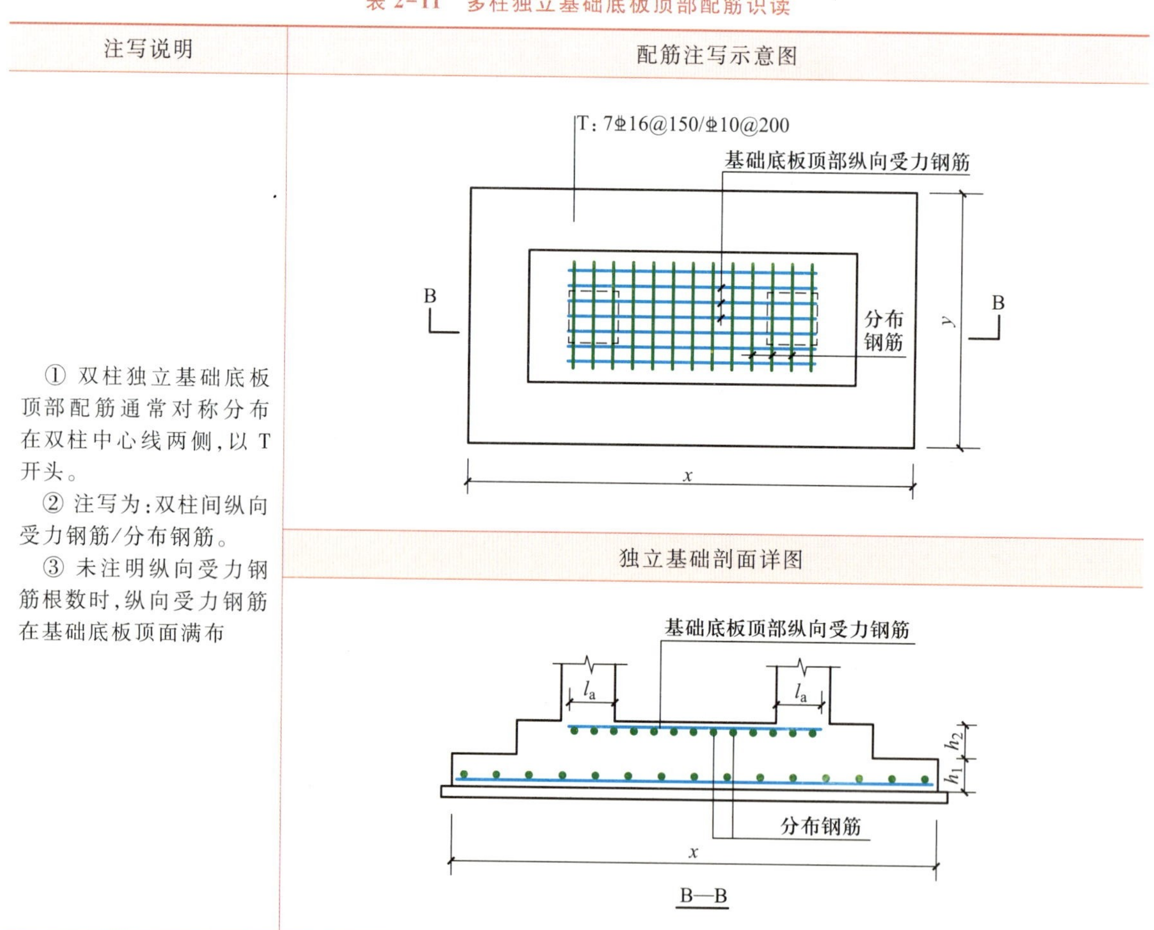

注写说明	配筋注写示意图
① 双柱独立基础底板顶部配筋通常对称分布在双柱中心线两侧,以 T 开头。 ② 注写为:双柱间纵向受力钢筋/分布钢筋。 ③ 未注明纵向受力钢筋根数时,纵向受力钢筋在基础底板顶面满布	独立基础剖面详图

识读说明:图中双柱独立基础底板顶部配筋标注为 T:7 Φ 16@ 150/Φ 10@ 200。表示独立基础底板顶部配置 HRB400 级纵向受力钢筋,直径为 16 mm,设置 7 根,间距为 150 mm;分布钢筋 HRB400 级,直径为 10 mm,间距为 200 mm

续表

注写说明	配筋注写示意图
① 配置两道基础梁的四柱独立基础底板顶部配筋注写，以 T 开头。 ② 根据内力需要可在双梁之间（梁的长度范围内）配置基础顶部钢筋，注写为：梁间受力钢筋/分布钢筋	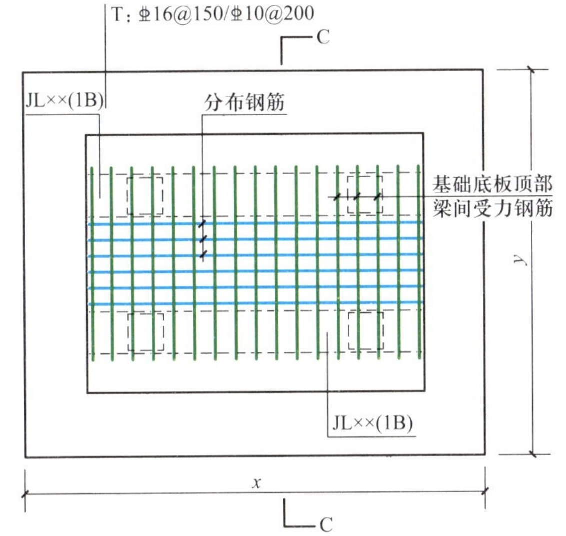
	独立基础剖面详图
	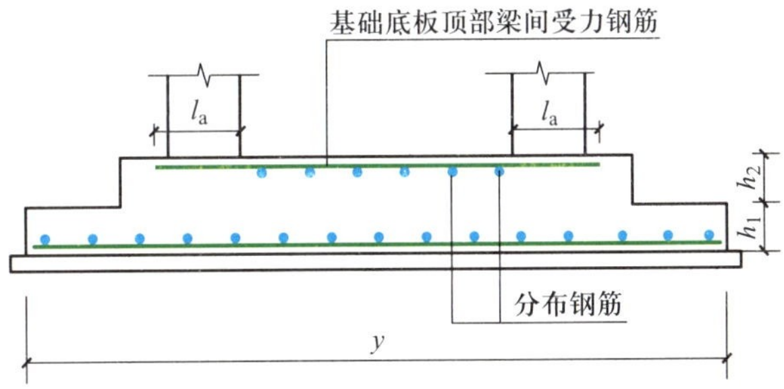

识读说明：图中四柱独立基础底板顶部两道基础梁间配筋标注为 T：⌀ 16@ 150/⌀ 10@ 200。表示四柱独立基础底板顶部两道基础梁之间配置 HRB400 级受力钢筋，直径为 16 mm，间距为 150 mm；分布钢筋 HRB400 级，直径为 10 mm，间距为 200 mm

基础平法施工图识读

以结施-03 基础平法施工图（图 2-7）为例，图中采用柱下独立基础，共有两种独立基础，编号为 DJ_J01 和 DJ_J02；各柱下独立基础之间采用基础梁连接，分别为 JL01～JL05（基础梁截面和配筋识读参考项目 4 梁平法施工图的识读），以加强整个基础的整体性。基础平法施工图识读见表 2-12。

基础平法施工图识读实例

基础平法施工图 1：100

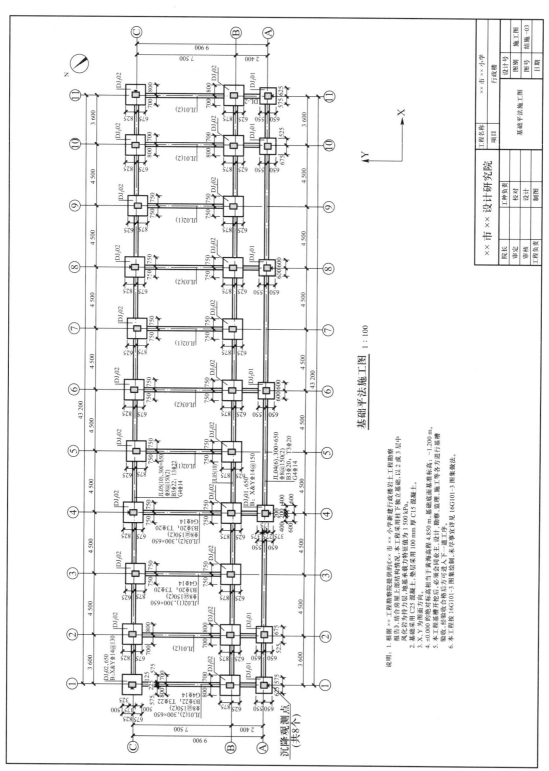

说明：1. 根据 ×× 工程勘察院提供的《×× 市 ×× 小学新建行政楼岩土工程勘察报告》，结合房屋上部结构情况，本工程采用柱下独立基础，以 2 或 3 层中风化岩为持力层，地基承载力特征值为 1 500 kPa。
2. 基础采用 C25 混凝土，垫层采用 100 mm 厚 C15 混凝土。
3. X、Y 为图面方向。
4. ±0.000 的绝对标高相当于黄海高程 4.850 m，基础底面基准标高：−1.200 m。
5. 本工程基槽开挖后，必须会同业主、设计、勘察、监理、施工等各方进行基槽验收，经验收合格后方可进入下一道工序。
6. 本工程按 16G101-3 图集绘制，未尽事宜详见 16G101-3 图集做法。

×× 市 ×× 设计研究院				工程名称	×× 市 ×× 小学		
				项目	行政楼		
院长		工种负责		基础平法施工图		设计号	
审定		校对				图别	施工图
审核		设计				图号	结施 -03
工程负责		制图				日期	

图 2-7 结施-03 基础平法施工图

表 2-12　基础平法施工图识读

识读要点	图纸表述	识读说明
1	根据××工程勘察院提供的《××市××小学新建行政楼岩土工程勘察报告》，结合房屋上部结构情况，本工程采用柱下独立基础，以 2 或 3 层中风化岩为持力层，地基承载力特征值为 1 500 kPa	(1) 明确本工程项目采用的岩土工程勘察报告。 (2) 明确本工程项目采取的基础形式。 (3) 明确基础下的地基持力层的名称和地基承载力特征值，施工中应和现场开挖后的地质情况进行比对，复核现场地质情况。如不符，应及时联系勘察单位和设计单位，以便采取相应的措施
2	基础采用 C25 混凝土，垫层采用 100 mm 厚 C15 混凝土	明确本工程项目基础部分采用的混凝土强度等级以及基础下垫层的材料及其强度等级、厚度
3	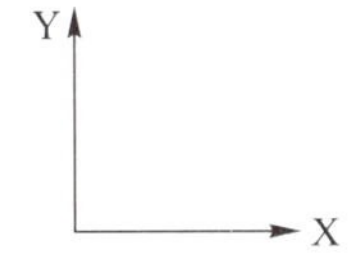 Y X X、Y 为图面方向	明确图中 X、Y 表示的方向
4	±0.000 的绝对标高相当于黄海高程 4.850m，基础底面基准标高：-1.200 m	(1) 明确本工程项目±0.000(通常为一层地面)对应的绝对标高值，用黄海高程或吴淞高程表示。 (2) 明确基础底面相对于±0.000 的相对标高值
5	本工程基槽开挖后，必须会同业主、设计、勘察、监理、施工等各方进行基槽验收，经验收合格后方可进入下一道工序	明确基槽验收环节的参加单位和重要性
6	本工程按 16G101-3 图集绘制，未尽事宜详见 16G101-3 图集做法	明确本工程项目基础平法施工图参照的国家标准图集名称
7	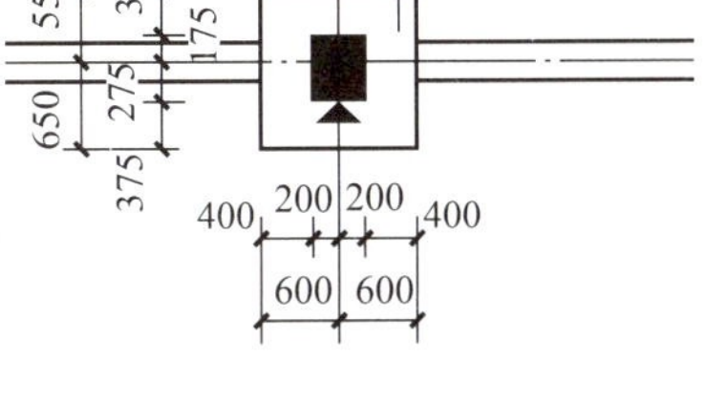 DJ$_J$01，650 B：X&Y⌀14@150 550　375　175　650　275　375 400　200　200　400 600　600	图中表述对应的剖面详图为： 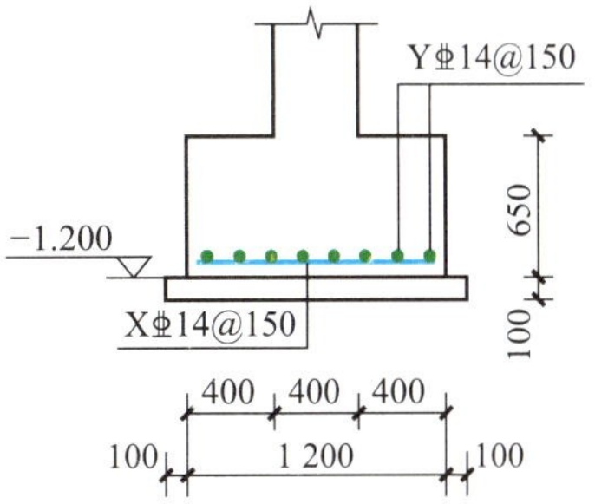 Y⌀14@150 -1.200 650　100 X⌀14@150 400　400　400 100　1 200　100 基础底板底部配置 HRB400 级钢筋，X 向、Y 向钢筋直径均为 14 mm，间距为 150 mm。 ▲表示在该独立基础的上部柱的相应位置应设置沉降观测点，具体做法和要求见结构设计总说明

续表

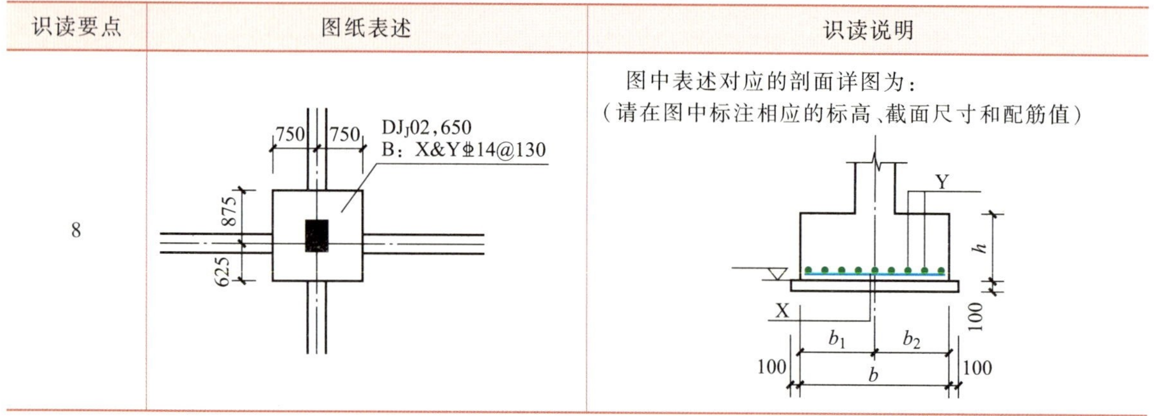

识读要点	图纸表述	识读说明
8		图中表述对应的剖面详图为： （请在图中标注相应的标高、截面尺寸和配筋值）

任务3　独立基础标准构造详图的识读

任务要求

1. 知道钢筋混凝土独立基础配筋构造要求。
2. 熟练识读图2-8所示柱下独立基础配筋平面及剖面构造详图。

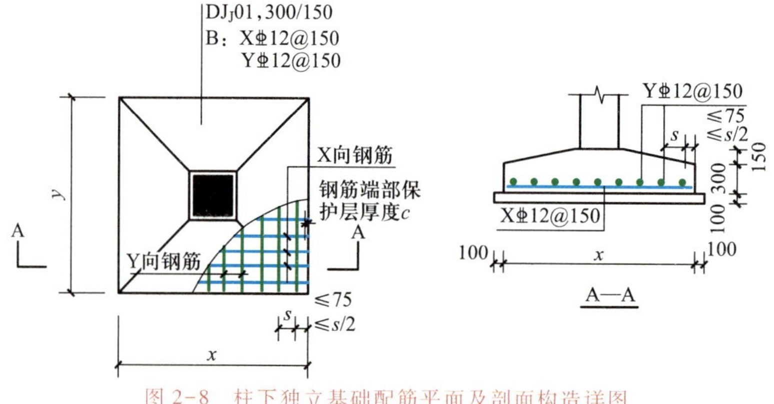

图2-8　柱下独立基础配筋平面及剖面构造详图

知识解读

一、独立基础配筋种类

独立基础在实际工程中可能出现的各种构造主要分为五种情况，具体根据独立基础平法集中标注中的配筋标注确定。

独立基础配筋种类：
- 独立基础底板底部配筋
- 杯口独立基础顶部焊接钢筋网
- 高杯口独立基础杯壁外侧和短柱配筋
- 普通独立深基础短柱竖向尺寸及配筋
- 多柱独立基础底板顶部配筋

民用建筑一般采用普通独立基础,工业厂房一般采用杯口独立基础,本节主要介绍普通独立基础配筋构造。

二、独立基础底板底部配筋构造

柱下独立基础三维配筋效果图如图 2-9 所示,柱下独立基础配筋平面及剖面构造详图如图 2-8 所示。

图 2-9　柱下独立基础三维配筋效果图

工程中的普通独立基础底板底部配筋在满足相应的条件下,长度可缩短 10%,因此独立基础底板底部配筋构造可归纳为两种情况,见表 2-13。

表 2-13　独立基础底板底部配筋构造情况

一般情况	独立基础底板底部配筋一般情况
长度缩短 10% 的构造	对称独立基础
	不对称独立基础

1. 一般情况

矩形独立基础(以阶形独立基础为例)底板底部配筋的一般构造要求见表 2-14。

表 2-14　独立基础底板底部配筋的长度与间距

独立基础底板底部配筋平面构造详图及效果图

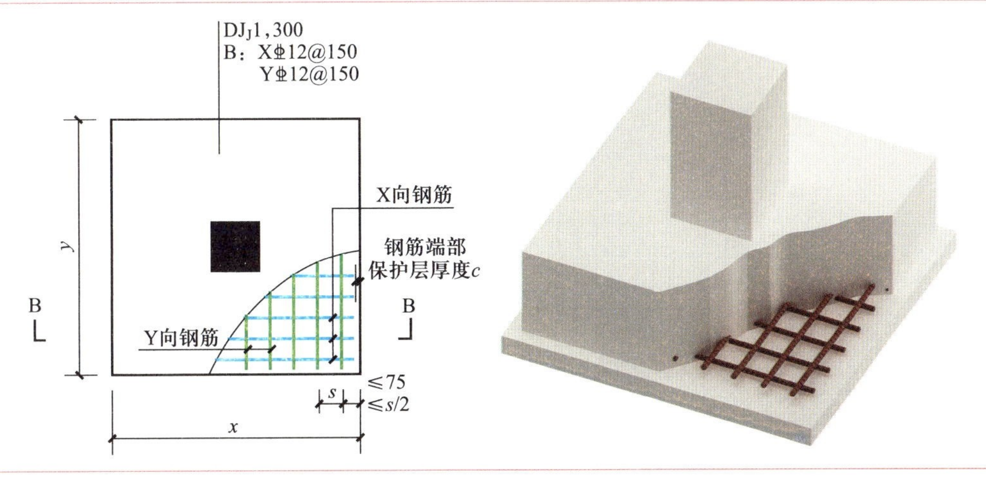

独立基础底板底部配筋的一般构造

续表

独立基础底板底部配筋剖面构造详图
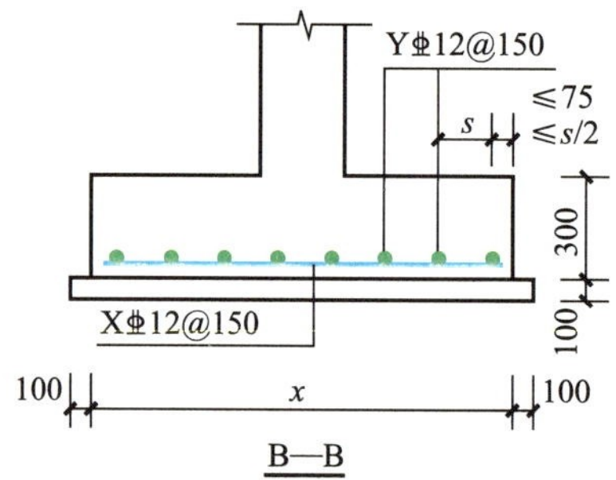
钢筋构造要点
(1) X、Y 方向底板底部配筋长度为：$x-2c$ 和 $y-2c$（c 为钢筋端部保护层厚度）。 (2) 第一根钢筋与基础边缘的距离为起步距离，独立基础底板底部配筋的起步距离不大于 75 mm 且不大于 $s/2$，用数学公式表达为：min(75 mm, $s/2$)。 (3) 钢筋根数（以 X 向为例）= [$y-2\times$min(75 mm, $s/2$)]/s+1

对称独立基础底板底部配筋长度缩短10%的构造

2. 长度缩短 10%的构造

当独立基础的底板长度≥2 500 mm 时，底板底部配筋长度可缩短 10%，分为对称和不对称两种情况。对称独立基础底板底部配筋长度缩短 10%的构造见表 2-15；不对称独立基础底板底部配筋长度缩短 10%的构造见表 2-16。

表 2-15　对称独立基础底板底部配筋长度缩短 10%的构造

对称独立基础底板底部配筋长度缩短 10%的平面构造详图
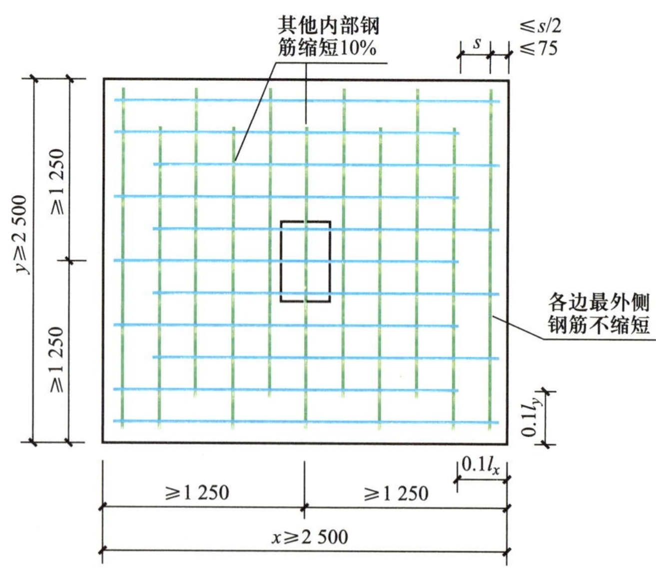

续表

钢筋构造要点
(1) 各边最外侧钢筋不缩短,长度为:$x-2c$ 和 $y-2c$(c 为钢筋端部保护层厚度)。 (2) X 向、Y 向最外侧钢筋根数均为 2。 (3) 除最外侧钢筋外,X 向和 Y 向其他钢筋可缩短 10%,长度为:$x-2c-0.1(x-2c)$ 和 $y-2c-0.1(y-2c)$。 (4) 除最外侧钢筋外,其他钢筋根数(以 X 向为例)=[$y-2\times\min(75\text{ mm}, s/2)$]/$s-1$

表 2-16　不对称独立基础底板底部配筋长度缩短 10%的构造

不对称独立基础底板底部配筋长度缩短 10%的平面构造详图
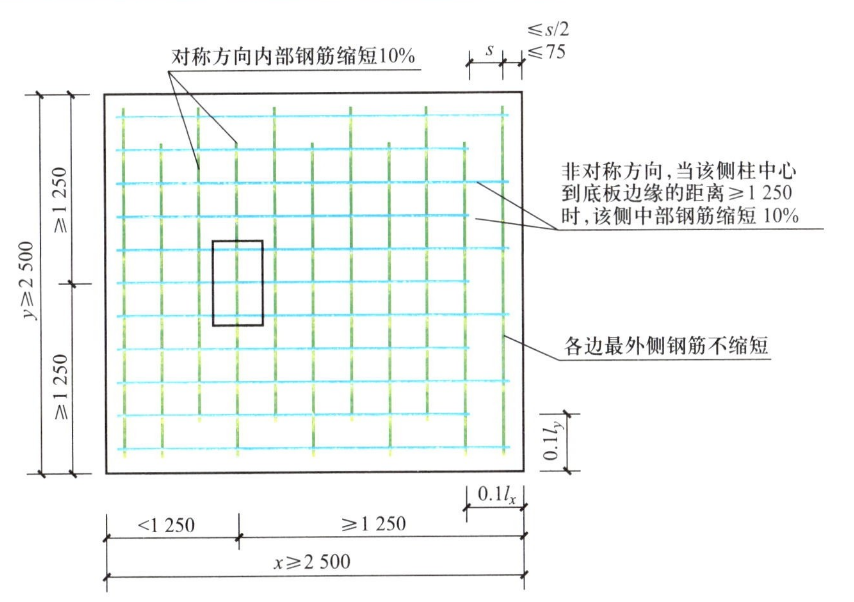
钢筋构造要点
(1) 各边最外侧钢筋不缩短,长度为:$x-2c$ 和 $y-2c$(c 为钢筋端部保护层厚度)。 (2) X 向、Y 向最外侧钢筋根数均为 2。 (3) 对称方向(图中为 Y 向)内部钢筋长度可缩短 10%,长度为:$y-2c-0.1(y-2c)$。 (4) 非对称方向(图中为 X 向): ① 从柱中心至基础底板边缘的距离小于 1 250 mm 时,该侧内部钢筋不缩短; ② 从柱中心至基础底板边缘的距离不小于 1 250 mm 时,该侧内部钢筋隔一根缩短 10%。 (5) 除最外侧钢筋外,其他钢筋根数(以 X 向为例)=[$y-2\times\min(75\text{ mm}, s/2)$]/$s-1$

不对称独立基础底板底部配筋长度缩短 10% 的构造

独立基础标准构造详图识读

以结施-03 基础平法施工图为例,其标准构造详图详见《混凝土结构施工图平面整体表示方法制图规则和构造详图(独立基础、条形基础、筏形基础、桩基础)》(16G101-

3）。DJ_J01 识读见表 2-17。

表 2-17 DJ_J01 识读

平面构造详图

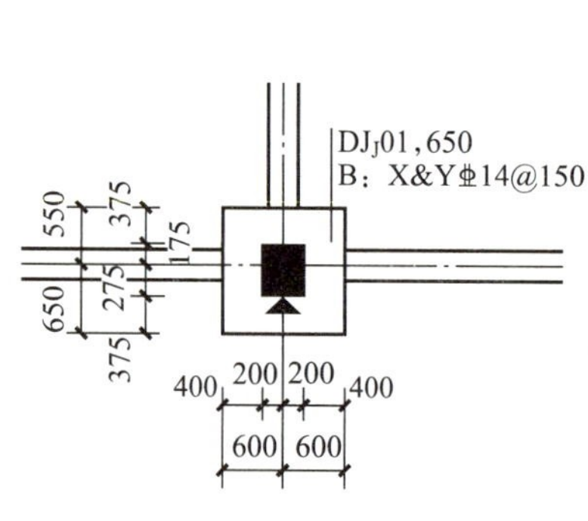

剖面构造详图

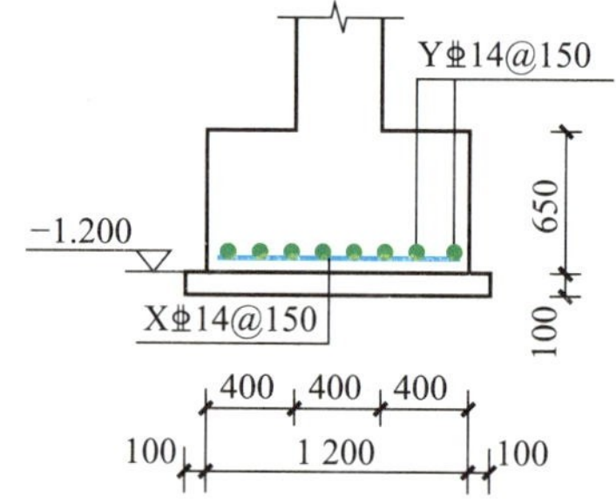

构造要点

(1) X、Y 方向底板底部配筋长度均为 1 120 mm。
钢筋端部保护层最小厚度见结构设计总说明(2)9.1 条，基础底板保护层最小厚度为 40 mm。
(2) 独立基础底板底部配筋的起步距离为 75 mm。
(3) 钢筋根数(以 X 向为例)为 8

三维钢筋效果图

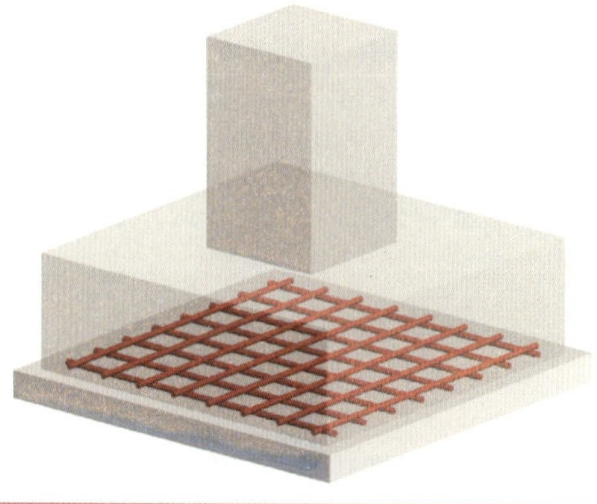

知识要点

在本项目中，结合工程实例从平法解读和标准构造详图识读两个方面对基础平法施工图进行识读。平法解读部分从独立基础的编号和类型、独立基础的截面竖向尺寸以及独立基础的配筋三个方面系统地讲述了独立基础平面整体表示方法的识读要点；标准构造详图识读部分给出了独立基础底板底部配筋构造、普通独立深基础短柱配筋构造和多柱独立基础底板顶部配筋构造的截面图示及构造要点。通过对独立基础平法施工图和标准构造详图的识读，使学生能熟练掌握独立基础平法施工图的识读方法和识读要点。

学习检测

一、单项选择

1. 独立基础代号“$\mathrm{DJ_P}$”表示的独立基础类型是（　　）。

A. 普通阶形独立基础　　B. 普通坡形独立基础

C. 杯口阶形独立基础　　D. 杯口坡形独立基础

2. 当独立基础底板长度≥（　　）mm 时，除最外侧钢筋外，其底板配筋长度可取相应方向底板长度的 90%。

A. 1 500　　B. 2 000　　C. 2 500　　D. 3 000

3. 某普通独立基础底板配筋集中标注为“B：X&Y Φ10@100”时，在底板绑扎钢筋施工中，第一根钢筋到基础边缘的起步距离为（　　）mm。

A. 50　　B. 75　　C. 100　　D. 150

4. 独立基础的集中标注分必注内容和选注内容，以下标注为选注内容的是（　　）。

A. 独立基础编号　　B. 独立基础底面标高

C. 独立基础截面竖向尺寸　　D. 独立基础底板配筋

5. 独立基础的配筋标注以“DZ”开头表示其后面标注为（　　）。

A. 独立基础底板底部配筋　　B. 独立基础底板顶部配筋

C. 独立深基础短柱配筋　　D. 独立基础底板其他构造钢筋

6. 某独立基础 X 向的尺寸为 1 500 mm，Y 向的尺寸为 2 000 mm，底板配筋集中标注为“B：X Φ10@200，Y Φ12@200”，则一个独立基础下料时，X 向长度为 1 350 mm 的Φ10 钢筋要下（　　）根。

A. 9　　B. 10　　C. 11　　D. 12

7. 柱箍筋在基础内设置不少于____根，间距不大于____mm，以下选项正确的是（　　）。

A. 2　400　　B. 2　500　　C. 3　400　　D. 3　500

8. 16G101-3 图集不适用于（　　）的设计与施工。

A. 独立基础　　B. 条形基础　　C. 桩基础　　D. 箱形基础

9. 独立基础底板底部配筋，X 向配筋以 X 打头，Y 向配筋以 Y 打头；当两向配筋相同时，则以(　　)打头。

A.X@Y　　B. X＄Y　　C.X^Y　　D.X&Y

10. 双柱独立基础的顶部配筋，通常(　　)在双柱中心线两侧，注写为：双柱间纵向受力钢筋/分布钢筋。

A. 左右　　B. 上下　　C. 对称　　D. 不对称

11. 注写独立承台配筋时，底部与顶部(　　)配筋应分别注写。

A. 横向　　B. 纵向　　C. X 向　　D. 双向

二、填空

1. 独立基础平法施工图有______与______两种表达方式。

2. 独立基础的平面注写方式分为______和______两部分内容。

3. 集中标注的内容主要包括______、______、______三项必注内容，以及______、______两项选注内容。

4. 当独立基础底板配筋标注为“B：X⌀16@150，Y⌀16@200”时，表示基础底板底部配置______级钢筋，X 向钢筋直径为______，分布间距为______；Y 向钢筋直径为______，分布间距为______。

5. 当杯口独立基础顶部钢筋网标注为“Sn2⌀14”时，表示杯口顶部每边配置______根______级直径为______的焊接钢筋网。

6. “T：11⌀18@100/φ10@200”表示双柱独立基础顶部配置纵向受力钢筋和分布钢筋，纵向受力钢筋的直径为______，设置______根，间距为______；分布钢筋的直径为______，分布间距为______。

7. 阶形截面普通独立基础如图 2-10 所示，若其竖向尺寸注写为“400/300/300”，则表示 h_1 = ______，h_2 = ______，h_3 = ______，基础底板总厚度为______。

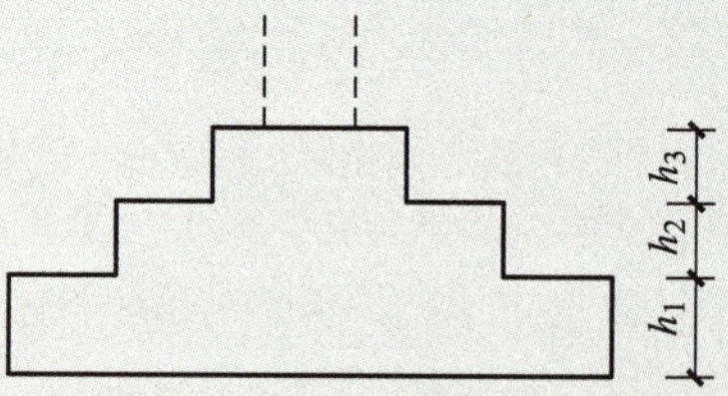

图 2-10　阶形截面普通独立基础

三、识图

1. 某独立基础的集中标注如图 2-11 所示，识图后回答以下问题。

(1) 该独立基础的类型为______，独立基础竖向截面总高度为______。

(2) 独立基础底板底部配筋为：X 向______，Y 向______。

(3) 根据图示集中标注的截面竖向尺寸，在右侧的剖面图中，a 为______，b 为______，$a+b$ 为______。

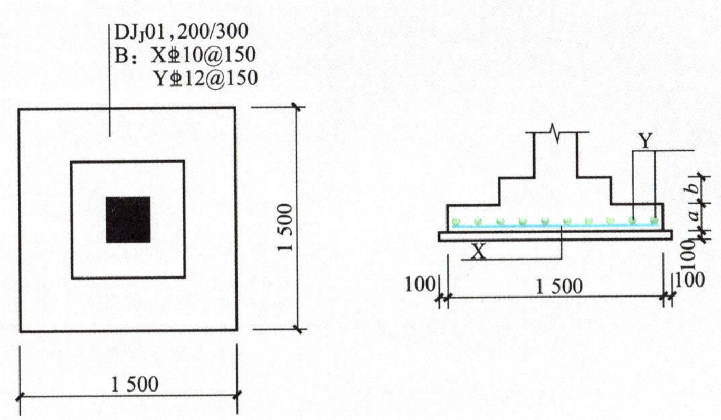

图 2-11　阶形独立基础集中标注与截面标注

2. 某独立基础的集中标注如图 2-12 所示，独立基础底板底部 X 向钢筋长度为________，底部 Y 向钢筋长度为________，此坡形独立基础竖向截面总高度为________。

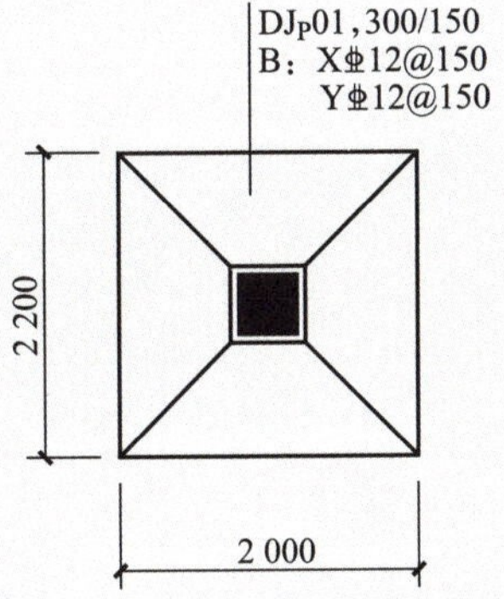

图 2-12　坡形独立基础集中标注

项目3　柱平法施工图的识读

导读

本项目通过引入采用混凝土结构施工图平面整体表示方法的实际工程中的柱平法施工图，从柱平法施工图识读和钢筋混凝土柱钢筋构造两个方面进行讲述，使学生熟练掌握框架结构施工图中柱平法施工图的识读方法和识读要点。

图 3-1 所示为框架结构柱施工现场。

(a) 框架结构柱钢筋绑扎

(b) 框架结构柱浇筑完成

图 3-1　框架结构柱施工现场

任务 1 柱的类别及柱中配筋

1. 说出钢筋混凝土结构中常用柱的分类方法。
2. 知道钢筋混凝土柱钢筋的构造要求。
3. 熟练识别图 3-2 钢筋混凝土柱的类别。
4. 熟练识别图 3-3 柱中钢筋的类别。

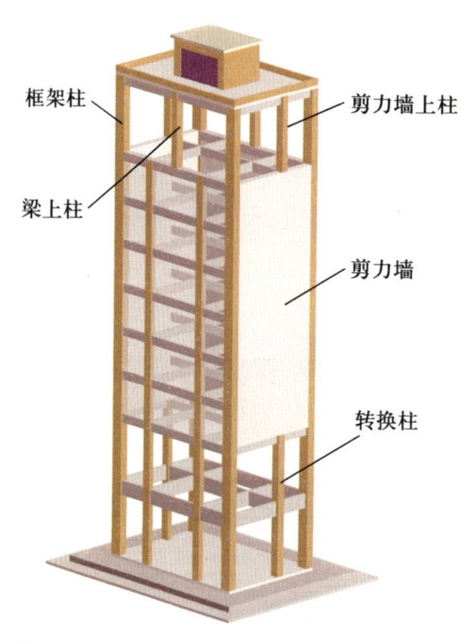

图 3-2 钢筋混凝土框架结构中柱示意图

图 3-3 钢筋混凝土框架结构中柱的钢筋示意图

一、框架结构中主要结构构件

在实际的钢筋混凝土框架结构工程中，主要的结构构件包括基础、框架柱、框架梁、现浇板等，图 3-4 为工程实例框架结构主要结构构件骨架的示意图。通过示意图，可清晰地了解各主要结构构件的相互关系。

二、钢筋混凝土柱的类别

1. 按受力情况分类

钢筋混凝土柱是工程结构中应用最广、最重要的构件之一，是主要的竖向受力构件。钢筋混凝土柱按承受荷载的作用位置不同，可分为轴心受压柱和偏心受压柱两类。钢筋混凝土柱的受力特性如图 3-5 所示。由于受到不同水平荷载的作用（如风荷载、地震荷载），在柱截面内可能要承受不同方向弯矩的作用，因此，工程中的柱绝大多数

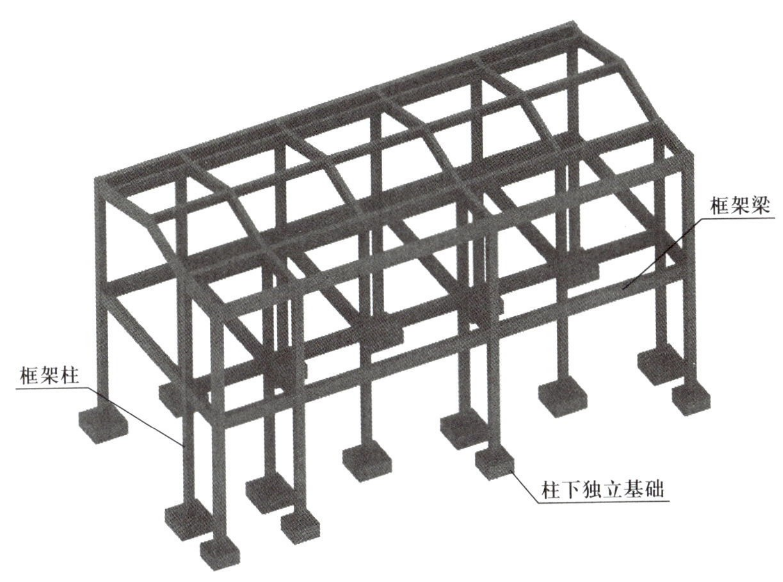

图 3-4　工程实例框架结构主要结构构件骨架的示意图

都是偏心受压柱。轴心受压柱根据截面形状不同可分为正方形、矩形、圆形等,通常按照对称配筋方式进行配筋;偏心受压柱按配筋方式不同可分为对称配筋和不对称配筋两种。

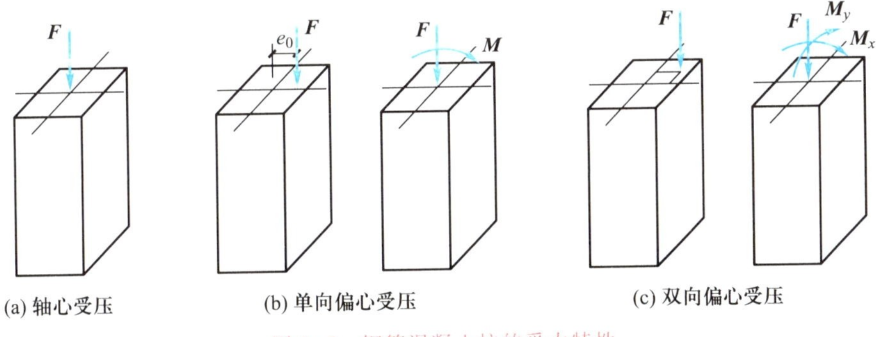

图 3-5　钢筋混凝土柱的受力特性

2. 按建筑功能性要求和建筑构件的名称分类

钢筋混凝土柱按照建筑功能性要求和建筑构件名称可分为:

钢筋混凝土柱类型
- 框架柱
- 转换柱
- 芯　柱
- 梁上柱
- 剪力墙上柱

框架柱是指在钢筋混凝土结构中将梁和板上的荷载直接传递给基础的竖向受力构件,如图 3-2 所示。

根据建筑功能要求,下部空间大(如大商场)、上部为剪力墙结构(如住宅)的建筑,在剪力墙和下部框架结构连接处设置转换构件，在转换处的框架梁称为框支梁，与框支梁相连的框架柱称为转换柱。转换柱如图 3-2 所示。

框架柱芯柱是指框架结构钢筋混凝土柱截面中配置附加纵向钢筋及箍筋而形成的钢筋混凝土柱。在周期性反复水平荷载作用下，框架柱芯柱具有良好的延性和耗能能力，能够有效地改善钢筋混凝土柱在高轴压比情况下的抗震性能。框架柱芯柱如图 3-6所示。

图 3-6 框架柱芯柱

梁上柱是下部空间大、上部空间小的建筑，根据建筑功能要求在梁上设置以支撑上部结构荷载的钢筋混凝土柱。梁上柱如图 3-2 所示。

剪力墙上柱是在剪力墙上方设置以承受上部结构荷载的钢筋混凝土柱。剪力墙上柱如图 3-2 所示。

三、钢筋混凝土轴心受压柱的构造要求

1. 柱截面形式和尺寸

轴心受压柱通常用正方形、圆形、矩形等截面形式。柱的截面尺寸应满足承载力和构造要求，为了便于混凝土自上而下浇筑，截面尺寸不宜小于 250 mm×250 mm。当截面高度 $h \leqslant 800$ mm 时，截面以 50 mm 的倍数增减，当截面高度 $h>800$ mm 时，截面以 100 mm 的倍数增加。

2. 柱中钢筋

柱中钢筋通常有纵向钢筋（简称纵筋）和箍筋，具体要求见表 3-1。柱中的纵向钢筋一般为受力钢筋。

3. 柱钢筋强度

柱中的纵向受力钢筋可采用高强度钢筋，应选用 HRB400（Φ）、HRBF400（$Φ^F$）、HRB500（Φ）、HRBF500（$Φ^F$）级钢筋。柱中的箍筋宜采用 HPB300（ϕ）、HRB400（Φ）、HRBF400（$Φ^F$）级钢筋。

表 3-1 柱中钢筋构造要求

柱中钢筋类型	钢筋的构造要求	钢筋的构造要求图示
纵筋	（1）轴心受压柱的纵筋应在截面四周均匀对称布置，柱中纵筋的直径不宜小于 12 mm，全部纵筋的配筋率不宜大于 5%。 （2）柱中纵筋的净间距不应小于 50 mm，且不宜大于 300 mm。 （3）偏心受压柱截面高度不小于 600 mm时，在柱的侧面上应设置直径不小于 10 mm 的纵向构造钢筋，并相应设置复合箍筋或拉结筋。 （4）圆柱中的纵筋不宜少于 8 根，不应少于 6 根，且沿圆周边均匀分布	≤300≤300 ≥50 ≥50

续表

柱中钢筋类型	钢筋的构造要求	钢筋的构造要求图示
箍筋	（1）柱箍筋应做成封闭式，柱箍筋末端应做成 135° 弯钩。抗震结构柱弯钩末端平直段长度不应小于 10d（d 为箍筋直径）和 75 mm 的较大值，非抗震结构柱弯钩末端平直段长度不应小于 5d（d 为箍筋直径）。 （2）箍筋直径不应小于 $d/4$（d 为纵筋的最大直径），且不应小于 6 mm。 （3）箍筋间距不应大于 400 mm 及构件截面的短边尺寸，且不应大于 15d（d 为纵筋的最小直径）。 （4）抗震设计时，箍筋对柱纵筋应至少隔一拉一。 （5）当柱截面短边尺寸大于 400 mm，且各边纵筋多于 3 根时，或当柱截面短边尺寸不大于 400 mm，但各边纵筋多于 4 根时，应设置复合箍筋。 （6）对于形状较复杂的柱，严禁采用内折角的箍筋	

一、柱的类别识别

识别表 3-2 中柱的类别。

表 3-2 柱的类别识别

柱的类别示例	柱的类别分析	柱的类别
 ② ①	（1）梁、板荷载由柱传到基础。 （2）梁上起柱	①：______柱 ②：______柱
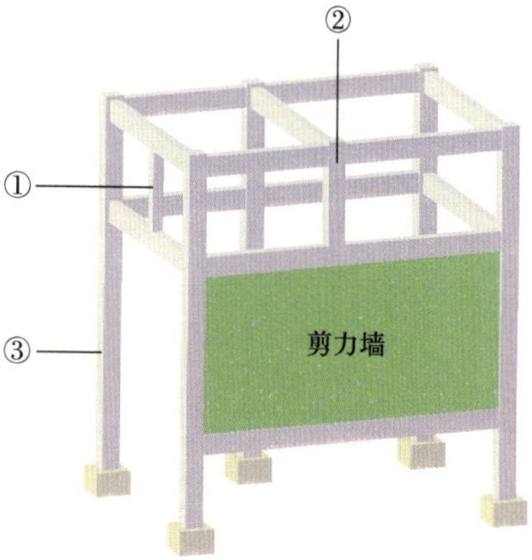 ② ① ③ 剪力墙	（1）梁上起柱。 （2）剪力墙上起柱。 （3）梁、板荷载由柱传到基础	①：______柱 ②：______柱 ③：______柱

二、柱中钢筋识别

判别表 3-3 中的柱中钢筋是否符合构造要求。

表 3-3 柱中钢筋识别

钢筋类型	钢筋示意图	识读要点	识别
纵筋	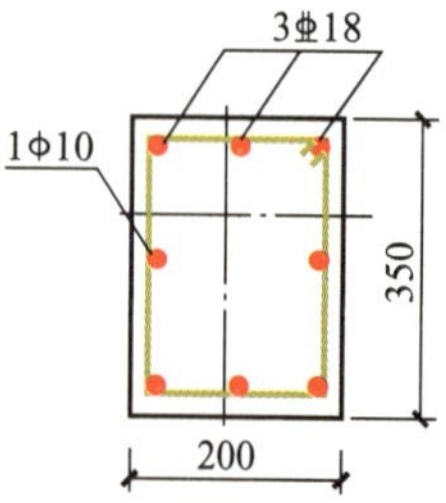 3Φ18 1Φ10 350 200	（1）柱截面尺寸。 （2）柱纵筋直径。 （3）柱纵筋间距。 （4）柱钢筋级别	① 柱截面尺寸不宜小于____mm。 ② 柱纵筋直径不宜小于____mm。 ③ 柱纵筋间距不应小于____mm，且不宜大于____mm。 ④ 柱纵筋宜采用____级以上钢筋

续表

钢筋类型	钢筋示意图	识读要点	识别
纵筋	2Φ20 1Φ16 600 450		
箍筋	3Φ18 Φ5@400 1Φ16 450 350	（1）箍筋末端弯钩。 （2）箍筋直径。 （3）箍筋间距。 （4）复合箍筋设置要求	① 箍筋末端弯钩应弯成____度。 ② 箍筋直径不小于____mm。 ③ 箍筋间距不应大于____mm。 ④ 当柱截面短边大于____mm，但各边纵筋多于____根，或当柱截面短边不大于____mm，但各边纵筋多于____根时，应设置____箍筋。 ⑤ 抗震设计时，箍筋对柱纵筋应至少隔____拉____
	5Φ22 3Φ18 Φ10@400 400 350		

任务 2　柱平法施工图的识读

1. 说出柱平法施工图的表示方法。
2. 知道柱平法施工图的制图规则。
3. 熟练识读图 3-7 所示的柱平法施工图（局部）。

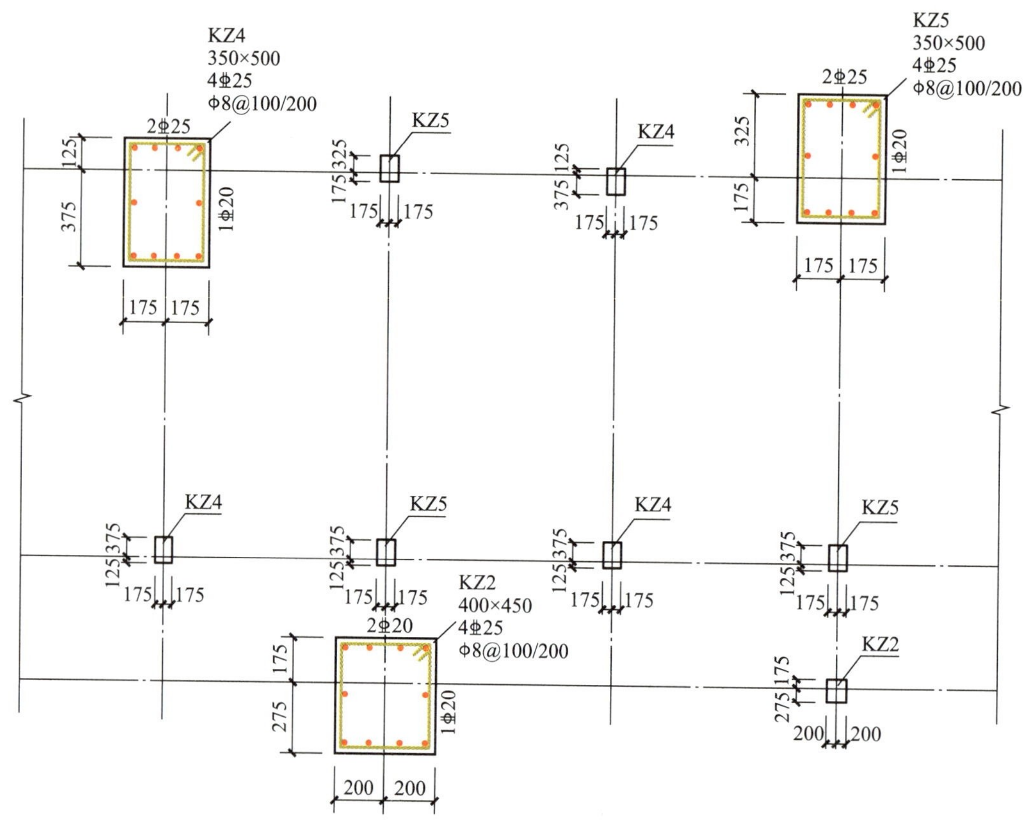

图 3-7 柱平法施工图(局部)

1. 柱编号

柱编号由类型代号和序号组成，见表 3-4。

表 3-4 柱 编 号

柱类型	代号	序号
框架柱	KZ	××
转换柱	ZHZ	××
芯柱	XZ	××
梁上柱	LZ	××
剪力墙上柱	QZ	××

柱平法施工图注写方式

2. 柱平法施工图注写方式

柱平法施工图是在柱平面布置图中采用截面注写方式或列表注写方式进行表达，见表 3-5。

表 3-5　柱平法施工图表示方法

<table>
<tr><th>表示方法</th><th>图例</th><th>说明</th></tr>
<tr><td>截面注写方式</td><td> 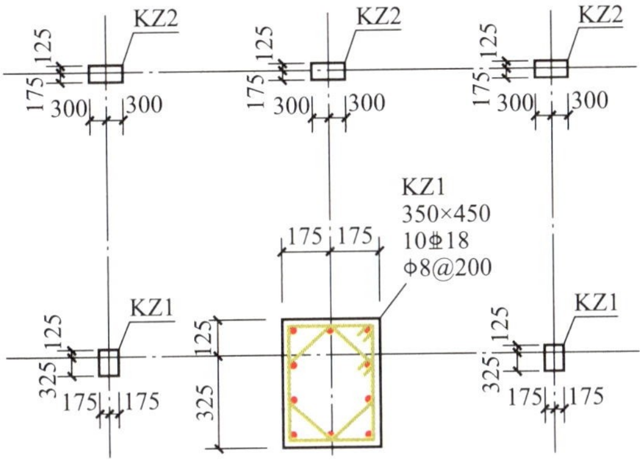KZ2
KZ1
350×450
10Φ18
Φ8@200</td><td>截面注写方式是在柱平面布置图上，从相同名称的柱中任选一根，采用适当比例放大绘制，画出配筋详图的方式</td></tr>
<tr><td>列表注写方式</td><td> 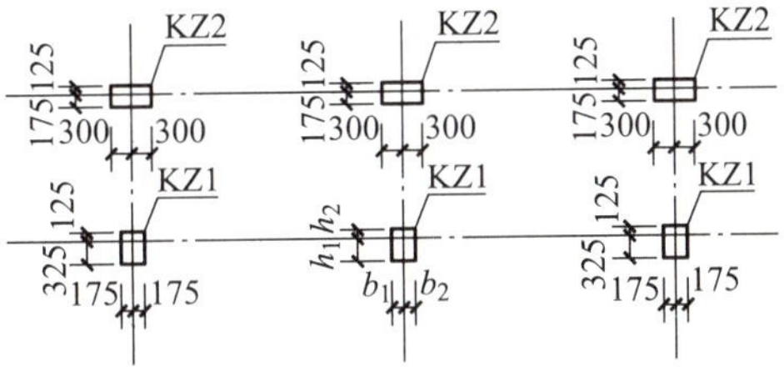KZ2
KZ1
<table>
<tr><th>柱编号</th><th>标高</th><th>b×h
(圆柱直径D)</th><th>bb_1</th><th>b_2</th><th>h_1</th><th>h_2</th><th>全部纵筋</th><th>角筋</th><th>b边一侧中部筋</th><th>h边一侧中部筋</th><th>箍筋类型号</th><th>箍筋</th><th>备注</th></tr>
<tr><td rowspan="2">KZ1</td><td>−0.030~5.970</td><td>350×450</td><td>175</td><td>175</td><td>325</td><td>125</td><td>10Φ18</td><td></td><td></td><td></td><td>3</td><td>Φ8@100/200</td><td rowspan="2">—</td></tr>
<tr><td>5.970~12.600</td><td>300×450</td><td>150</td><td>150</td><td>325</td><td>125</td><td></td><td>4Φ18</td><td>1Φ16</td><td>2Φ16</td><td>3</td><td>Φ8@100/200</td></tr>
<tr><td></td><td></td><td></td><td></td><td></td><td></td><td></td><td></td><td></td><td></td><td></td><td></td><td></td><td></td></tr>
</table>
</td><td>列表注写方式由柱平面图和柱表两部分组成。在柱平面图中表示柱的编号和定位，在柱表中表示柱的具体配筋信息</td></tr>
</table>

3. 柱截面注写方式

柱截面注写方式是指在柱平面布置图上，分别从同一编号的柱中选择一个截面，按适当比例进行原位放大截面图形，并注写截面尺寸、角筋或全部纵筋、箍筋的具体数值的表达方式。

柱平法施工图截面注写方式示例如图 3-8 所示。

柱截面注写方式识读见表 3-6。

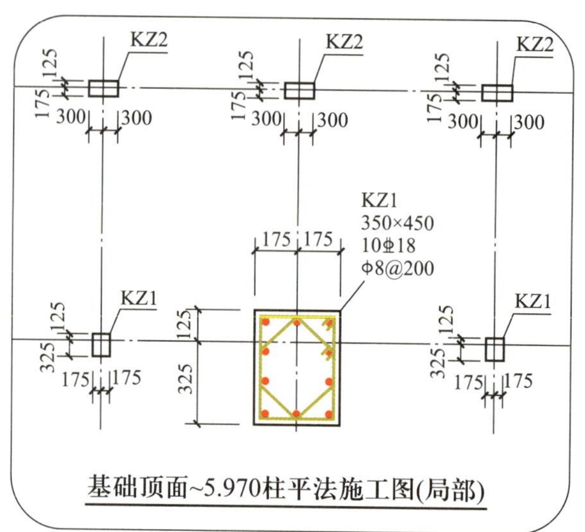

屋面	12.600	
3	9.270	3.330
2	5.970	3.300
1	2.670	3.300
架空层	−0.030	2.700
	基础顶面	
层号	标高/m	层高/m

结构层楼面标高
结构层高

上部结构嵌固部位：−0.030

图 3-8 柱平法施工图截面注写方式示例

表 3-6 柱截面注写方式识读

识读要点	说明
柱的结构层高、结构层号、结构层楼面标高	见图名和层高表“竖向粗线”所示范围。结构层高是指相邻结构层现浇板顶面标高之差，结构层楼面标高是指将建筑施工图中的地面和各层楼面标高值扣除建筑面层及垫层做法厚度后的标高。“基础顶面～5.970”表示柱在−0.030～5.970 m 范围内，共两层(包括架空层、一层)，架空层、一层结构层楼面标高分别为−0.030 m、2.670 m，采用截面注写
编号	见柱平法施工图斜线引出的标注“KZ××”。“KZ1”表示“柱代号+序号”，指 1 号框架柱
截面尺寸和定位	见柱平法施工图标注，每根柱均标注截面尺寸 $b×h$ 和轴线的相互关系(X 向和 Y 向)。b 表示水平方向尺寸(X 向)，h 表示竖直方向尺寸(Y 向)。截面尺寸 350×450 表示截面水平方向尺寸为 350 mm，竖直方向尺寸为 450 mm。水平方向对称标注，竖直方向偏心标注
纵筋	(1) 见柱平法施工图放大截面集中注写第三行。当柱各边纵筋直径相同时，集中标注中注写全部纵筋根数及直径，见柱截面注写示例(1)。 (2) 当柱各边纵筋直径、根数不相同时，集中标注中只注写柱角筋根数及直径；若柱对称边对称配筋，原位标注中仅在 b 边一侧和 h 边一侧注写中部筋的根数及直径，另两侧可不注写配筋，见柱截面注写示例(2)。 (3) 若柱对称边非对称配筋，原位标注中在每边都要注写中部筋的根数及直径，见柱截面注写示例(3)
箍筋	见柱平法施工图放大截面集中注写第四行。 (1) 当箍筋沿柱全高只有一种箍筋间距时，采用Φ8@200、Φ8@100 的形式表示。 (2) 当为抗震设计时，采用斜线“/”区分柱端箍筋加密区与柱身箍筋非加密区的间距，采用Φ8@100/200 的形式表示。 (3) 当圆柱采用螺旋箍筋时，以“L”开头表示，如 LΦ8@200

续表

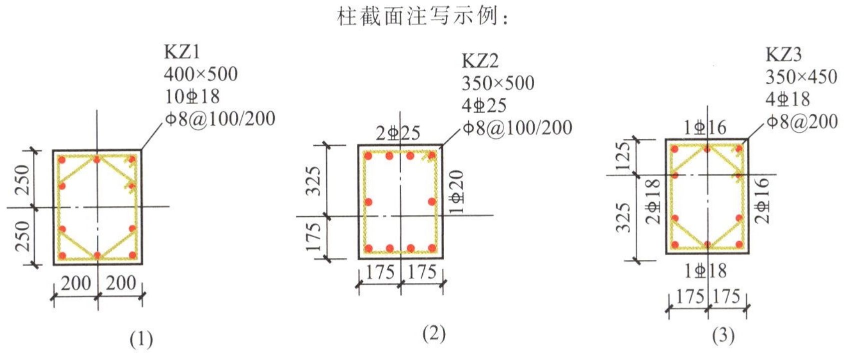

4. 柱列表注写方式

柱列表注写方式是指在柱平面布置图上,分别从同一编号的柱中选择一个截面标注几何参数代号,在柱表中注写柱编号、柱段起止标高、几何尺寸与配筋的具体数值,并配以各种柱截面形状和箍筋类型进行表示。柱平法施工图列表注写方式示例如图 3-9 所示。

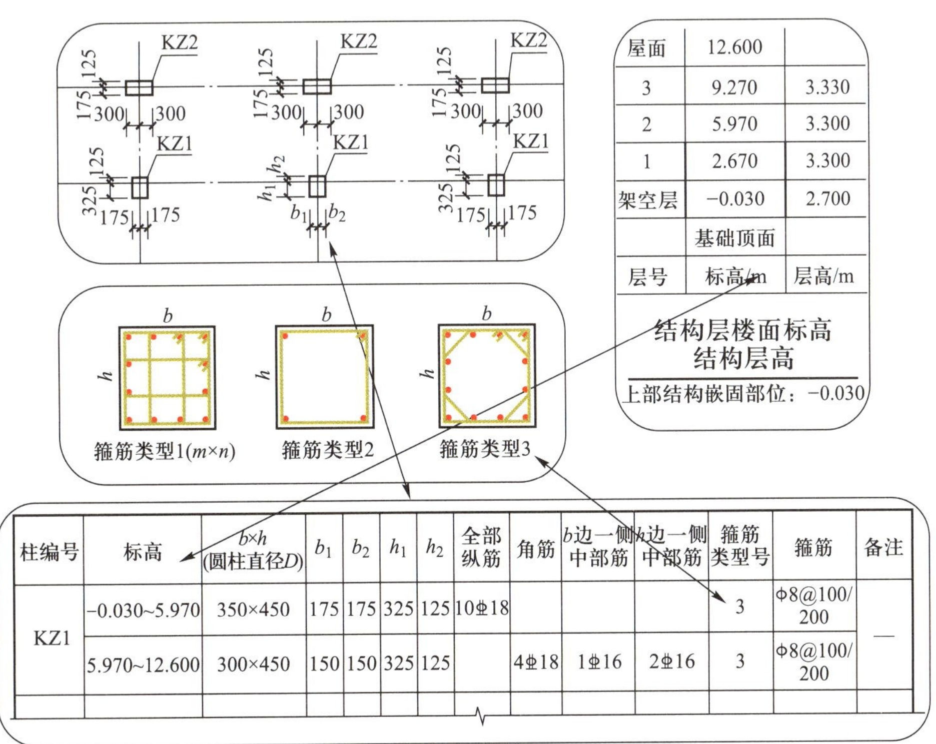

屋面	12.600	
3	9.270	3.330
2	5.970	3.300
1	2.670	3.300
架空层	-0.030	2.700
	基础顶面	
层号	标高/m	层高/m

柱编号	标高	b×h(圆柱直径D)	b_1	b_2	h_1	h_2	全部纵筋	角筋	b边一侧中部筋	h边一侧中部筋	箍筋类型号	箍筋	备注
KZ1	-0.030~5.970	350×450	175	175	325	125	10⌀18				3	ϕ8@100/200	—
	5.970~12.600	300×450	150	150	325	125		4⌀18	1⌀16	2⌀16	3	ϕ8@100/200	

图 3-9　柱平法施工图列表注写方式示例

柱列表注写方式识读见表 3-7。

表 3-7 柱列表注写方式识读

识读要点	说明
各柱段的起止标高	见柱列表中的“标高”
编号	见柱平法施工图斜线引出的标注“KZ××”和柱列表中的各项信息形成的对应关系
截面尺寸和定位	见柱平法施工图标注，每根柱均标注和轴线的相互关系（X 向和 Y 向）。对于矩形柱截面尺寸 $b \times h$，其与轴线的关系分别为 b_1、b_2 和 h_1、h_2 的具体数值。其中$b=b_1+b_2$，$h=h_1+h_2$。圆形柱由“D”加圆柱直径数值表示，圆柱截面与轴线的关系也用 b_1、b_2 和 h_1、h_2 表示，其中 $D=b_1+b_2=h_1+h_2$
纵筋	见柱列表中的对应项，当柱各边纵筋直径、根数均相同时，注写全部纵筋的根数及直径。除此之外，按角筋、b 边一侧中部筋和 h 边一侧中部筋三项分别注写
箍筋	见柱列表中的对应项箍筋类型号及图示（见详图），当箍筋沿柱全高只有一种箍筋间距时，采用ϕ 8@ 200、ϕ 8@ 100 的形式表示。当为抗震设计时，采用斜线“/”区分柱端箍筋加密区与柱身箍筋非加密区的间距，采用ϕ 8@ 100/200 的形式表示。当圆柱采用螺旋箍筋时，以“L”开头表示，如 L ϕ 8@ 200

柱平法施工图识读

以结施-04 基础顶面 ~ 4.470 柱平法施工图（图 3-10）为例，图中框架柱编号从 KZ1 ~ KZ5，共五种类型，采用截面注写方式表示框架柱的起止标高、编号、截面尺寸及框架柱的配筋。柱平法施工图识读见表 3-8。

表 3-8 柱平法施工图识读

识读要点	图纸表述	识读说明
起止标高	图名：基础顶面 ~ 4.470 柱平法施工图。 层高表中竖向粗线所示的标高范围	由图名及层高表中的信息可知，本图表示“基础顶面 ~ 4.470 m”标高范围内柱的截面尺寸和配筋
编号	KZ5 325 175 175 175 KZ5 350×500 4ϕ25 ϕ8@100/200 2ϕ25 1ϕ20 325 175 175 175	图中每根柱均有编号，以明确柱的类型，使未标注配筋信息的柱与采用截面注写的柱配筋详图形成一一对应关系，图中是 5 号框架柱

续表

识读要点	图纸表述	识读说明
截面尺寸和定位	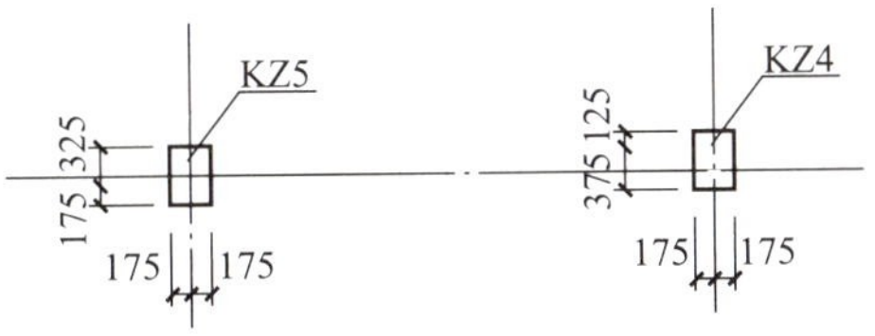 KZ5 325 175 175 175；KZ4 125 375 175 175	根据图中每根柱与轴线间的尺寸标注，可以明确图中 KZ1～KZ5 的截面尺寸及与轴线间的定位关系
纵筋	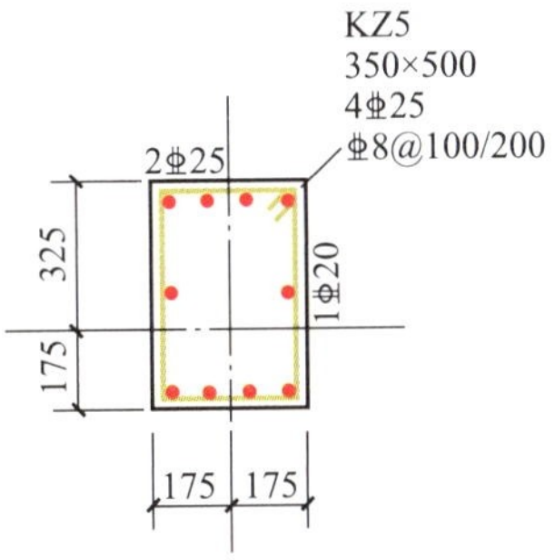 KZ5 350×500 4⏀25 ⏀8@100/200 2⏀25 1⏀20 325 175 175 175	图中标注 KZ5 的纵筋为：四角的角筋为 4⏀25，宽度方向中部筋每边均为 2⏀25，高度方向中部筋每边均为 1⏀20
箍筋	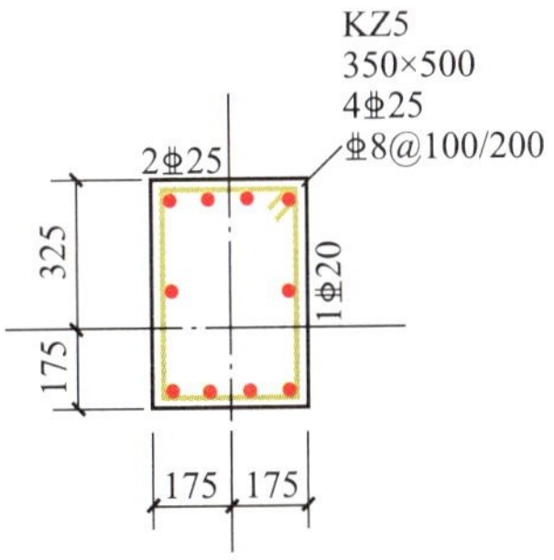 KZ5 350×500 4⏀25 ⏀8@100/200 2⏀25 1⏀20 325 175 175 175	图中标注 KZ5 的箍筋为：柱端加密区箍筋采用⏀8 钢筋，间距 100 mm，柱身非加密区箍筋采用⏀8 钢筋，间距为 200 mm
识读练习	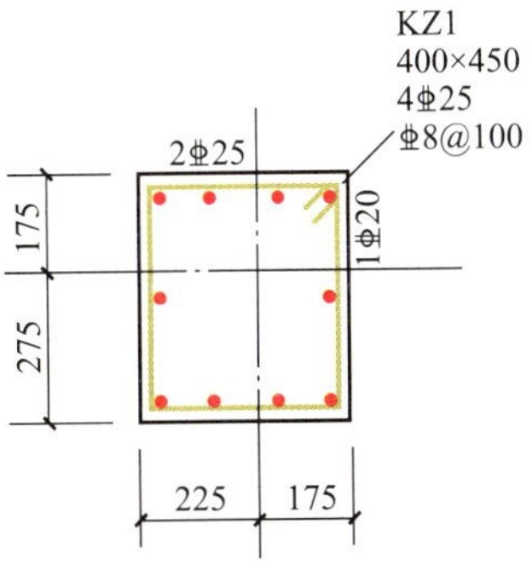 KZ1 400×450 4⏀25 ⏀8@100 2⏀25 1⏀20 175 275 225 175	图示柱截面编号为：________； 截面尺寸为：________； 柱四角配筋为：________； 柱高度方向中部筋为：________； 柱宽度方向中部筋为：________； 柱箍筋为：________

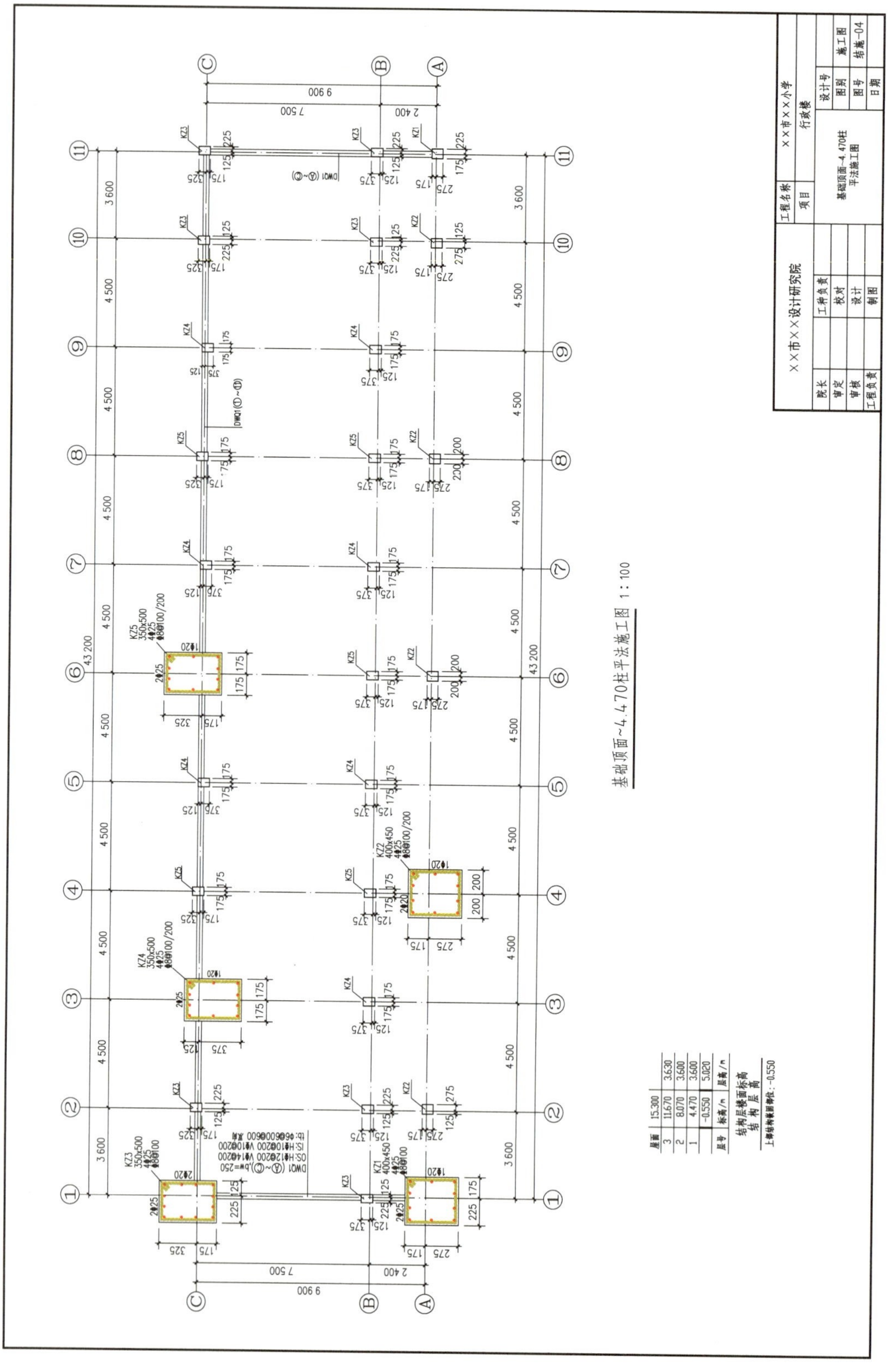

图 3-10 结施-04 基础顶面~4.470 柱平法施工图

任务 3　柱标准构造详图的识读

1. 知道柱纵筋和柱箍筋的构造要求。
2. 熟练识读图 3-11 柱平法施工图。

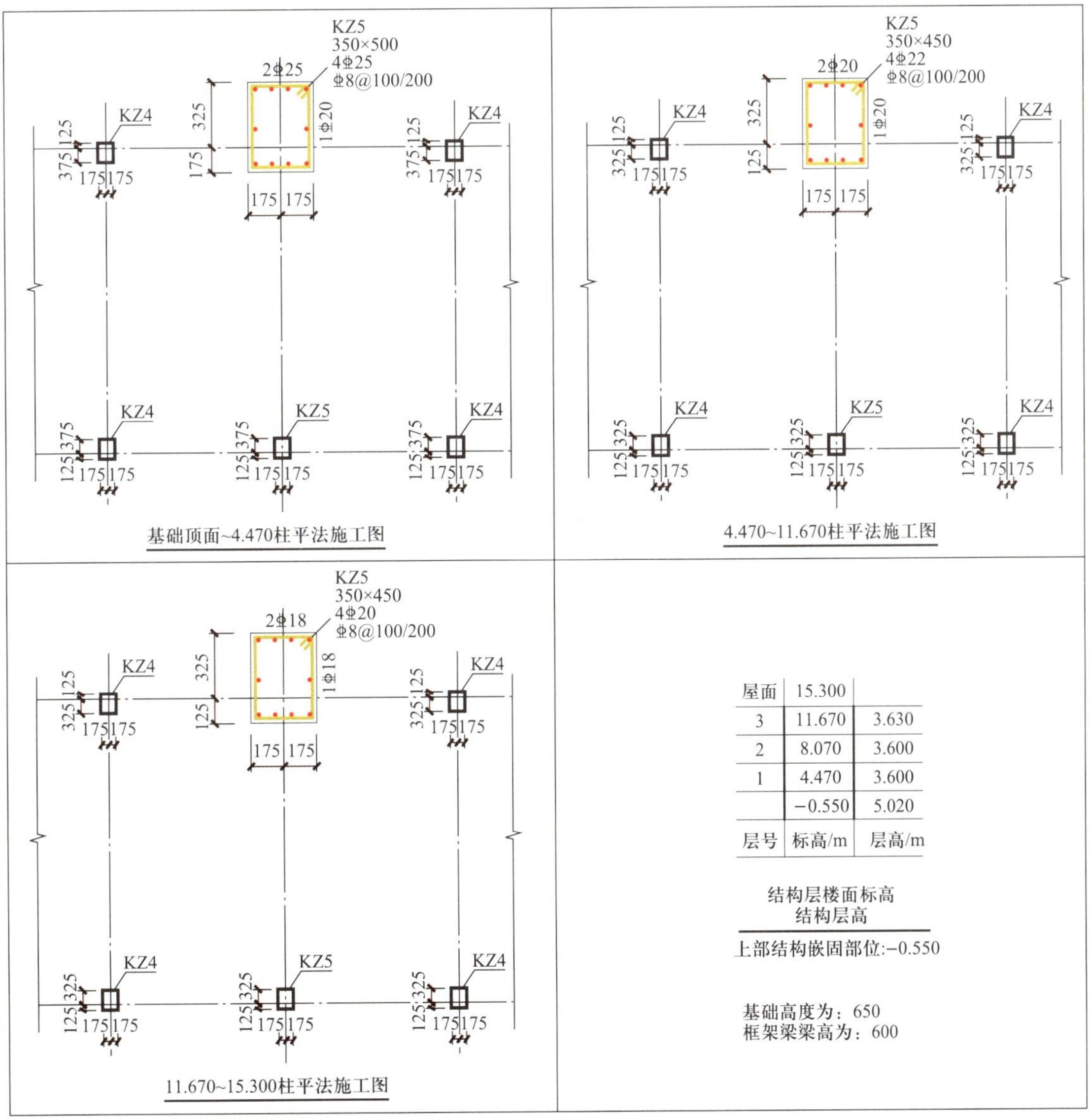

KZ5
350×500
4Φ25
Φ8@100/200
2Φ25
1Φ20

基础顶面~4.470柱平法施工图

KZ5
350×450
4Φ22
Φ8@100/200
2Φ20
1Φ20

4.470~11.670柱平法施工图

KZ5
350×450
4Φ20
Φ8@100/200
2Φ18
1Φ18

11.670~15.300柱平法施工图

屋面	15.300	
3	11.670	3.630
2	8.070	3.600
1	4.470	3.600
	−0.550	5.020
层号	标高/m	层高/m

结构层楼面标高
结构层高

上部结构嵌固部位:−0.550

基础高度为：650
框架梁梁高为：600

图 3-11　柱平法施工图

柱标准构造详图

1. 柱纵筋在独立基础中的锚固构造

柱纵筋在独立基础中的锚固构造

柱纵筋在独立基础中的锚固构造见表 3-9。

表 3-9 柱纵筋在独立基础中的锚固构造

锚固构造	计算公式
柱插筋在基础内的竖向长度	基础高度-保护层厚度
柱插筋底部的弯折长度	取值见表 3-10
基础顶面以上不能进行柱插筋连接的高度	$h_n/3$（h_n=底层柱的层高-梁高）
柱插筋错开连接的高度（柱纵筋采用焊接）	取（$35d$，500 mm）较大值

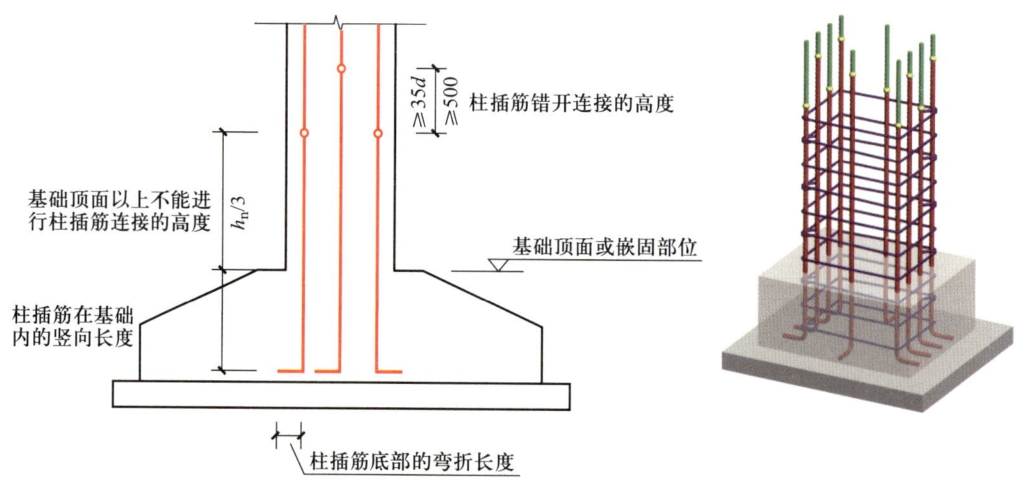

注：$35d$ 为柱插筋错开连接距离，d 为相互连接两根钢筋的较小直径；当同一构件内不同连接钢筋计算连接区段长度不同时，取大值，下同。

（1）柱插筋底部的弯折长度

柱插筋底部的弯折长度根据柱插筋插入基础内的竖向长度确定，见表 3-10。

表 3-10 柱插筋底部的弯折长度

基础高度 h_j/mm	底部的弯折长度 a/mm
$h_j>l_{aE}(l_a)$	$6d$ 且 ≥150
$0.6l_{aE}(l_a)\leq h_j\leq l_{aE}(l_a)$	$15d$ 且 ≥150

注：① 从基础平法施工图中查找基础高度 h_j；② 从结构设计总说明中查找 $l_{aE}(l_a)$；③ 比较 h_j 和 $l_{aE}(l_a)$ 大小；④ 确定柱插筋底部的弯折长度。

（2）上部结构的嵌固部位柱插筋与上部钢筋的连接构造

在上部结构嵌固部位以上层高的 1/3 范围内不能进行柱插筋的连接。上部结构的嵌固部位：对于无地下室的建筑物，通常指基础的顶面；对于有地下室的建筑物，根据地下室和上部结构的刚度比值确定，可以是地下室底板顶面或地下室顶板顶面，由设计确定；具体表示在层高表的下部。

柱插筋在独立基础中的构造见表3-11。

表3-11　柱插筋在独立基础中的构造

基础高度≤l_{aE}(l_a)	平法施工图	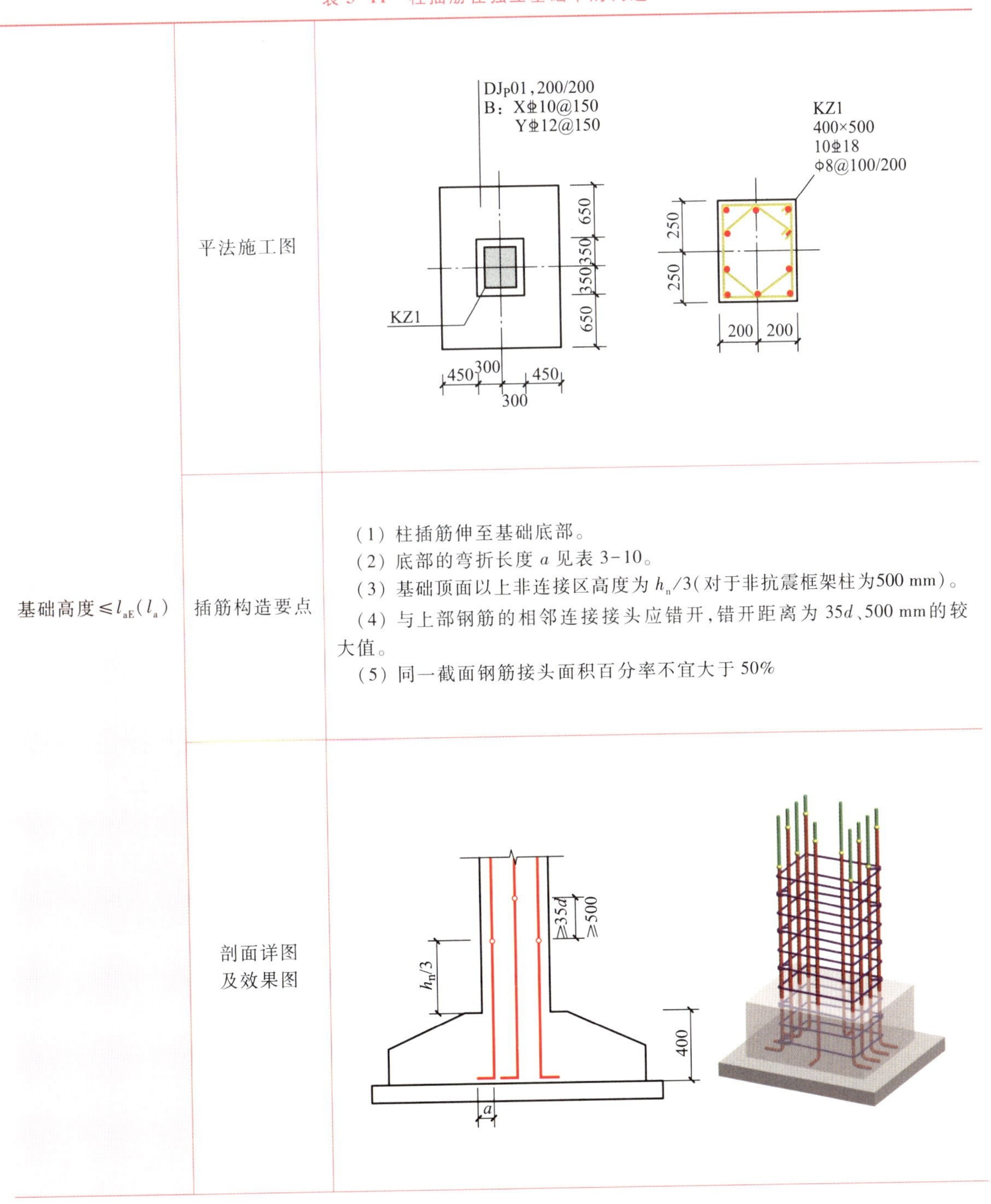
	插筋构造要点	（1）柱插筋伸至基础底部。 （2）底部的弯折长度 a 见表3-10。 （3）基础顶面以上非连接区高度为 $h_n/3$（对于非抗震框架柱为500 mm）。 （4）与上部钢筋的相邻连接接头应错开，错开距离为 $35d$、500 mm的较大值。 （5）同一截面钢筋接头面积百分率不宜大于50%
	剖面详图及效果图	

续表

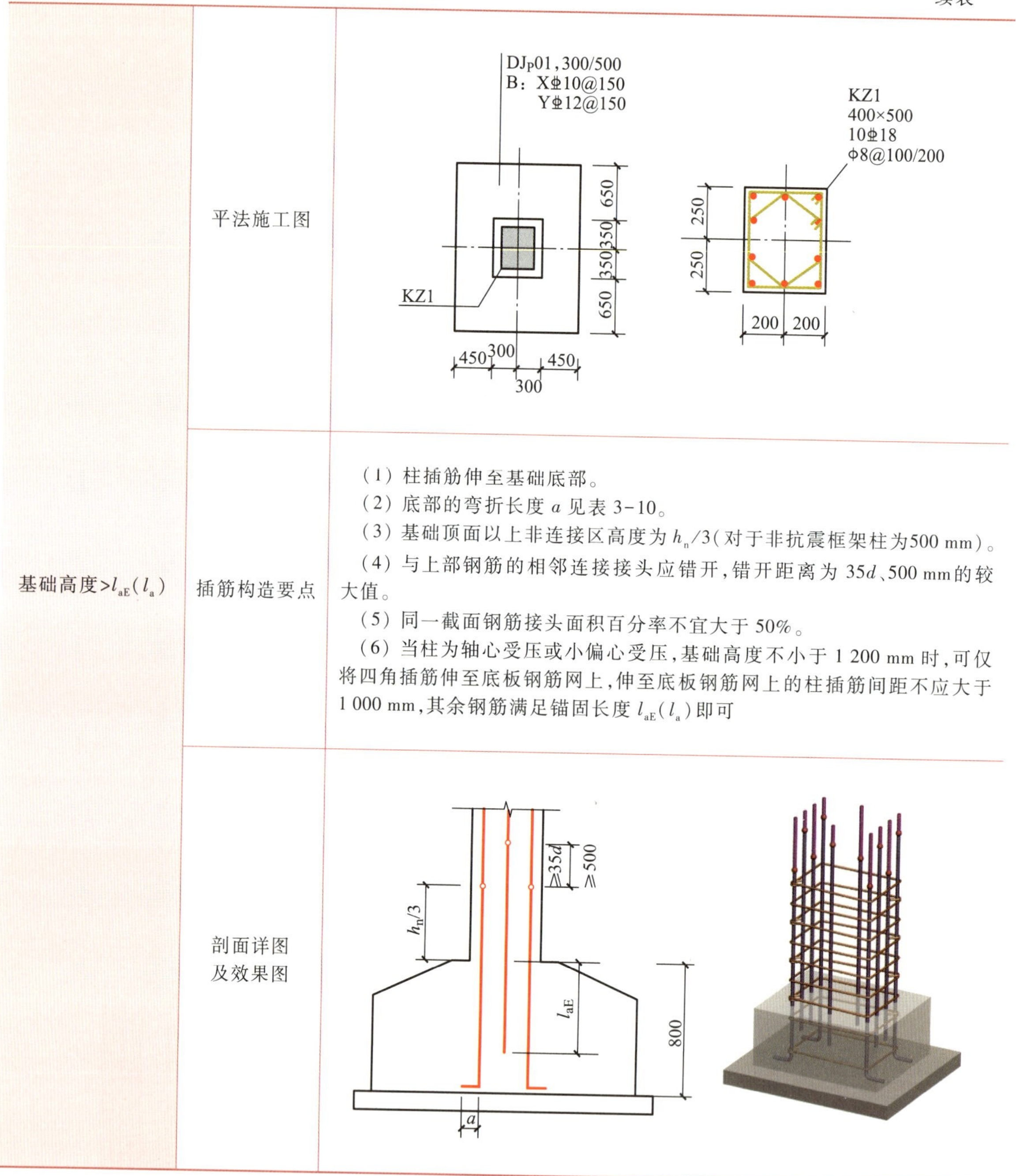

基础高度>$l_{aE}(l_a)$	平法施工图	
	插筋构造要点	（1）柱插筋伸至基础底部。 （2）底部的弯折长度 a 见表 3-10。 （3）基础顶面以上非连接区高度为 $h_n/3$（对于非抗震框架柱为500 mm）。 （4）与上部钢筋的相邻连接接头应错开，错开距离为 35d、500 mm的较大值。 （5）同一截面钢筋接头面积百分率不宜大于 50%。 （6）当柱为轴心受压或小偏心受压，基础高度不小于 1 200 mm 时，可仅将四角插筋伸至底板钢筋网上，伸至底板钢筋网上的柱插筋间距不应大于 1 000 mm，其余钢筋满足锚固长度 $l_{aE}(l_a)$ 即可
	剖面详图及效果图	

2. 楼层（中间层）节点部位柱纵筋的连接构造

（1）楼层（中间层）节点上下柱纵筋的连接构造

楼层（中间层）节点上下不能进行柱纵筋连接的范围有别于基础部位，为楼层梁柱交接区上下层高的 1/6、柱截面长边尺寸、500 mm 三者的最大值，采用 max（h_n/6，h_c，500 mm）表示，如图 3-12所示。

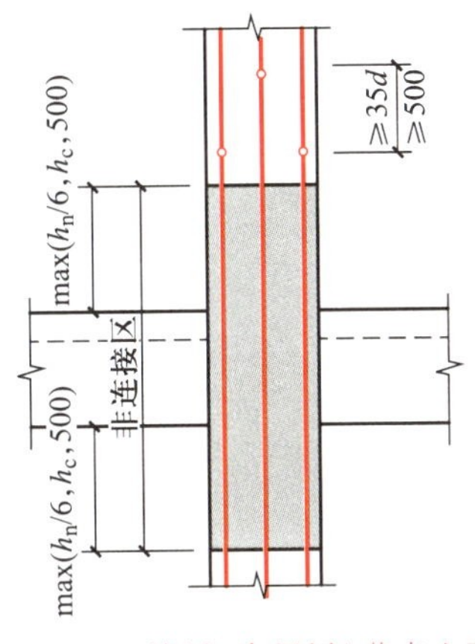

图 3-12　楼层（中间层）节点上下不能进行柱纵筋连接的区域

楼层（中间层）节点上下柱纵筋的连接构造

楼层（中间层）节点上下柱纵筋与上部纵筋的连接构造见表 3-12。

表 3-12　楼层（中间层）节点上下柱纵筋的连接构造

楼层（中间层）节点上下柱纵筋连接剖面详图及效果图	
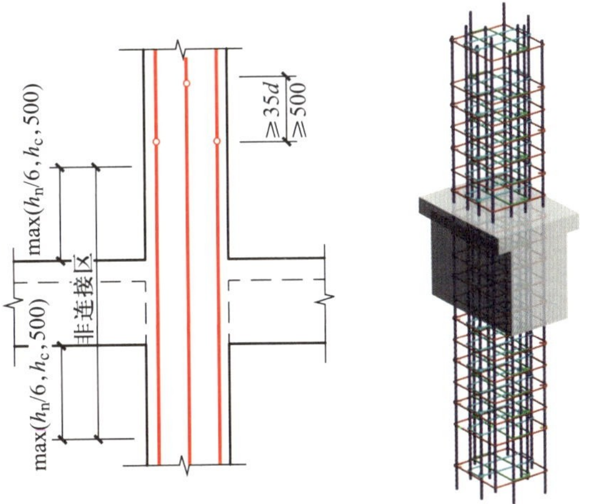	
纵筋构造要点	（1）楼层（中间层）节点上下非连接区高度：抗震时为 max（h_n/6，h_c，500 mm），非抗震时为 500 mm。 （2）与上部纵筋的相邻连接接头应错开，错开距离为 35d、500 mm 的较大值。 （3）同一截面纵筋接头面积百分率不宜大于 50%

（2）楼层（中间层）节点部位变截面框架柱纵筋连接构造

根据框架柱在结构平面中的位置，可将框架柱分为角柱、边柱和中柱，如图 3-13 所示。

图中位于结构平面四角的柱为角柱，采用圆形框标识；位于结构平面中间部位的柱为中柱，采用矩形框标识；位于结构平面周边，除了角柱外的柱均为边柱。

楼层（中间层）节点部位变截面框架柱纵筋连接构造见表 3-13。

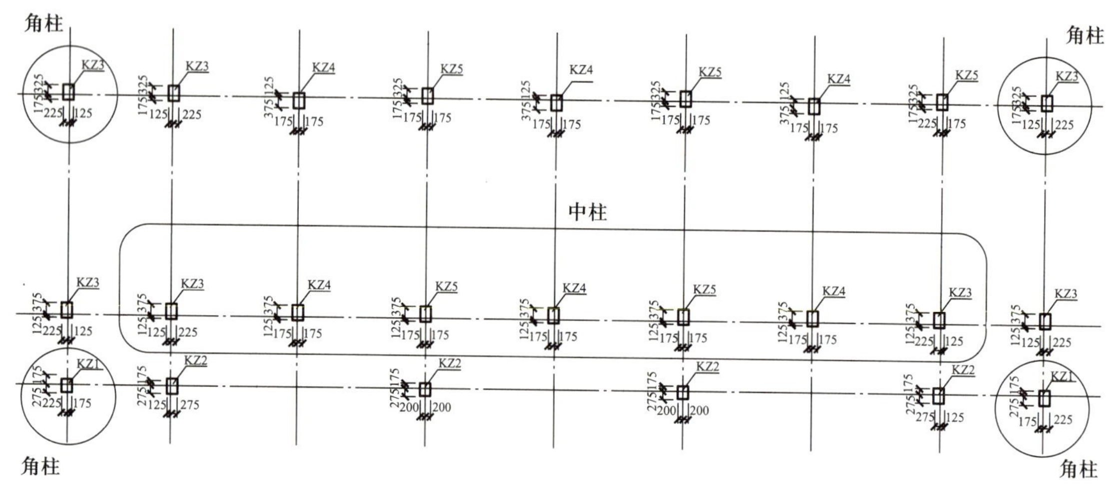

图 3-13 角柱、边柱、中柱区分示意图

表 3-13 楼层(中间层)节点部位变截面框架柱纵筋连接构造

楼层(中间层)节点部位变截面框架柱纵筋连接剖面详图及效果图		
$\Delta/h_b>1/6$ (h_b为与柱交接梁的高度)	中柱	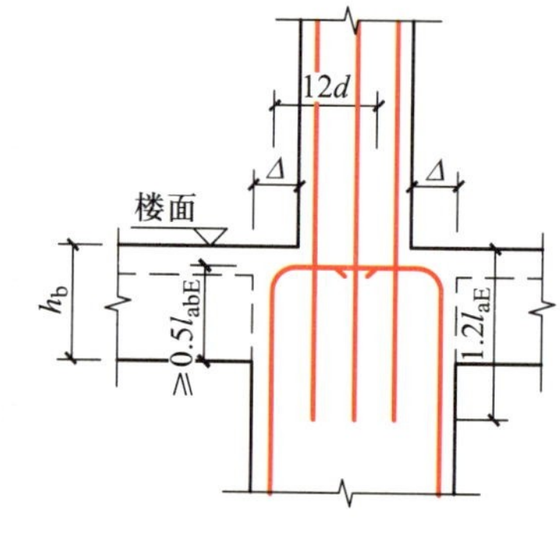 
	边柱	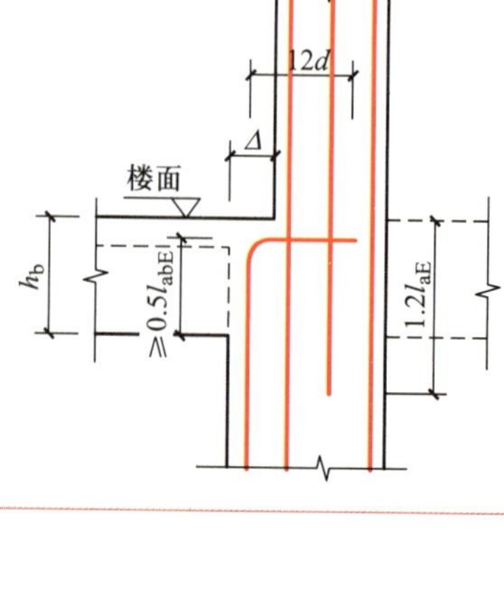 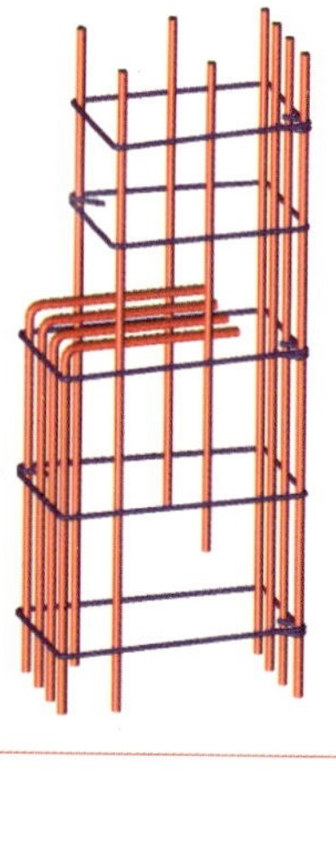

续表

楼层（中间层）节点部位变截面框架柱纵筋连接剖面详图及效果图		
$\Delta/h_b \leqslant 1/6$ （h_b为与柱交接梁的高度）	中柱	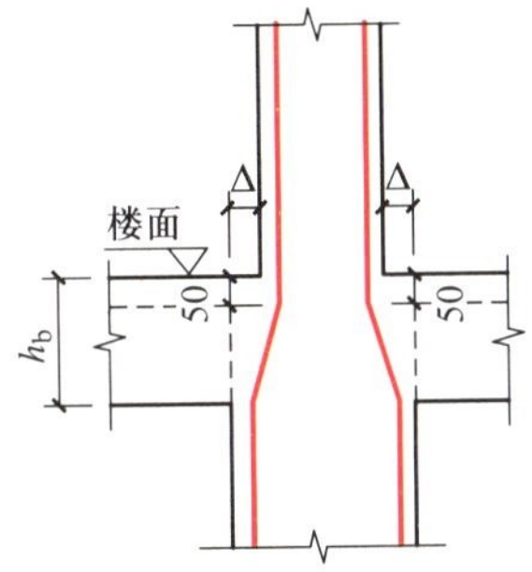 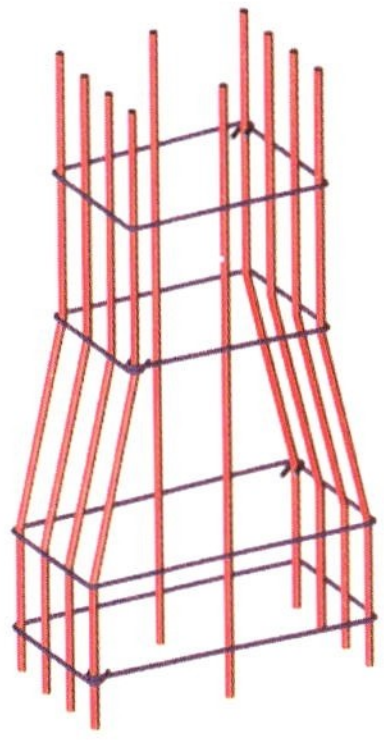 楼面 Δ 50 h_b
	边柱	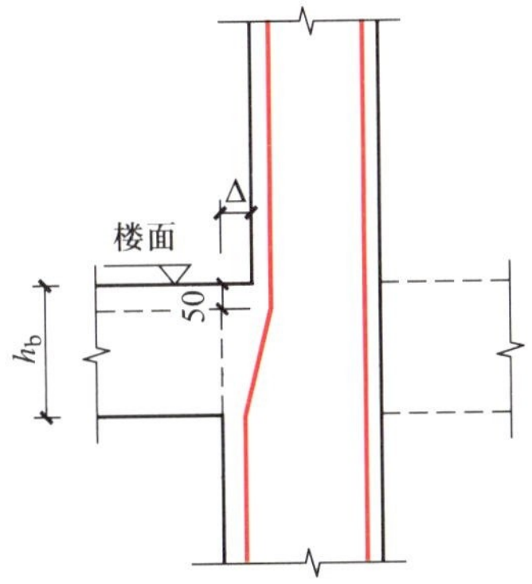  楼面 Δ 50 h_b
纵筋构造要点	（1）当 $\Delta/h_b > 1/6$ 时，上部纵筋锚入楼层面以下 $1.2l_{aE}$（l_{aE}为抗震锚固长度），下部纵筋锚入梁柱交接核心区直段长度不小于 $0.5l_{abE}$（l_{abE}为抗震基本锚固长度）并直弯 $12d$。 （2）当 $\Delta/h_b \leqslant 1/6$ 时，下部纵筋自然弯折以实现和上部纵筋连接。	

3. 柱顶纵筋构造

（1）顶层中柱纵筋构造

顶层中柱纵筋构造见表 3-14。

顶层中柱纵筋构造

表 3-14　顶层中柱纵筋构造

	顶层中柱纵筋剖面详图及效果图
$0.5l_{abE} \leqslant h_{b0} < l_{abE}$ （l_{abE}为抗震基本锚固长度）	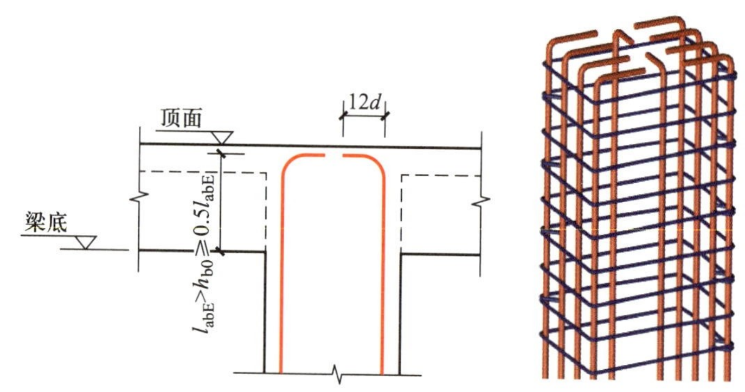 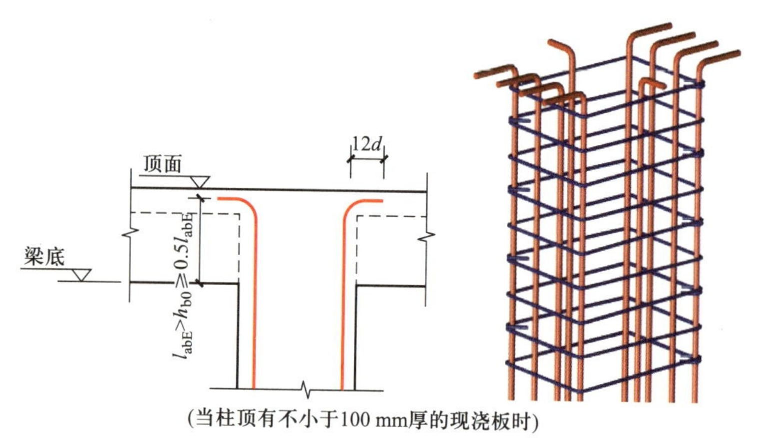 （当柱顶有不小于100 mm厚的现浇板时）
$h_{b0} \geqslant l_{aE}$ （l_{aE}为抗震锚固长度）	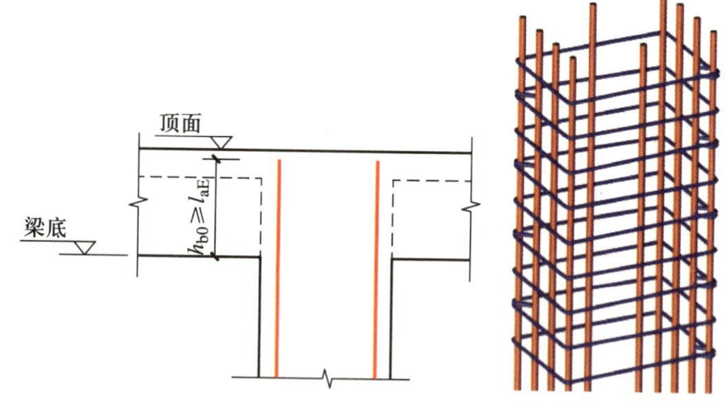
纵筋构造要点	（1）当 $0.5l_{abE} \leqslant h_{b0} < l_{abE}$（$l_{abE}$为抗震基本锚固长度）时，柱纵筋伸至柱顶并弯折 12d（当柱顶有不小于100 mm厚的现浇板时，可向柱外侧弯折）。 （2）当 $h_{b0} \geqslant l_{aE}$（l_{aE}为抗震锚固长度）时，柱纵筋应伸至柱顶

（2）顶层边柱、角柱纵筋构造

顶层边柱和角柱的纵筋构造，应区分位于柱外侧和柱内侧。柱内侧纵筋同顶层中柱纵筋构造。顶层边柱、角柱纵筋构造见表 3-15。

表 3-15　顶层边柱、角柱纵筋构造

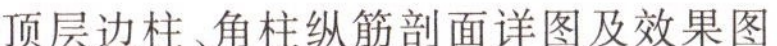

顶层边柱、角柱纵筋剖面详图及效果图	
柱纵筋伸入梁内作为梁上部钢筋的构造做法	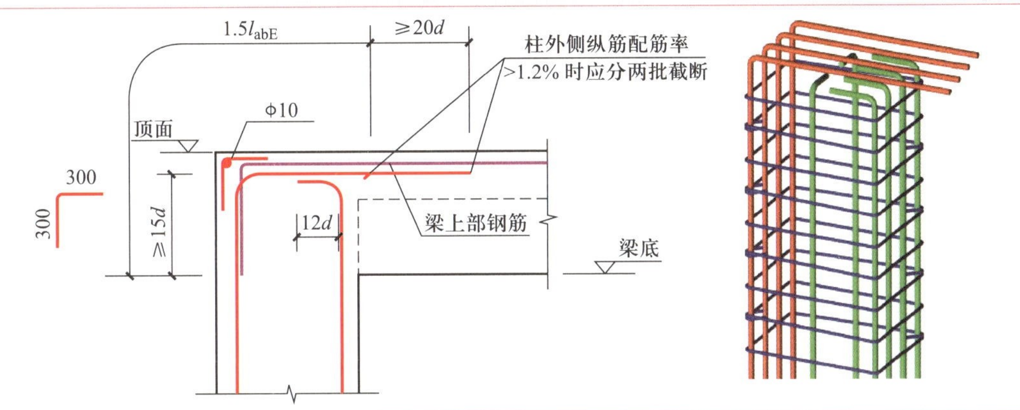
纵筋构造要点	（1）柱外侧纵筋伸至柱顶并弯折入梁，弯折段（自梁底开始计算）≥1.5l_{abE}，且自梁底开始直锚段长度≥15d，弯锚段长度≥15d（当柱外侧纵筋配筋率>1.2%时，应分两批截断，第二批截断纵筋应继续伸入梁内≥20d）。 （2）柱内侧纵筋伸至柱顶并弯折 12d。 （3）除柱纵筋伸入梁内作为梁上部钢筋外，梁上部增设的纵筋应锚入柱内并向下弯折至梁底，且下弯段长度≥15d。 （4）当柱纵筋直径≥25 mm 时，在柱宽范围的柱箍筋内侧设置间距≤150 mm，但不少于 3ϕ10 的角部附加钢筋
梁上部纵筋伸入柱内的构造做法	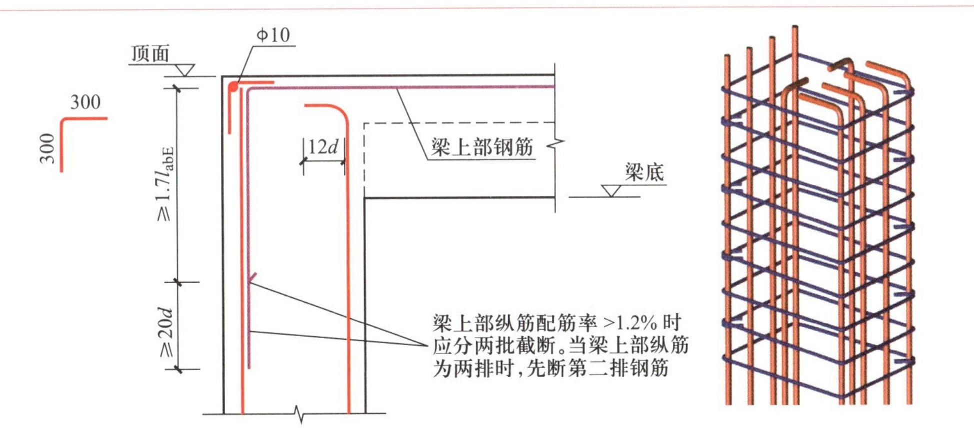
纵筋构造要点	（1）柱外侧纵筋伸至柱顶截断。 （2）柱内侧纵筋伸至柱顶并弯折 12d。 （3）梁上部纵筋应锚入柱内并向下弯折，且下弯段长度≥1.7l_{abE}。当梁上部纵筋配筋率>1.2%时，应分两批截断，第二批截断纵筋应继续伸入梁内≥20d。 （4）当柱纵筋直径≥25 mm 时，在柱宽范围的柱箍筋内侧设置间距≤150 mm，但不少于 3ϕ10 的角部附加钢筋

4. 柱箍筋构造

（1）基础内框架柱箍筋构造

基础内框架柱箍筋间距应≤500 mm且不少于两道矩形封闭箍筋，基础内框架柱箍筋构造见表3-16。

（2）上部结构柱箍筋构造

上部结构柱箍筋构造分箍筋加密区和非加密区，见表3-16。

表3-16 柱箍筋构造

<table>
<tr><th colspan="2">柱箍筋构造剖面详图及效果图</th></tr>
<tr><td colspan="2">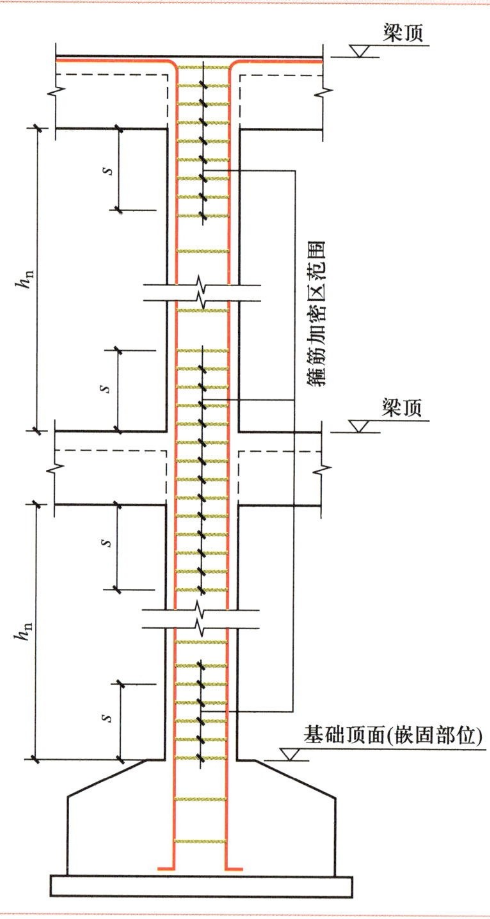
</td></tr>
<tr><td>箍筋构造要点</td><td>（1）基础内箍筋间距应≤500 mm且不少于两道矩形封闭箍筋。
（2）非抗震时框架柱箍筋仅在柱纵筋搭接区加密，加密间距应≤100 mm和5d（d为搭接纵筋直径）。
（3）图示为抗震框架柱箍筋构造剖面详图。
（4）楼层上下柱箍筋加密区为梁柱节点核心区和梁柱节点核心区以外不小于max(h_n/6,h_c,500 mm)的区域，加密间距见图纸注写说明（若采用纵筋搭接，搭接区亦应加密，加密间距应≤100 mm和5d）。
（5）底层柱下端箍筋加密区范围不小于h_n/3。
（6）框架柱箍筋距楼面部位的起步距离为50 mm</td></tr>
</table>

柱标准构造详图识读

以图 3-11 柱平法施工图为例，试识读 KZ5 柱纵筋从基础到顶层的钢筋构造。已知 KZ5 的基础平法施工图见表 3-17，采用 C25 混凝土，抗震等级为四级，柱顶纵筋采用梁纵筋伸入柱内的构造做法，顶层梁上部纵筋为ф 18。

KZ5 角筋构造详图识读见表 3-17。

表 3-17　KZ5 角筋构造详图识读

平面构造详图	识读要点
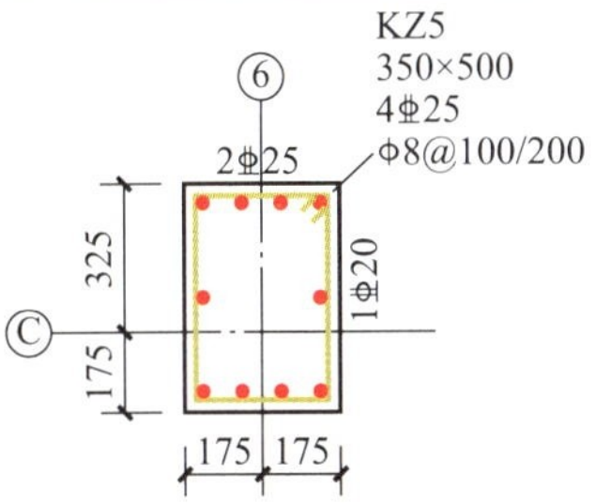 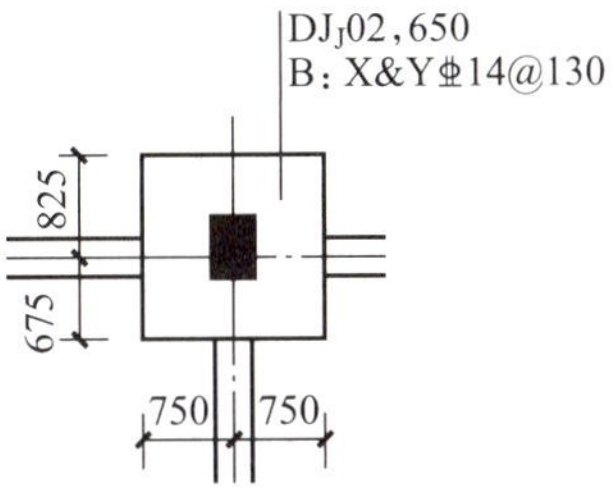 KZ5 350×500 4ф25 ф8@100/200；2ф25；1ф20；325；175；175；175；DJ$_J$02,650 B：X&Y ф14@130；825；675；750；750	底层柱截面尺寸：350 mm×500 mm。 角筋：4 ф 25。 b 边中部筋：2 ф 25。 h 边中部筋：1 ф 20。 柱箍筋：ф 8@ 100/200。 基础高度：650 mm。 梁高：600 mm
基础柱纵筋剖面构造详图及效果图	**识读要点**
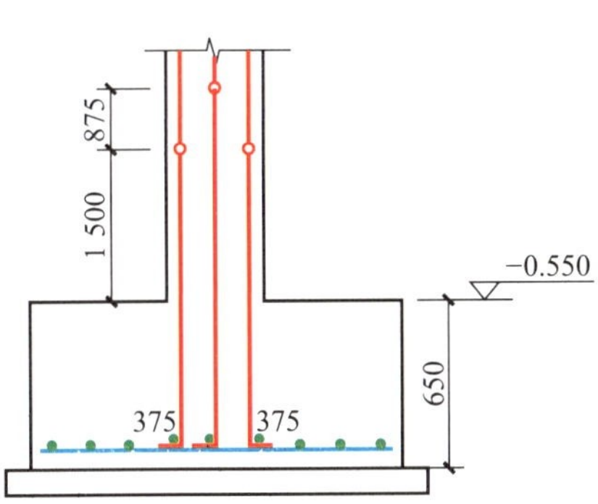 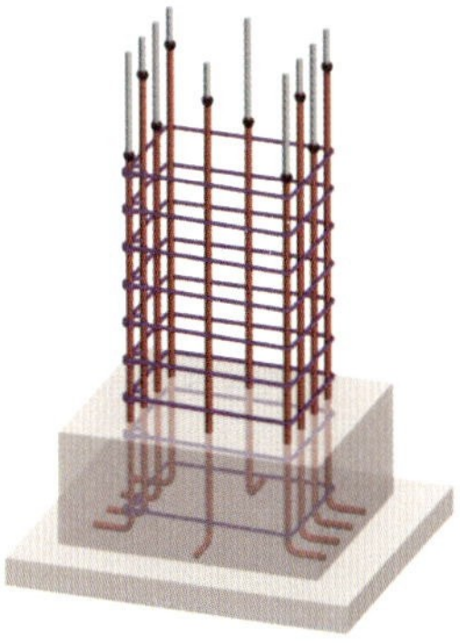 875；1 500；−0.550；650；375；375	（1）$l_{aE}=42d=42\times25$ mm = 1 050 mm $h_j=650$ mm $a=15d=15\times25$ mm = 375 mm （2）$h_n/3=(5\ 020-600)$ mm/3 ≈ 1 500 mm （3）$35d=35\times25$ mm = 875 mm
1 层楼面处柱纵筋剖面构造详图及效果图	**识读要点**
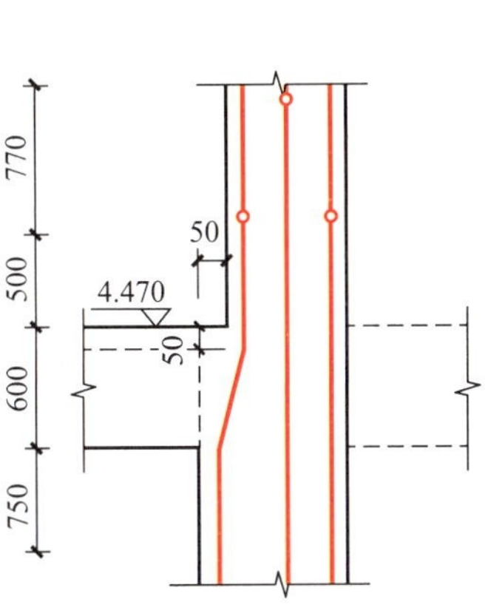  770；500；600；750；50；4.470；50	（1）Δ/h_b = 50 mm/600 mm < 1/6 纵筋斜弯通过 （2）$h_{n1}/6=(5\ 020-600)$ mm/6 ≈ 750 mm $h_{n2}/6=(3\ 600-600)$ mm/6 = 500 mm max（$h_{n1}/6$, h_c, 500 mm）= 750 mm max（$h_{n2}/6$, h_c, 500 mm）= 500 mm （3）$35d=35\times22$ mm = 770 mm

续表

2、3 层楼面处柱纵筋剖面构造详图及效果图	识读要点
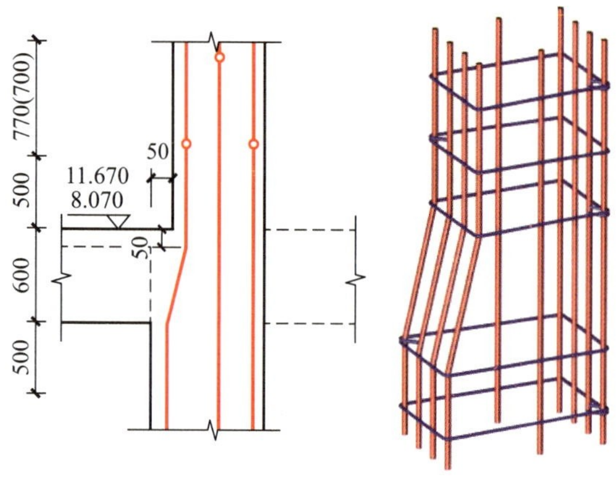	（1）Δ/h_b = 50 mm/600 mm<1/6 纵筋斜弯通过 （2）$h_{n2}/6 = h_{n3}/6$ =（3 600－600）mm/6＝500 mm max（$h_{n2}/6$，h_c，500 mm）＝500 mm max（$h_{n3}/6$，h_c，500 mm）＝500 mm （3）$35d$＝35×22 mm＝770 mm（二层） $35d$＝35×20 mm＝700 mm（三层）

顶层楼面处柱纵筋剖面构造详图及效果图	识读要点
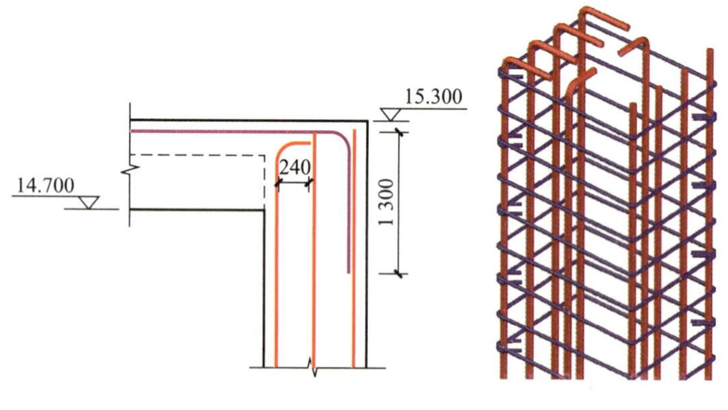	顶层采用梁纵筋伸入柱内的构造做法。 （1）柱内侧纵筋伸至柱顶并弯折 $12d$＝12×20 mm＝240 mm。 （2）柱外侧纵筋伸至柱顶。 （3）梁上部纵筋应锚入柱内并向下弯折，且下弯长度 1.7 l_{abE}＝1.7×42×18 mm≈1 300 mm

续表

框架柱箍筋剖面构造详图及效果图	识读要点
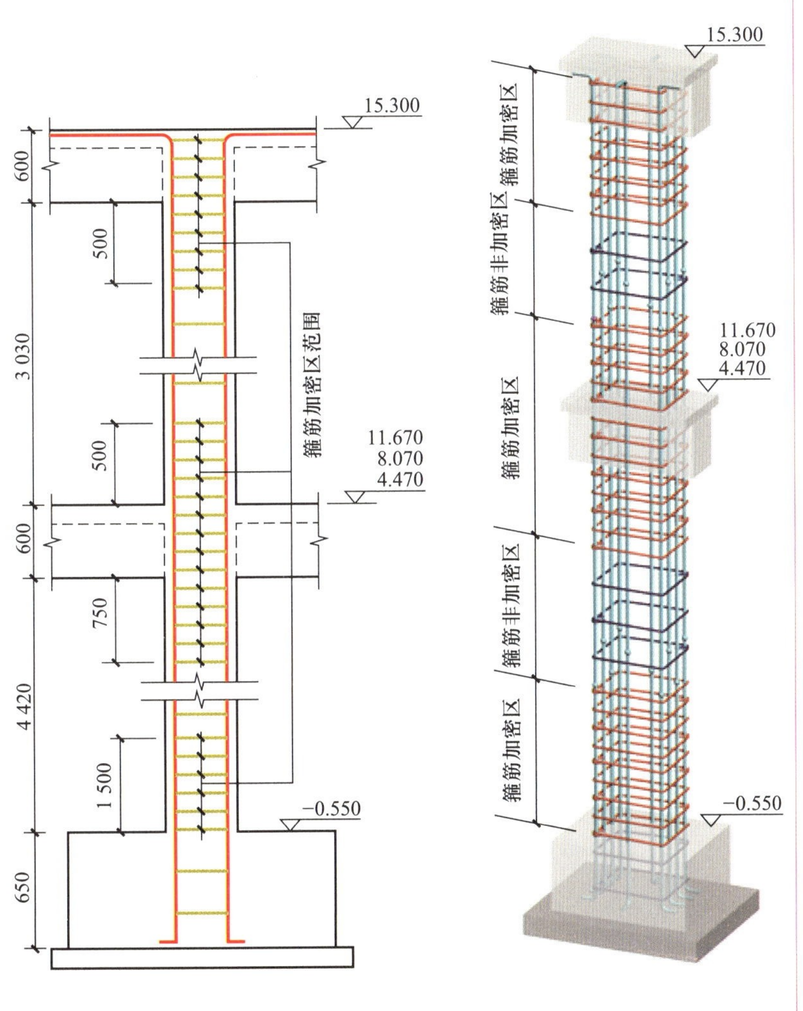	（1）基础高度为 650 mm，基础内箍筋间距为 300 mm，设两道矩形封闭箍筋。 （2）楼层上下柱箍筋加密区为梁柱节点核心区和梁柱节点核心区以外不小于 max（h_n/6，h_c，500 mm）的区域（一层柱取 750 mm，二、三、四层为 500 mm），加密区箍筋间距为 100 mm，非加密区箍筋间距为 200 mm。 （3）底层柱下端箍筋加密区范围为 1 500 mm

任务 4　柱中钢筋的计算

1. 领悟柱中钢筋的计算方法。

2. 能画出图 3-14 柱平法施工图（局部）中 KZ5 钢筋的简图，并计算出各层柱钢筋的长度、根数。

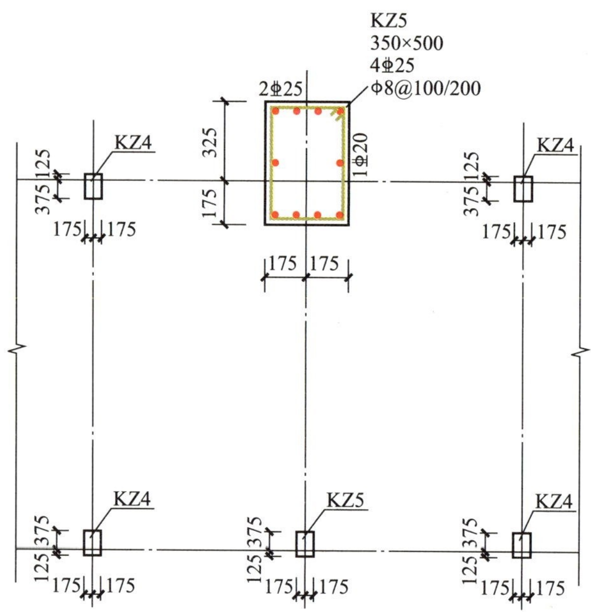

屋面	15.300	
3	11.670	3.630
2	8.070	3.600
1	4.470	3.600
	−0.550	5.020
层号	标高/m	层高/m

结构层楼面标高
结构层高
上部结构嵌固部位：−0.550

图 3-14　柱平法施工图(局部)

柱中钢筋的计算

柱钢筋分为柱纵筋和箍筋。抗震结构中，钢筋计算可分为柱纵筋、箍筋的长度和根数计算，具体计算见表 3-18、表 3-19。

表 3-18　柱纵筋计算表

钢筋	计算过程	钢筋简图
基础内柱插筋	(1) 基础底部弯折长度 a 当 $h_j>l_{aE}(l_a)$时，$a=6d$ 且≥150 mm； 当 $0.6l_{aE}(l_a)\leqslant h_j\leqslant l_{aE}(l_a)$时，$a=15d$ 且≥150 mm	35d $h_n/3$ 基础顶面 h_j 基础底部弯折长度 a
	(2) 基础内插筋(低位) l=基础高度−基础保护层厚度+$h_n/3+a$	
	(3) 基础内插筋(高位) l=基础高度−基础保护层厚度+$h_n/3+35d+a$	

续表

钢筋	计算过程	钢筋简图
一层柱纵筋	(1) 一层纵筋长度(低位) l=一层结构层高$-h_n/3+\max(h_n/6, h_c, 500\ \text{mm})$	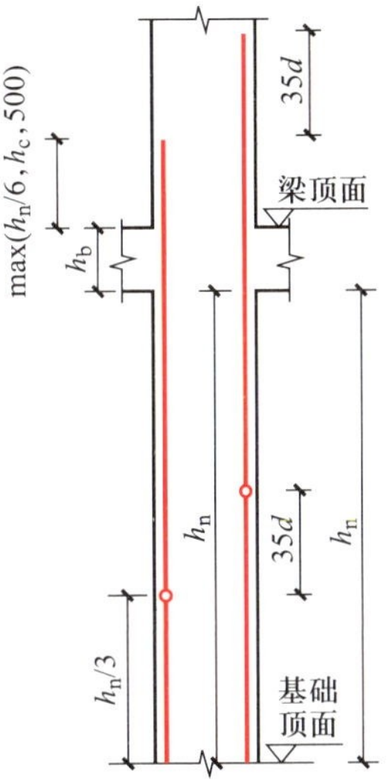
	(2) 一层纵筋长度(高位) l=一层结构层高$-h_n/3-35d+\max(h_n/6, h_c, 500\ \text{mm})+35d$	
标准层柱纵筋	(1) 标准层纵筋长度(低位) l=本层结构层高-本层$\max(h_n/6, h_c, 500\ \text{mm})$+上层$\max(h_n/6, h_c, 500\ \text{mm})$	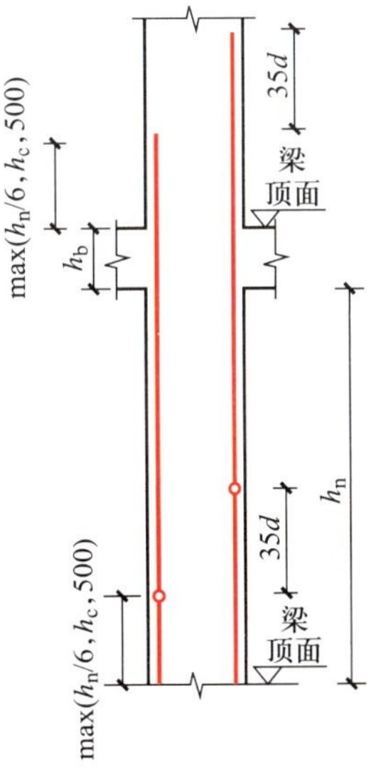
	(2) 标准层纵筋长度(高位) l=本层结构层高-本层$\max(h_n/6, h_c, 500\ \text{mm})-35d$+上层$\max(h_n/6, h_c, 500\ \text{mm})+35d$	

续表

<table>
<tr><th>钢筋</th><th>计算过程</th><th>钢筋简图</th></tr>
<tr><td rowspan="4">顶层角(边)柱纵筋</td><td>(1) 角(边)柱外侧纵筋(低位)
l=顶层结构层高−max(h_n/6,h_c,500 mm)−保护层厚度</td><td rowspan="4">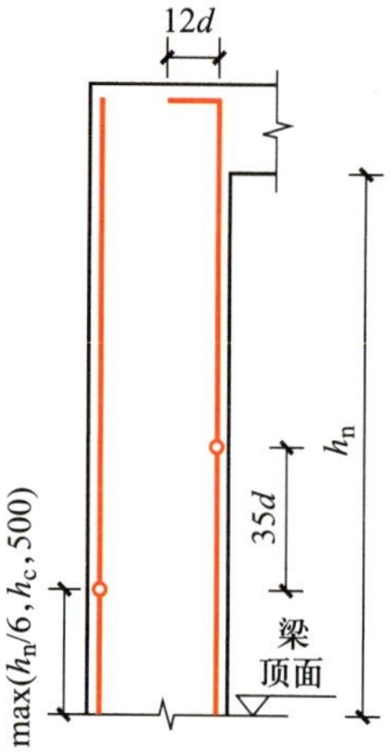</td></tr>
<tr><td>(2) 角(边)柱外侧纵筋(高位)
l=顶层结构层高−max(h_n/6,h_c,500 mm)−保护层厚度−35d</td></tr>
<tr><td>(3) 角(边)柱内侧纵筋(低位)
l=顶层结构层高−max(h_n/6,h_c,500 mm)−保护层厚度+12d</td></tr>
<tr><td>(4) 角(边)柱内侧纵筋(高位)
l=顶层结构层高−max(h_n/6,h_c,500 mm)−保护层厚度−35d+12d</td></tr>
<tr><td rowspan="2">顶层中柱纵筋</td><td>(1) 中柱纵筋(低位)
l=顶层结构层高−max(h_n/6,h_c,500 mm)−保护层厚度+12d</td><td rowspan="2">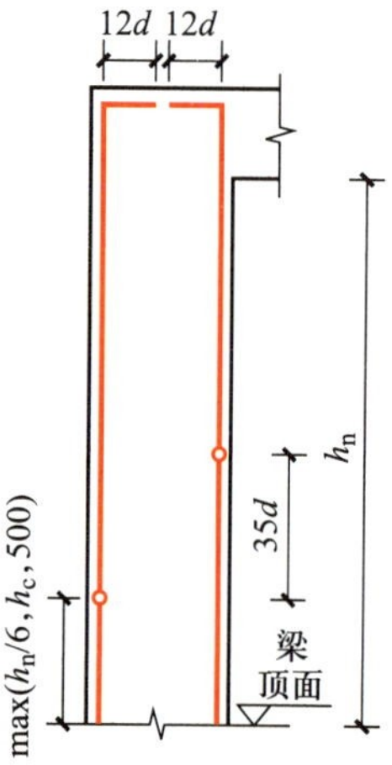</td></tr>
<tr><td>(2) 中柱纵筋(高位)
l=顶层结构层高−max(h_n/6,h_c,500 mm)−保护层厚度−35d+12d</td></tr>
</table>

注:1. h_n 为所在楼层柱净高;h_c 为柱长边尺寸。

2. 35d 为柱纵筋错开距离,若上下层柱纵筋直径不同,则计算时 d 取小值;当同一构件内不同连接钢筋计算连接区段长度不同时,取大值。

表 3-19 柱箍筋计算表

钢筋	计算过程	钢筋简图
箍筋长度	箍筋长度 $l=(b-2c+h-2c)\times2+\max(10d, 75\ \text{mm})\times2+1.9d$	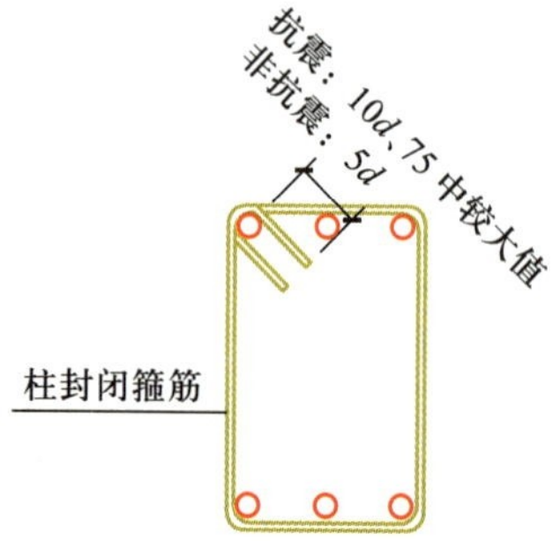

续表

钢筋	计算过程	钢筋简图
箍筋根数	（1）基础箍筋根数 基础内设置两道封闭箍筋	
	（2）一层箍筋根数 柱根加密区根数 $n_1=(h_n/3)$/加密区间距 柱顶加密区根数 $n_2=[\max(h_n/6,h_c,500\text{ mm})+h_b]$/加密区间距 中间非加密区根数 $n_3=[h_n-h_n/3-\max(h_n/6,h_c,500\text{ mm})]$/非加密区间距	
	（3）标准层箍筋根数 柱根加密区根数 $n_1=\max(h_n/6,h_c,500\text{ mm})$/加密区间距 柱顶加密区根数 $n_2=[\max(h_n/6,h_c,500\text{ mm})+h_b]$/加密区间距 中间非加密区根数 $n_3=[h_n-2\max(h_n/6,h_c,500\text{ mm})]$/非加密区间距	
	（4）顶层箍筋根数 柱根加密区根数 $n_1=\max(h_n/6,h_c,500\text{ mm})$/加密区间距 柱顶加密区根数 $n_2=[\max(h_n/6,h_c,500\text{ mm})+h_b-$柱保护层厚度]/加密区间距 中间非加密区根数 $n_3=[h_n-2\max(h_n/6,h_c,500\text{ mm})]$/非加密区间距	
	（5）全柱箍筋总数 n=基础箍筋根数+一层箍筋根数+标准层箍筋根数+顶层箍筋根数+1	

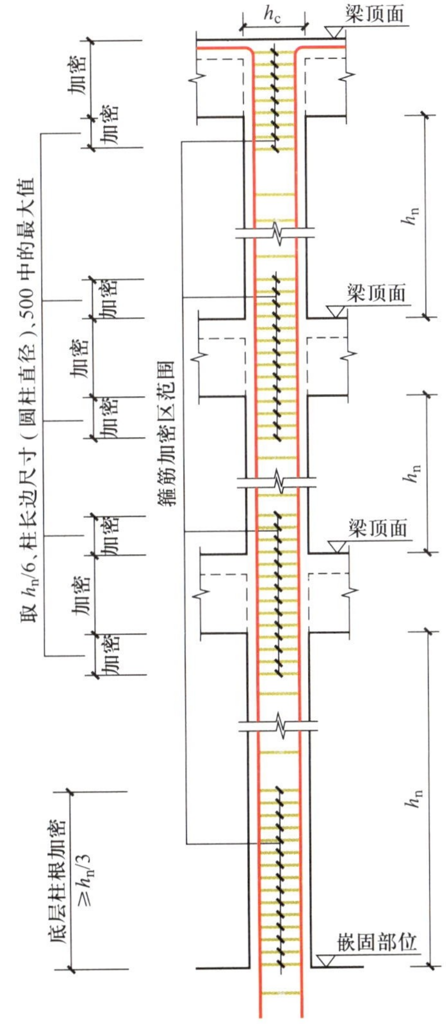

注：b 为柱截面宽度，h 为柱截面高度，c 为保护层厚度，h_n 为所在楼层柱净高，h_c 为柱长边尺寸。

柱中钢筋计算

如图 3-14 所示 KZ5，柱顶纵筋采用梁纵筋伸入柱内的构造做法，计算参数见表 3-20。试计算 KZ5 的钢筋用量。

表 3-20 KZ5 的计算参数

计算参数	计算值	计算参数	计算值
混凝土强度等级	C25	抗震锚固长度 l_{aE}	42d
纵筋连接方式	电渣压力焊	箍筋起步距离	50 mm
抗震等级	三级	柱钢筋错开连接高度	35d
梁高	600 mm	基础高度	650 mm
基础保护层厚度	40 mm	柱保护层厚度	25 mm

KZ5 钢筋用量计算过程见表 3-21。

表 3-21 KZ5 钢筋用量计算过程

钢筋	计算过程	钢筋简图	图示
基础内插筋 Φ25	基础底部弯折长度 max(15d,150 mm)= 375 mm 基础顶面非连接区高度 (5 020−600)mm/3≈1 500 mm	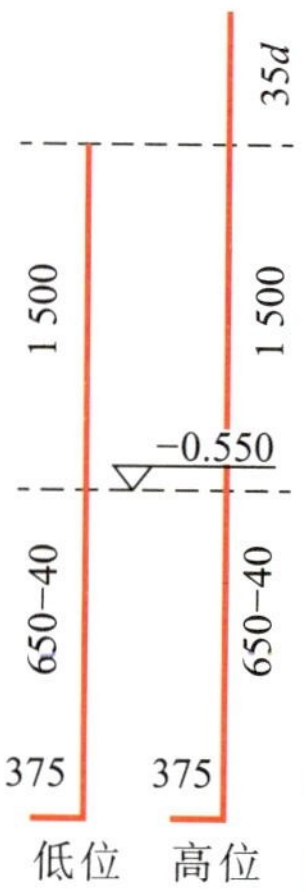 35d 1 500 1 500 −0.550 650−40 650−40 375 375 低位 高位	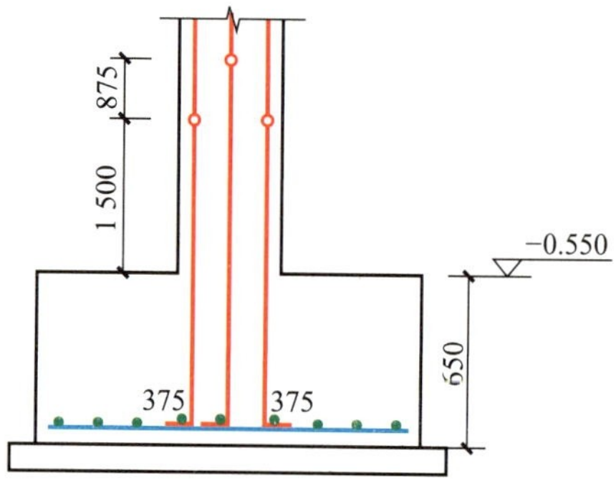 875 1 500 −0.550 650 375 375
	基础内插筋(低位)4 根 (375+650−40+1 500) mm =2 485 mm		
	基础内插筋(高位)4 根 (375+650−40+1 500+35×25)mm=3 360 mm		
基础内插筋 Φ20	基础底部弯折长度 max(15d,150 mm)= 300 mm	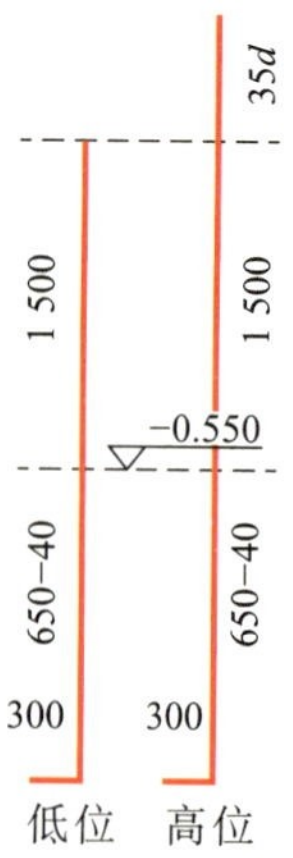 35d 1 500 1 500 −0.550 650−40 650−40 300 300 低位 高位	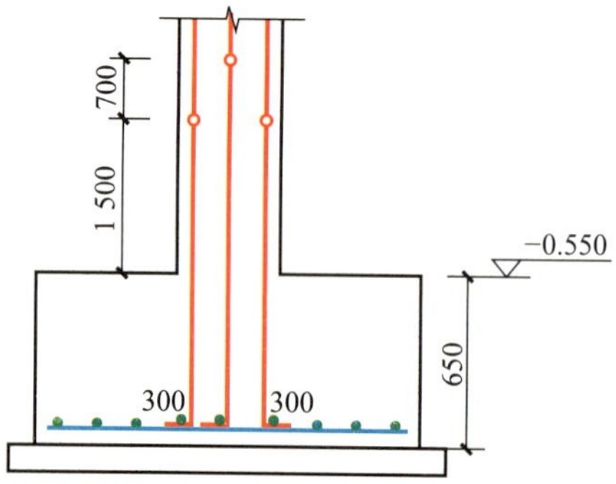 700 1 500 −0.550 650 300 300
	基础内插筋(低位)1 根 (300+650−40+1 500)mm =2 410 mm		
	基础内插筋(高位)1 根 (300+650−40+1 500+35×20)mm=3 110 mm		

续表

钢筋	计算过程	钢筋简图	图示
1 层 ϕ25	伸入 2、3、4 层的非连接区高度 max(h_n/6, h_c, 500 mm) = 500 mm	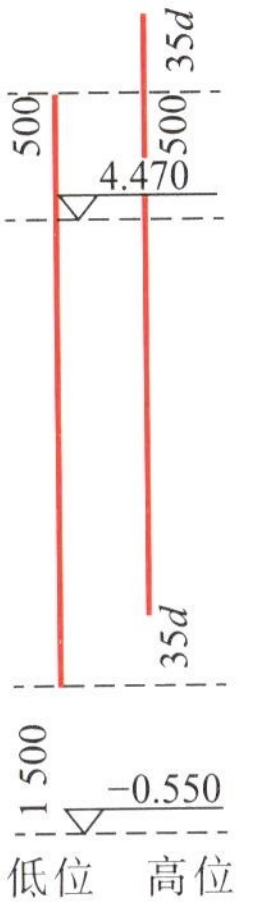	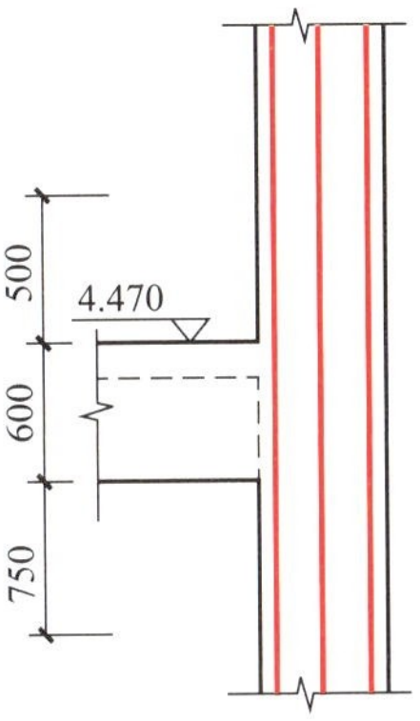
	1 层纵筋(低位)4 根 (5 020+500−1 500) mm = 4 020 mm		
	1 层纵筋(高位)4 根 (5 020+500+35×25−1 500−35×25) mm = 4 020 mm		
1 层 ϕ20	1 层纵筋(低位)1 根 (5 020+500−1 500) mm = 4 020 mm		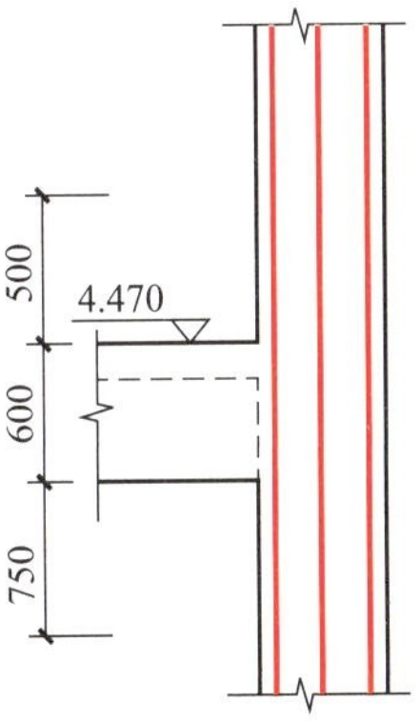
	1 层纵筋(高位)1 根 (5 020+500+35×20−1 500−35×20) mm = 4 020 mm		
2、3 层 ϕ25	2、3 层纵筋(低位)4 根 (3 600+500−500) mm = 3 600 mm	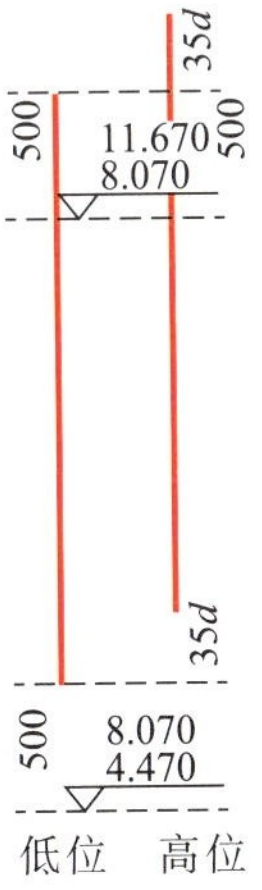	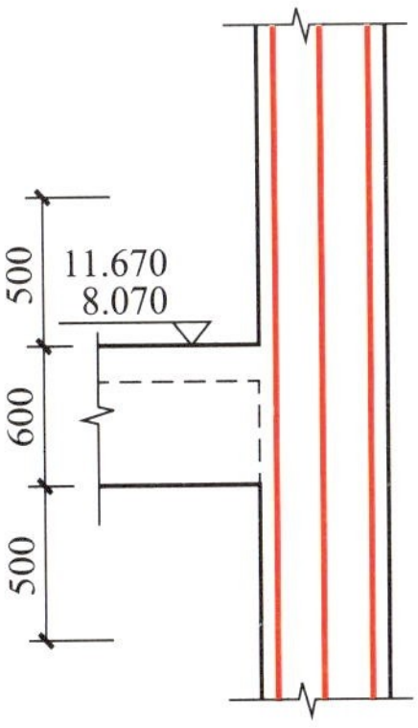
	2、3 层纵筋(高位)4 根 (3 600+500+35×25−500−35×25) mm = 3 600 mm		
2、3 层 ϕ20	2、3 层纵筋(低位)1 根 (3 600+500−500) mm = 3 600 mm		
	2、3 层纵筋(高位)1 根 (3 600+500+35×20−500−35×20) mm = 3 600 mm		

续表

钢筋	计算过程	钢筋简图	图示
顶层 外侧 ф25	顶层纵筋(低位)2根 (3 630-500-25)mm =3 105 mm	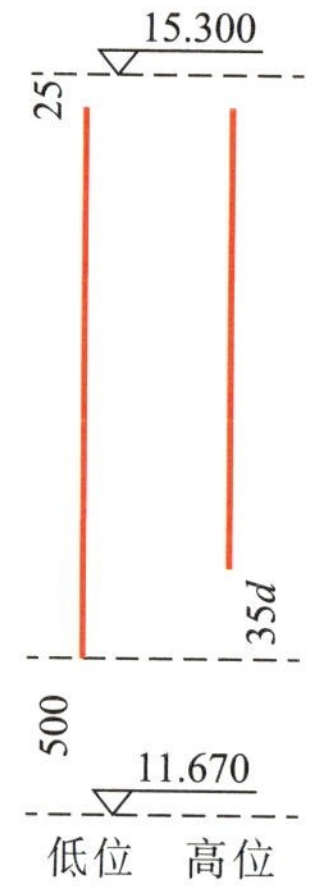 15.300 25 35d 500 11.670 低位 高位	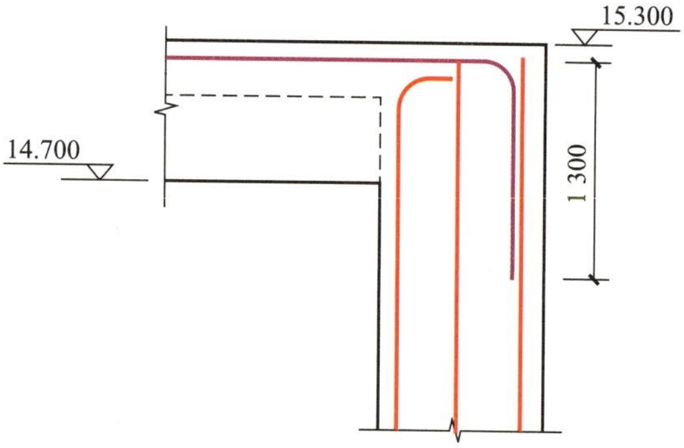 15.300 14.700 1 300
	顶层纵筋(高位)2根 (3 630-500-25-35×25)mm =2 230 mm		
顶层 内侧 ф25	柱顶钢筋伸至顶部混凝土保护层,弯折300 mm(12d)	 15.300 25 300 300 35d 500 11.670 低位 高位	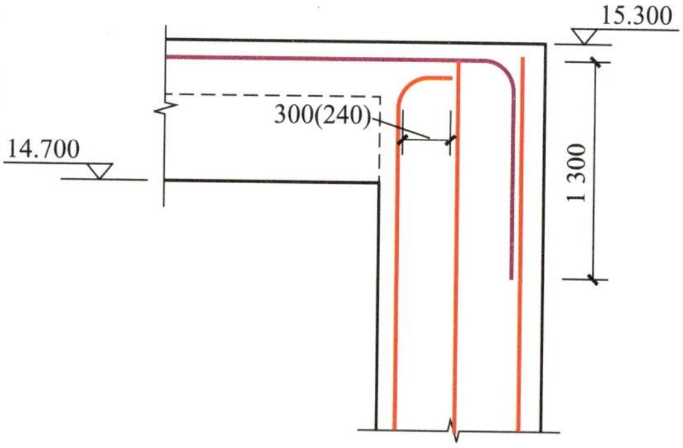 15.300 14.700 300(240) 1 300
	顶层纵筋(低位)2根 (3 630-500-25+300)mm =3 405 mm		
	顶层纵筋(高位)2根 (3 630-500-25-35×25+300)mm=2 530 mm		
顶层 内侧 ф20	柱顶钢筋伸至顶部混凝土保护层,弯折240 mm(12d)	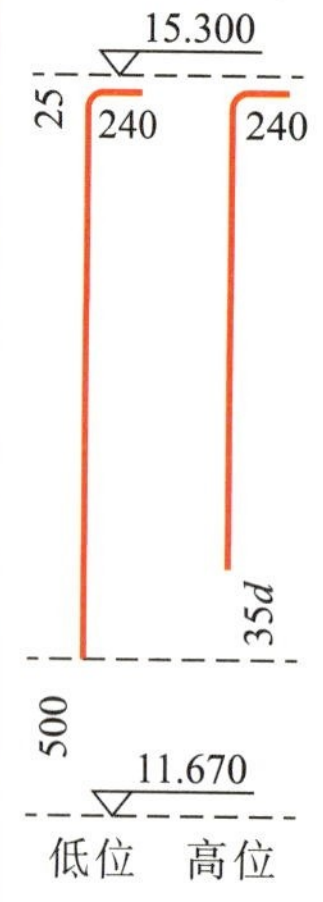 15.300 25 240 240 35d 500 11.670 低位 高位	
	顶层纵筋(低位)1根 (3 630-500-25+240)mm =3 345 mm		
	顶层纵筋(低位)1根 (3 630-500-35×20-25+240)mm=2 645 mm		

续表

钢筋	计算过程	钢筋简图	图示
箍筋长度	双肢箍外皮长度计算公式： $l=2\times(b-2c+h-2c)+2\times11.9d(d\geqslant8\ \text{mm})$		
	箍筋长度： $l=[2\times(350-2\times25+500-2\times25)+2\times11.9\times8]\ \text{mm}$ $\approx1\ 690\ \text{mm}$		
箍筋根数	基础内设两道矩形封闭箍筋		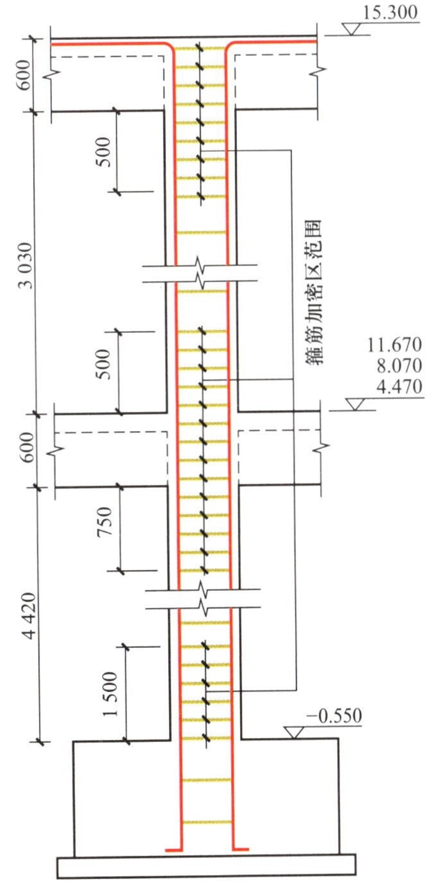
	柱根加密区根数＝(1 500－50) mm/100 mm ≈15 柱顶加密区根数＝(750＋600) mm/100 mm ≈14 中间非加密区根数 ＝(5 020－600－1500－750) mm/200 mm≈11 1 层箍筋根数：15＋14＋11＝40		
	柱根加密区根数＝(500－50) mm/100 mm≈5 柱顶加密区根数＝(500＋600) mm/100 mm ＝11 中间非加密区根数 ＝(3 600－600－500－500) mm/200 mm＝10 2、3、4 层箍筋根数：5＋11＋10＝26		
	KZ5 箍筋总根数＝2＋40＋26×3＋1＝121		

续表

钢筋	计算过程	钢筋简图	图示
柱纵筋和箍筋效果图			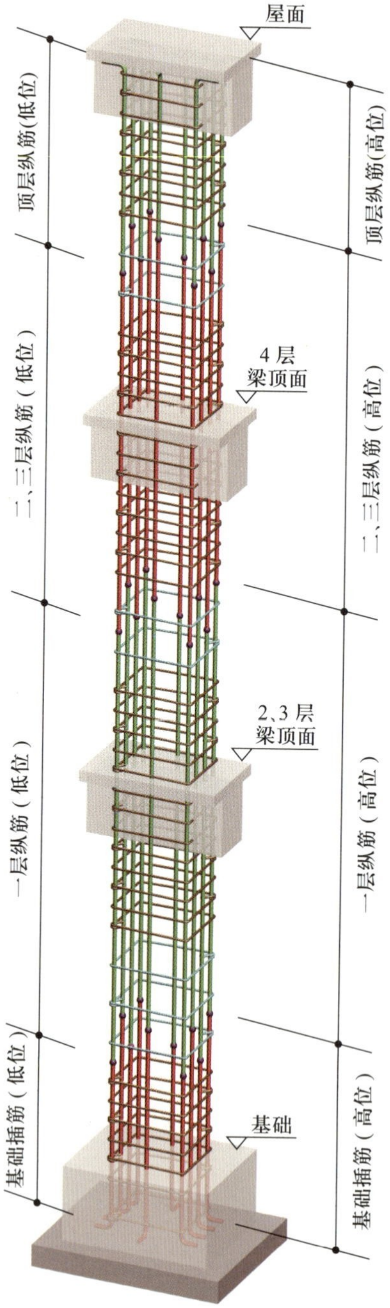 屋面 顶层纵筋(低位) 顶层纵筋(高位) 4 层梁顶面 二、三层纵筋(低位) 二、三层纵筋(高位) 2、3 层梁顶面 一层纵筋(低位) 一层纵筋(高位) 基础 基础插筋(低位) 基础插筋(高位)

知识要点

在本项目中,结合工程实例从平法解读和标准构造详图识读两个方面对柱平法施工图进行识读。平法解读部分从柱的编号、截面注写方式以及列表注写方式三个方面,系统地讲述了柱平面整体表示方法的识读要点;标准构造详图识读部分给出了柱纵筋在独立基础中的锚固构造、楼层(中间层)节点上下柱纵筋的连接构造和柱顶纵筋构造的剖面详图及构造要点。通过对柱平法施工图和标准构造详图的识读以及柱钢筋的计算,使学生熟练掌握柱平法施工图的识读方法和识读要点。

学习检测

一、单项选择

1. 常见的柱构件大多是(　　)。

A. 轴心受压　　B. 偏心受压　　C. 轴心受拉　　D. 偏心受拉

2. 柱平法施工图是在柱平面布置图上采用列表注写方式或(　　)注写方式表达。

A. 截面　　B. 平面　　C. 集中　　D. 原位

3. 在柱平法施工图中,框架柱的根部标高是指(　　)标高。

A. 梁顶面　　B. 基础顶面　　C. 基础底面　　D. 墙顶面

4. 柱编号“LZ”表示的柱的类型为(　　)。

A. 框架柱　　B. 构造柱　　C. 框支柱　　D. 梁上柱

5. 基础顶面以上不能进行柱钢筋连接的高度,对于非抗震框架柱为(　　)。

A. 500 mm　　B. 1 000 mm

C. 柱的截面长边尺寸　　D. $h_n/6$

6. 当基础高度为 $0.6l_{aE}(l_a) \leqslant h_j \leqslant l_{aE}(l_a)$ 时,柱插筋底部的弯折长度为(　　)。

A. 6d 且≥150 mm　　B. 8d 且≥150 mm　　C. 10d 且≥150 mm　　D. 15d 且≥150 mm

7. 有抗震要求时,柱箍筋的弯钩长度应为(　　)。

A. 5d　　B. 10d 和 75 mm 的较大值

C. 10d 和 100 mm 的较大值　　D. 5d 和 75 mm 的较大值

8. 顶层边柱、角柱的柱内侧纵筋应伸至柱顶并弯折(　　)。

A. 12d　　B. 8d　　C. 150 mm　　D. 300 mm

9. 在抗震设计中,确定箍筋肢数时要满足对柱纵筋的要求是(　　)。

A. 隔二拉二　　B. 隔二拉一　　C. 隔一拉一　　D. 隔一拉二

10. 在同截面内钢筋接头面积百分率不宜大于(　　)。

A. 100%　　B. 75%　　C. 50%　　D. 25%

11. 相邻柱纵筋交错的焊接连接的距离必须≥500 mm,且≥(　　)。

A. 12d　　B. 15d　　C. 20d　　D. 35d

12. 某框架柱的截面尺寸为 400 mm×600 mm,梁高 600 mm,结构层高 3.6 m,则该柱在相邻两梁柱节点区之间的箍筋非加密区高度应为(　　)。

A. 1 200 mm　　B. 1 500 mm　　C. 1 600 mm　　D. 1 800 mm

13. 某楼层框架柱的截面尺寸为 400 mm×500 mm，底层柱净高为 3.6 m，则底层柱根箍筋加密区高度为（　　）。

A. 600 mm　　B. 1 000 mm　　C. 1 200 mm　　D. 1 500 mm

14. 框架柱箍筋距楼面的起步距离是（　　）。

A. 50 mm　　B. 100 mm　　C. $10d$　　D. $5d$

15. 柱变截面位置纵筋构造，上层柱纵筋从楼面向下插入的长度为（　　）。

A. $1.5l_{aE}$　　B. $1.6l_{aE}$

C. $1.2l_{aE}$　　D. $0.5l_{aE}$

16. 柱箍筋在基础内设置不少于____道，间距不大于____。以下选项正确的是（　　）。

A. 2　400 mm　　B. 2　500 mm　　C. 3　400 mm　　D. 3　500 mm

17. 变截面抗震框架柱的下层柱纵筋无法通到上层时，需要弯折，当 $\Delta/h_b>1/6$ 时，弯折长度为（　　）。

A. $12\,d$　　B. $15d$　　C. $20d$　　D. $25d$

18. 柱纵筋间距的要求必须保证≥（　　）。

A. 25 mm　　B. 30 mm　　C. 40 mm　　D. 50 mm

19. 柱箍筋为 ϕ8@100，有抗震要求时，柱箍筋的弯钩长度为（　　）。

A. 40 mm　　B. 80 mm　　C. 100 mm　　D. 75 mm

20. 图 3-15 中不是柱复合箍筋类型 1(5×4) 的构造的是（　　）。

A　　B　　C　　D

图 3-15　复合箍筋

二、识图

1. 某二层框架结构如图 3-16 所示，三级抗震，柱顶纵筋采用梁纵筋伸入柱内的构造做法，纵筋锚固长度 $l_{aE}=42d$，基础高度 600 mm，基础顶面标高 -0.030 m，柱保护层厚度 30 mm，框架梁高度 600 mm。试完成下列选择。

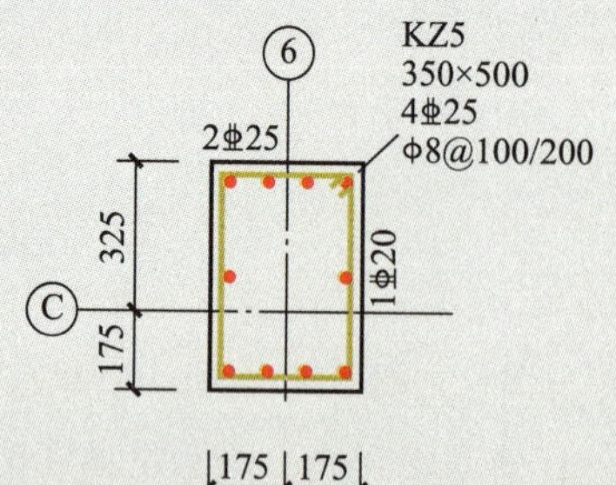

屋面	7.770	
2	4.170	3.60
1	−0.030	4.20
层号	标高/m	层高/m

结构层楼面标高
结构层高
上部结构嵌固部位：−0.030

图 3-16　柱平法施工图

(1) 图中采用截面注写方式表示的柱为(　　)。
A. 非框架柱　B. 框架柱　C. 框支柱　D. 梁上柱

(2) 图中 KZ5 的截面尺寸为(　　)。
A. 350 mm×400 mm　B. 350 mm×500 mm　C. 350 mm×450 mm　D. 400 mm×500 mm

(3) 图中柱角部纵筋为(　　)。
A. 1Φ20　B. 2Φ25　C. 4Φ25　D. 8Φ25

(4) 图中 b 边一侧中部筋为(　　)。
A. 1Φ20　B. 2Φ20　C. 2Φ25　D. 4Φ25

(5) 图中 h 边一侧中部筋为(　　)。
A. 1Φ20　B. 2Φ20　C. 2Φ25　D. 4Φ25

(6) 图中一层柱的 h_n 为(　　)。
A. 3 000 mm　B. 3 300 mm　C. 3 600 mm　D. 4 200 mm

(7) 图中二层柱的 h_n 为(　　)。
A. 3 000 mm　B. 3 300 mm　C. 3 600 mm　D. 4 200 mm

(8) 图中一层柱根箍筋加密区长度为(　　)。
A. 900 mm　B. 1 000 mm　C. 1 100 mm　D. 1 200 mm

(9) 图中一层柱根箍筋非加密区长度为(　　)。
A. 1 000 mm　B. 1 500 mm　C. 1 800 mm　D. 2 000 mm

(10) 图中柱纵筋Φ25 在基础中的弯折长度为(　　)。
A. 240 mm　B. 300 mm　C. 350 mm　D. 375 mm

(11) 图中柱纵筋Φ20 在基础中的弯折长度为(　　)。
A. 240 mm　B. 300 mm　C. 350 mm　D. 375 mm

(12) 图中柱Φ20 基础内插筋(高位)长度为(　　)。
A. 2 060 mm　B. 2 135 mm　C. 2 760 mm　D. 2 935 mm

(13) 图中柱Φ25 基础内插筋(低位)长度为(　　)。
A. 2 060 mm　B. 2 135 mm　C. 2 760 mm　D. 2 935 mm

(14) 图中二层角柱外侧Φ25 纵筋(低位)长度为(　　)。
A. 3 000 mm　B. 3 075 mm　C. 3 375 mm　D. 3 575 mm

(15) 图中二层边柱外侧Φ20 纵筋(高位)长度为(　　)。
A. 2 075 mm　B. 2 175 mm　C. 2 375 mm　D. 2 575 mm

(16) 图中二层中柱Φ20 纵筋(低位)长度为(　　)。
A. 2 175 mm　B. 2 375 mm　C. 3 315 mm　D. 3 375 mm

(17) 图中二层中柱Φ25 纵筋(高位)长度为(　　)。
A. 2 500 mm　B. 2 575 mm　C. 2 675 mm　D. 2 700 mm

(18) 图中柱箍筋长度为(　　)。
A. 1 473 mm　B. 1 580 mm　C. 1 635 mm　D. 1 690 mm

(19) 图中一根 KZ5 柱箍筋总根数为(　　)。

A. 62　　B. 67　　C. 72　　D. 76

(20) 图中 KZ5 箍筋类型号表示(　　)。

A. 箍筋类型 1($m \times n$)　B. 箍筋类型 2　　C. 箍筋类型 3　　D. 箍筋类型 4

2. 某 KZ2 平法施工图如图 3-17 所示,照图识读,完成下列填空。

(1) 该柱的类型为________,柱的截面尺寸为________。

(2) 柱角部配筋为________,b 边中部筋为________,h 边中部筋为________,柱端箍筋加密区间距为________mm。

(3) "ϕ 8@ 100/200"表示:箍筋为________级钢筋,直径为________mm,加密区间距为________mm,非加密区间距为________mm。

(4) 基础顶面到二层梁底的柱净高为 4 800 mm 时,基础顶面以上不能进行柱插筋连接的高度为________mm,二、三、四层柱净高为 3 300 mm 时,二、三、四层节点上下非连接区高度为________mm。

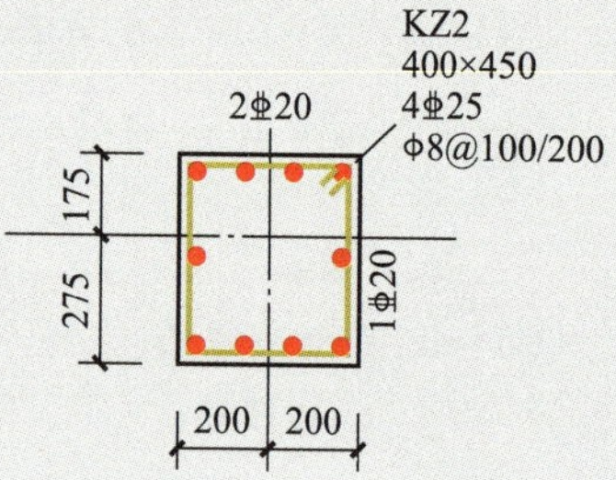

图 3-17 KZ2 平法施工图

(5) 下部纵筋与上部纵筋的相邻连接接头错开距离为________mm。

(6) 顶层梁纵筋伸入柱内的构造做法中,梁上部纵筋应锚入柱内并向下弯折,且下弯段长度为________mm,柱内侧纵筋伸至柱顶并弯折________mm。

3. 某框架柱如图 3-18 所示,三级抗震,纵筋锚固长度 $l_{aE}=42d$,柱、梁保护层厚度为25 mm,基础保护层厚度为 40 mm,完成下列填空。

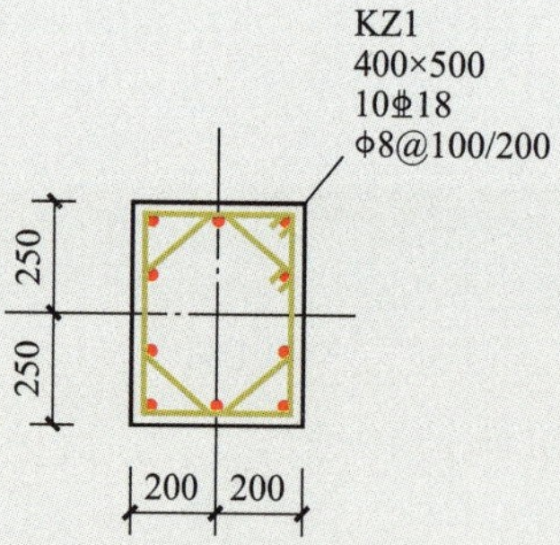

屋面	15.300	
3	11.670	3.630
2	8.070	3.600
1	4.470	3.600
架空层	−0.550	5.020
层号	标高/m	层高/m

结构层楼面标高
结构层高

上部结构嵌固部位:−0.550

基础高度为:650

框架梁梁高为:600

图 3-18 KZ1 平法施工图

(1) 该柱类型为________,柱截面尺寸为________。

(2) 柱角部配直径为________mm 的________级钢筋,b 边一侧中部配________根直径为________mm 的________级钢筋,h 边一侧中部配________根直径为________mm 的________级钢筋,柱根部标高为________m。

(3) 柱插筋在基础内的竖向长度为________mm,柱插筋底部的弯折长度为________mm,架空层柱净高为________mm,架空层柱纵筋长度为________mm(保留整数部分),柱基础顶面上部插筋非连接区的高度为________ mm(保留整数部分)，柱纵筋错开连接的高度为________ mm,架空层柱根箍筋加密区高度为________ mm(保留整数部分)。

(4) 箍筋为直径________ mm 的________级钢筋,箍筋加密区间距为________ mm,非加密区间距为________ mm。

(5) 一层柱纵筋长度为________ mm,一层柱净高为________ mm,一层柱根箍筋加密区高度为________ mm,一层柱中部箍筋非加密区高度为________ mm。

(6) 顶层中柱纵筋的弯折长度为________ mm。顶层角柱和边柱采用柱锚梁的构造做法,柱外侧纵筋锚入梁内的长度分两批截断,长度(从梁底算起)分别为________ mm 和________ mm。

三、计算

如图 3-19 所示,KZ3 柱顶纵筋采用柱锚梁的构造做法,KZ3 的计算参数见表 3-22,试计算 KZ3 的钢筋用量。

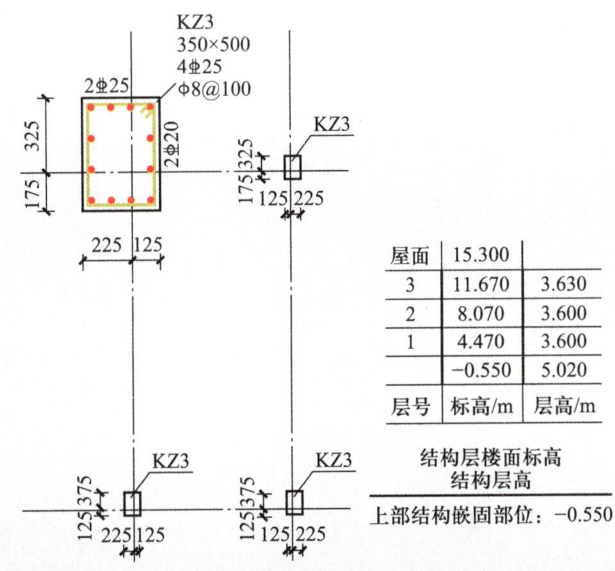

屋面	15.300	
3	11.670	3.630
2	8.070	3.600
1	4.470	3.600
	-0.550	5.020
层号	标高/m	层高/m

图 3-19　KZ3 平法施工图

表 3-22　KZ3 的计算参数

计算参数	计算值	计算参数	计算值
混凝土强度等级	C25	抗震锚固长度 l_{aE}	42d
纵筋连接方式	电渣压力焊	箍筋起步距离	50 mm
抗震等级	三级	柱纵筋错开连接高度	35d
梁高	600 mm	独立基础高度	650 mm
基础保护层厚度	40 mm	柱保护层厚度	25 mm

项目4　梁平法施工图的识读

导读

梁是指水平方向的长条形承重构件，是框架结构必不可少的构件之一，如图 4-1 所示。本项目结合某框架结构行政楼的梁平法施工图，阐述梁平法施工图的制图规则和框架梁钢筋构造要求，使学生熟练掌握框架结构施工图中梁平法施工图的识读方法和识读要点。

(a) 框架梁钢筋绑扎

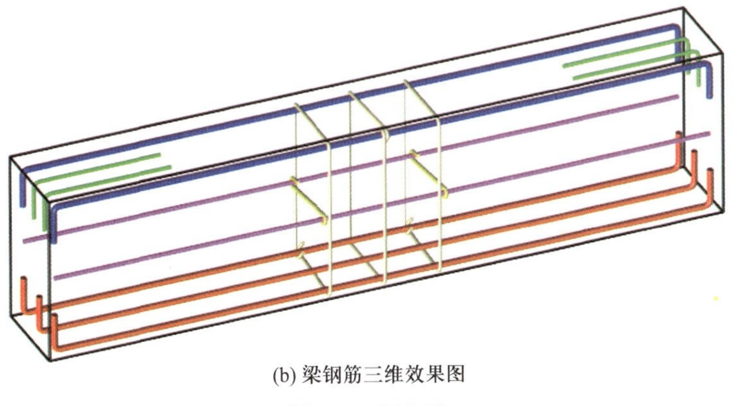

(b) 梁钢筋三维效果图

图 4-1　框架梁

任务 1 梁的类别及梁中配筋

1. 说出现浇钢筋混凝土梁的分类方法。
2. 知道钢筋混凝土梁中钢筋的构造要求。
3. 熟练识别梁的类别，以及图 4-2 梁中钢筋的名称、作用、间距、布置等构造内容。

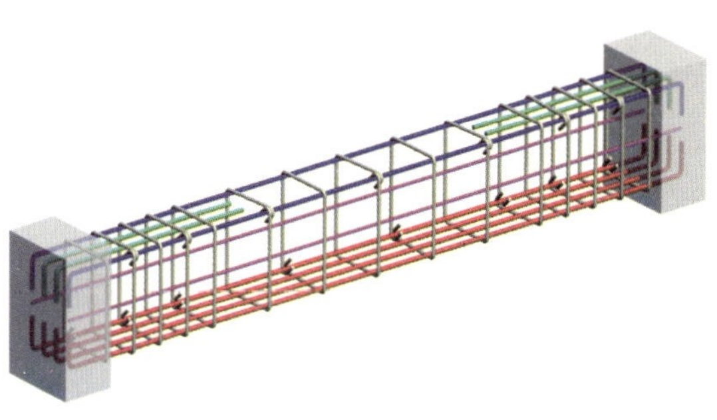

图 4-2 梁中钢筋

一、钢筋混凝土梁的类别

1. 按受力状态分类

钢筋混凝土梁按受力状态可分为静定梁和超静定梁。房屋工程中常见的静定梁，可以分成简支梁、外伸梁和悬臂梁。一端是固定铰支座，另一端是可动铰支座的梁称为简支梁，如图 4-3a 所示。梁身的一端或两端伸出支座的简支梁称为外伸梁，如图4-3b 所示。一端是固定端，另一端是自由端的梁称为悬臂梁，如图 4-3c 所示。

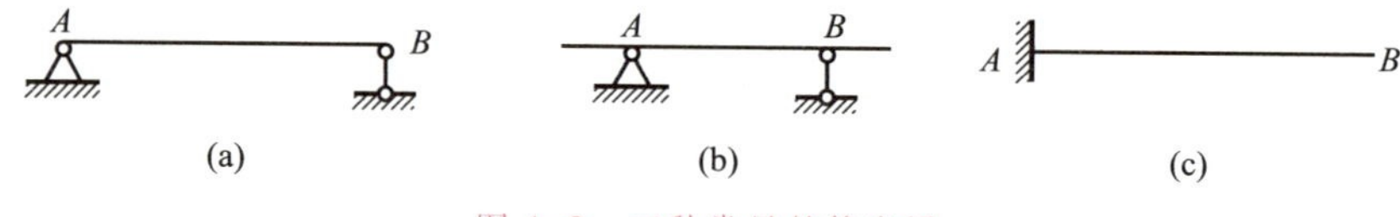

图 4-3 三种常见的静定梁

2. 按建筑功能性要求和建筑构件的名称分类

钢筋混凝土梁按建筑功能性要求和建筑构件名称可分为：

钢筋混凝土梁分类

钢筋混凝土梁分类：

- 楼层框架梁 KL
- 非框架梁 L
- 屋面框架梁 WKL
- 悬挑梁 XL
- 框支梁 KZL
- 井字梁 JZL

楼层框架梁是指各楼面中两端与框架柱相连的梁，非框架梁是指两端与框架梁相连的梁，如图4-4所示。

屋面框架梁是指框架结构屋面最高处，两端与框架柱相连的梁。

悬挑梁是指一端埋在或者浇筑在支撑物上，另一端挑出支撑物的梁，如图4-5所示。

由于建筑功能要求，下部大空间，使上部部分竖向构件不能直接连续贯通落地，而通过水平转换构件与下部竖向构件连接。当布置的转换梁支撑上部的剪力墙或柱时，转换梁称为框支梁，支撑框支梁的柱称为框支柱，如图4-6所示。

井字梁是指不分主次、高度相当的梁，同位相交，呈井字型。井字梁一般用在楼板是正方形或者长宽比小于1.5的矩形楼板，其中大厅应用的较为广泛，如图4-7所示。

图4-4 框架梁和非框架梁

图4-5 悬挑梁

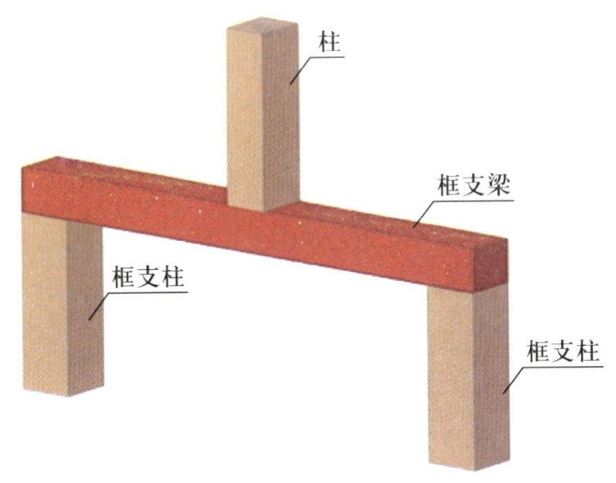

图4-6 框支梁

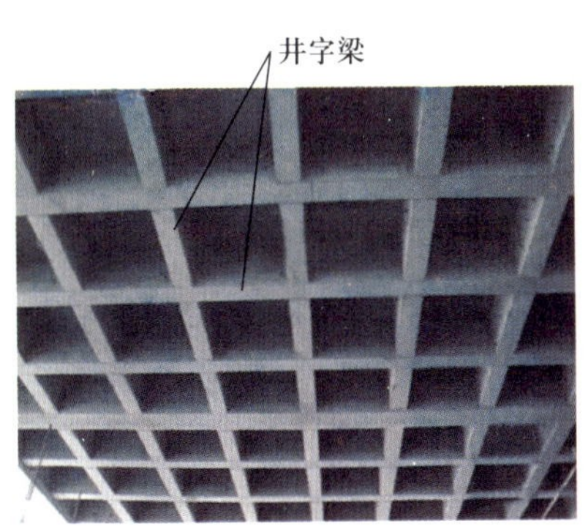

图4-7 井字梁

二、钢筋混凝土梁的构造要求

1. 梁截面形式和尺寸

根据梁的合理截面形状要求，结合工程施工实际，常见的梁截面形式有矩形、T形、工字形等。梁的截面尺寸由其强度、刚度和抗裂要求来确定,同时应满足模板定型化和施工方便的需要。钢筋混凝土梁的截面尺寸见表 4-1。

表 4-1 钢筋混凝土梁的截面尺寸 mm

梁的截面尺寸	梁的类别		常用数值
梁高度(h)	简支梁	悬臂梁	250、300、350、…、800,未超过 800 按 50 进制,超过 800 按 100 进制
	$\left(\frac{1}{12}\sim\frac{1}{8}\right)l_0$	$\left(\frac{1}{6}\sim\frac{1}{4}\right)l_0$	
梁宽度(b)	矩形截面梁	T 形截面梁	120、150、180、200、220、250,超过 250 按 50 进制
	$\left(\frac{1}{4}\sim\frac{1}{2}\right)h$	$\left(\frac{1}{4}\sim\frac{1}{3}\right)h$	

2. 梁中钢筋

梁中钢筋有纵向受力钢筋(简称纵筋)、箍筋、梁侧面纵向构造钢筋和架立钢筋等,工程中弯起钢筋很少使用,如图 4-8 所示。

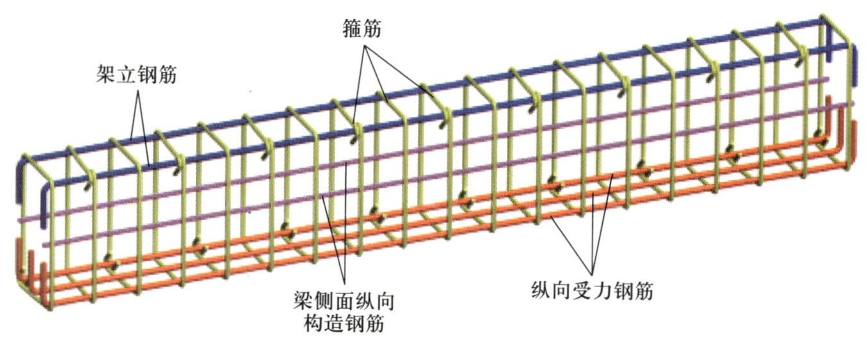

图 4-8 梁中钢筋

(1) 纵向受力钢筋

纵向受力钢筋沿着梁的纵向布置在受拉区,主要作用是承受弯矩产生的拉力。在简支梁中,下部通长钢筋为纵向受力钢筋;在悬挑梁中,上部通长钢筋为纵向受力钢筋。纵向受力钢筋常用直径为 12~25 mm。为了保证钢筋与混凝土之间具有足够的黏结力和便于浇筑混凝土,梁的上部纵向钢筋净距不应小于 30 mm 和 1.5d(d 为上部纵向钢筋的最大直径),下部纵向受力钢筋净距不应小于 25 mm 和 d。梁的下部纵向受力钢筋配置多于两层时,两层以上钢筋水平方向的中距比下面两层增大一倍,各层钢筋之间的净距应不小于 25 mm 和 d。钢筋的净距如图 4-9 所示。

《混凝土结构设计规范》(GB 50010—2010)规定,在梁的纵向受力钢筋配筋密集区域宜采用并筋的配筋形式,以解决配筋率较大时难以满足钢筋的间距要求和混凝土浇捣困难等问题。当纵向受力钢筋直径 $d\leqslant 28$ mm 时,并筋数量不应多于 3 根(图 4-10a、b);当纵向受力钢筋直径 $d=32$ mm 时,并筋数量宜为 2 根(图 4-10a);当纵向受力钢筋直径 $d\geqslant 36$ mm 时,不应采用并筋。当采用并筋形式配筋时,混凝土对钢筋的握裹力减弱，钢筋的有效直径将减小。

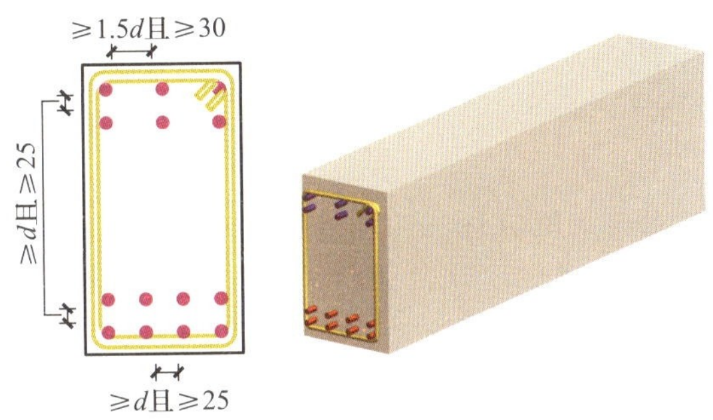

图 4-9　钢筋的净距

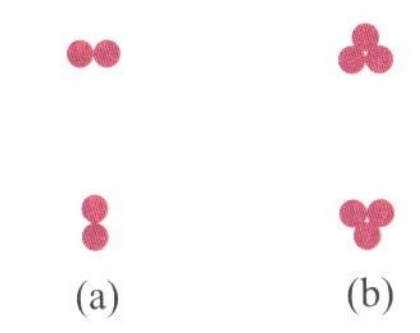

图 4-10　并筋形式

（2）箍筋

箍筋的主要作用是承受剪力，在构造上还能固定纵向受力钢筋的位置和间距，与其他钢筋通过绑扎连接形成骨架，如图 4-11 所示。若计算不需要配置箍筋，也应按构造要求设置。当梁截面高度 $h>300$ mm 时，应沿梁全长设置；当 $h=150\sim300$ mm 时，可仅在构件端各四分之一跨度范围内设置；但当在构件中部二分之一跨度范围内有某种集中荷载作用时，应沿梁全长设置。

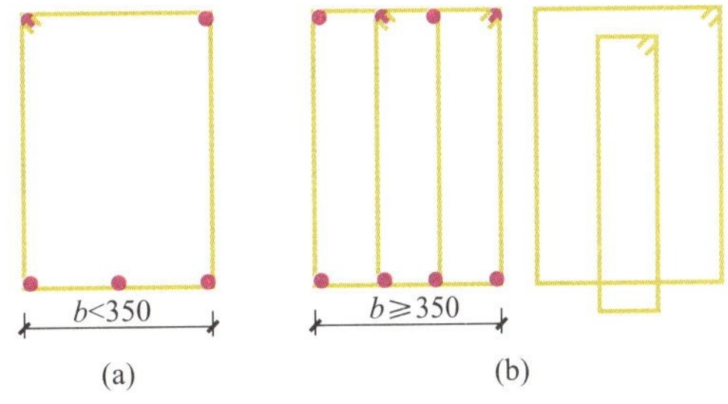

图 4-11　箍筋的构造

箍筋的最小直径与梁高 h 有关，当 $h>800$ mm 时，其直径不宜小于 8 mm；当 $h\leqslant 800$ mm时，其直径不宜小于 6 mm。箍筋应做成封闭式，且弯钩直线段长度不小于 $5d$（d 为箍筋直径）。箍筋的肢数与梁宽 b 有关，当梁宽 $b<350$ mm 时，宜用双肢箍；当梁宽$b\geqslant350$ mm或纵向受力钢筋在一排的根数多于 5 时，应采用四肢箍，四肢箍由两个双肢箍组成。箍筋的构造如图 4-11 所示。

（3）梁侧面纵向构造钢筋

当梁的腹板高度 $h_w\geqslant450$ mm 时，在梁的两个侧面应沿高度配置纵向构造钢筋，该构造钢筋一般可选用 HPB300 级钢筋，直径为 10～14 mm，其间距 a 不宜大于200 mm，并用拉结筋拉固，如图 4-12 所示。梁侧面纵向构造钢筋的作用是保证纵向受力钢筋与箍筋构成的骨架稳定，且防止梁侧中部因温度变化和混凝土收缩引起的竖向裂痕。

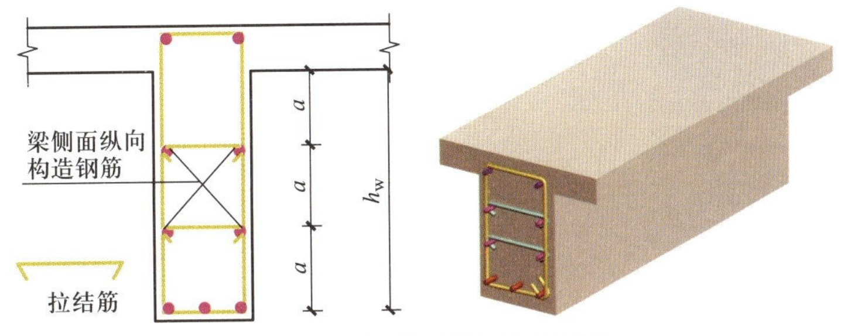

图 4-12　梁侧面纵向构造钢筋

（4）架立钢筋

架立钢筋设置在梁的受压区且平行纵向受力钢筋，用来固定箍筋和形成骨架。其直径与梁的跨度 L 有关：$L<4$ m 时，其直径不宜小于 8 mm；L 为 4～6 m 时，其直径不宜小于 10 mm；$L>6$ m 时，其直径不宜小于 12 mm。

3. 梁钢筋强度

钢筋混凝土梁属于受弯构件，由于混凝土抗拉强度低，所以在梁的受拉区应配置钢筋来承担拉力。国家修订了钢筋产品标准，提倡应用高强度、高性能的钢筋。强度为 400 MPa、500 MPa 的热轧带肋钢筋具有较高的强度，较好的延性、可焊性、机械连接性和施工适应性，且与混凝土之间具有较强的黏结力，推广其成为纵向受力的主导钢筋。纵向受力钢筋宜选用 HRB400(Φ)、HRBF400($Φ^F$)、HRB500(Φ)、HRBF500($Φ^F$)级钢筋，箍筋宜采用 HPB300(Φ)、HRB400(Φ)、HRBF400($Φ^F$)级钢筋。当采用 HRB400 级及以上钢筋时，对应的混凝土强度等级不宜低于 C25。

梁的类别及梁中配筋识别

识别表 4-2 中梁的类别及梁中配筋。

表 4-2　梁的类别及梁中配筋识别

梁的类别示例	梁的类别分析	梁的类别和梁中配筋
① ②	按受力状态分类	①：________梁 ②：________梁

续表

梁的类别示例	梁的类别分析	梁的类别和梁中配筋
	按建筑功能性要求和建筑构件的名称分类	①:________梁 ②:________梁 ③:________梁 ④:________梁 ⑤:________梁
		①:________筋 ②:________筋 ③:________筋 ④:________筋

任务 2　梁平法施工图的识读

1. 知道梁平法施工图的制图规则。

2. 熟练识读图 4-13 4.470 梁平法施工图(局部)中梁集中标注与原位标注等图示内容。

一、梁平法施工图的表示方法

在梁平面布置图上采用平面注写方式或截面注写方式表达梁的尺寸、配筋等相关信息,就是梁的平法施工图,如图 4-13 所示。

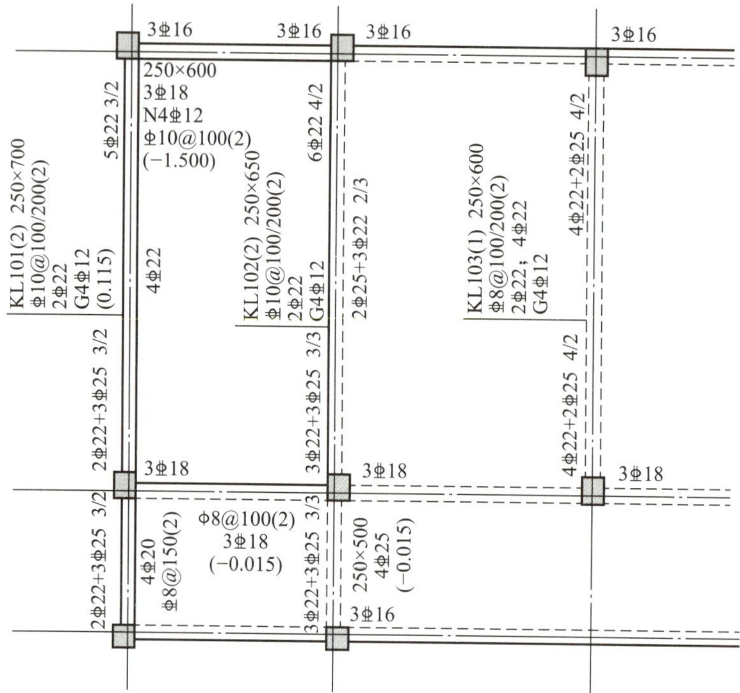

图 4-13 4.470 梁平法施工图(局部)

梁的平面注写方式是在梁平面布置图上,分别从不同编号的梁中各选一根,以在其上注写截面尺寸和配筋等具体数值的方式表达梁平法施工图,如图 4-14 所示。

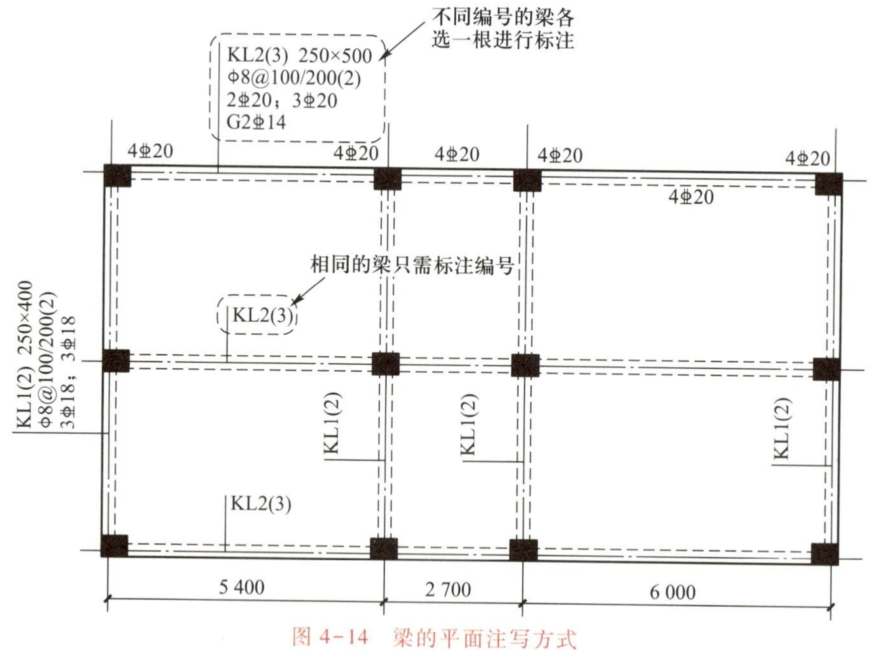

图 4-14 梁的平面注写方式

梁的截面注写方式是在梁平面布置图上,分别从不同编号的梁中各选一根,用剖面号引出配筋图,以在其上注写截面尺寸和配筋等具体数值的方式来表达梁平法施工图,如图 4-15 所示。

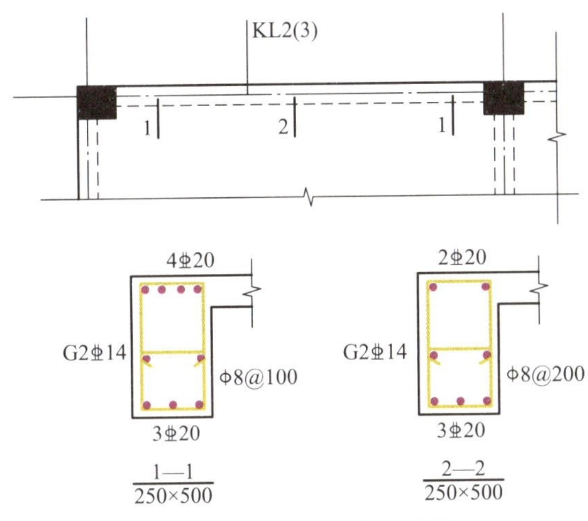

图 4-15　梁的截面注写方式

在实际工程中,梁平法施工图大多数采用平面注写方式,本项目主要介绍平面注写方式的内容。

二、梁的平面注写方式

梁的平面注写方式

梁的平面注写方式包括集中标注和原位标注。集中标注表达梁的通用数值,原位标注表达梁的特殊数值。施工时,原位标注的取值优先,如图 4-16 所示。

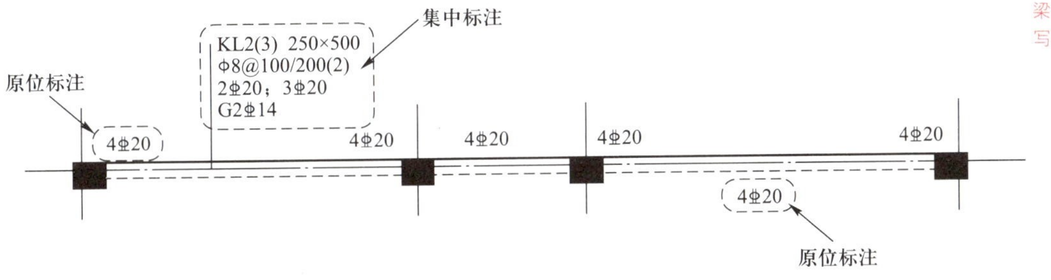

图 4-16　梁的集中标注和原位标注

1. 梁的集中标注

梁的集中标注

梁集中标注的内容包括五项必注值和一项选注值,必注值是梁编号(包括跨数)、梁截面尺寸、梁箍筋、梁通长钢筋或架立筋、梁侧面纵向构造钢筋或受扭钢筋,选注值是梁顶面标高高差。

梁集中标注的内容与规则见表 4-3。

表 4-3　梁集中标注的内容与规则

标注内容(数据项)	制图规则解读
梁编号	代号:楼层框架梁——KL,屋面框架梁——WKL,悬挑梁——XL,非框架梁——L,框支梁——KZL,井字梁——JZL

续表

标注内容(数据项)	制图规则解读
梁编号	序号:××加在梁代号后面,用数字表示梁的顺序编号
	跨数及是否带悬挑:加在梁序号后面的括号内,括号内的数字表示梁的跨数(悬挑不计入跨数),字母 A 表示一端悬挑,字母 B 表示两端悬挑,无悬挑不注写
	图例识读: 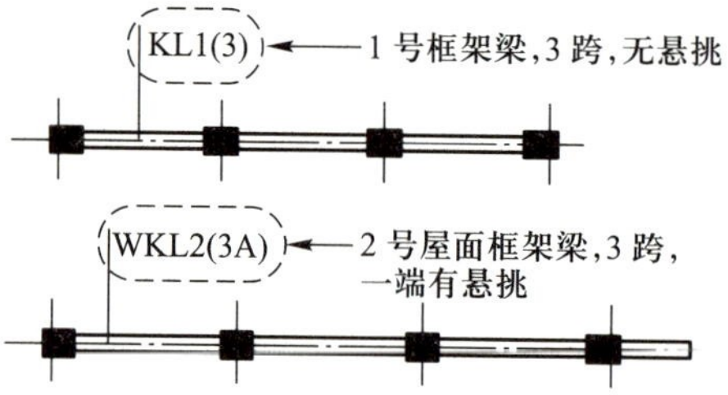 KL1(3) ← 1 号框架梁,3 跨,无悬挑 WKL2(3A) ← 2 号屋面框架梁,3 跨,一端有悬挑
梁截面尺寸	等截面矩形梁:用“梁宽 b×梁高 h”表示; 不等高悬挑梁:用“梁宽 b×梁根部高度 h_1/梁端部高度 h_2”表示
	图例识读: 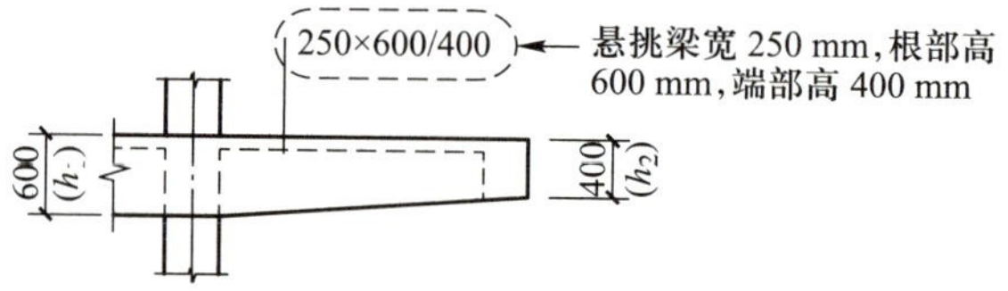 250×600/400 ← 悬挑梁宽 250 mm,根部高 600 mm,端部高 400 mm 600 (h_1) 400 (h_2) 三维图形 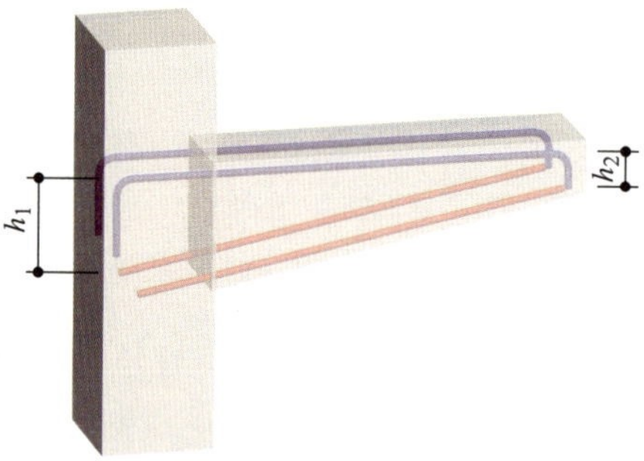 h_1 h_2
梁箍筋	梁箍筋信息包括钢筋级别、直径、间距(加密区与非加密区间距不同时,前面为加密区间距,后面为非加密区间距,之间用“/”分隔)、肢数(写在括号内)
	图例识读: ϕ8@100/200(2)表示箍筋为 HPB300 级钢筋,直径为 8 mm,加密区间距为 100 mm,非加密区间距为 200 mm,均为两肢箍

续表

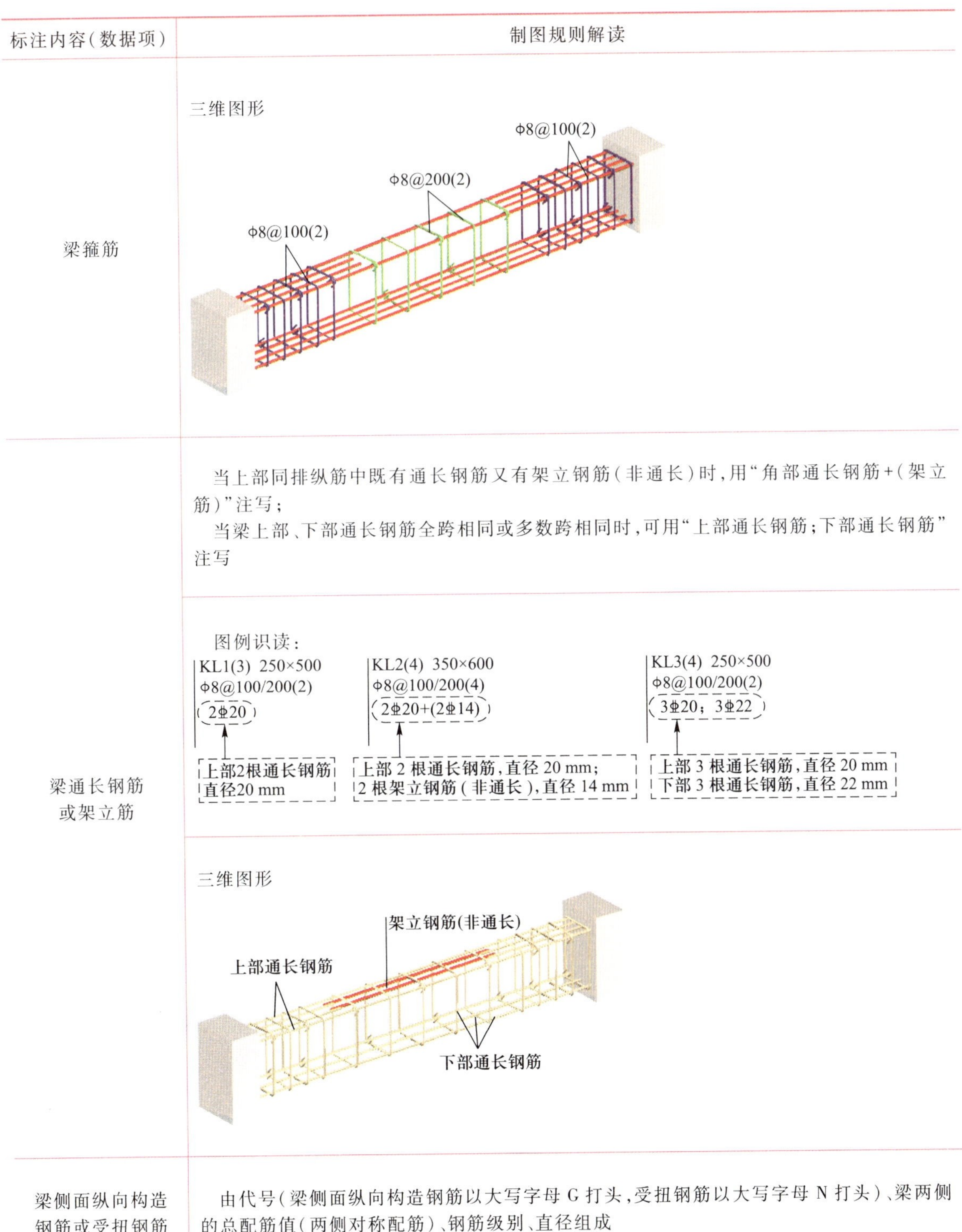

标注内容(数据项)	制图规则解读
梁箍筋	三维图形 Φ8@100(2) Φ8@200(2) Φ8@100(2)
梁通长钢筋或架立筋	当上部同排纵筋中既有通长钢筋又有架立钢筋(非通长)时,用"角部通长钢筋+(架立筋)"注写; 当梁上部、下部通长钢筋全跨相同或多数跨相同时,可用"上部通长钢筋;下部通长钢筋"注写
	图例识读: KL1(3) 250×500 Φ8@100/200(2) (2Φ20) 上部2根通长钢筋直径20 mm KL2(4) 350×600 Φ8@100/200(4) (2Φ20+(2Φ14)) 上部2根通长钢筋,直径20 mm; 2根架立钢筋(非通长),直径14 mm KL3(4) 250×500 Φ8@100/200(2) (3Φ20;3Φ22) 上部3根通长钢筋,直径20 mm 下部3根通长钢筋,直径22 mm
	三维图形 架立钢筋(非通长) 上部通长钢筋 下部通长钢筋
梁侧面纵向构造钢筋或受扭钢筋	由代号(梁侧面纵向构造钢筋以大写字母G打头,受扭钢筋以大写字母N打头)、梁两侧的总配筋值(两侧对称配筋)、钢筋级别、直径组成

续表

标注内容(数据项)	制图规则解读
梁侧面纵向构造钢筋或受扭钢筋	图例识读： 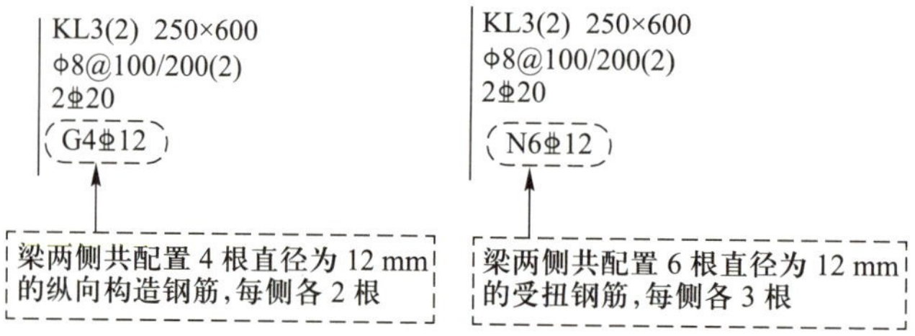 KL3(2) 250×600 Φ8@100/200(2) 2⌀20 (G4⌀12) 梁两侧共配置 4 根直径为 12 mm 的纵向构造钢筋，每侧各 2 根 KL3(2) 250×600 Φ8@100/200(2) 2⌀20 (N6⌀12) 梁两侧共配置 6 根直径为 12 mm 的受扭钢筋，每侧各 3 根 三维图形 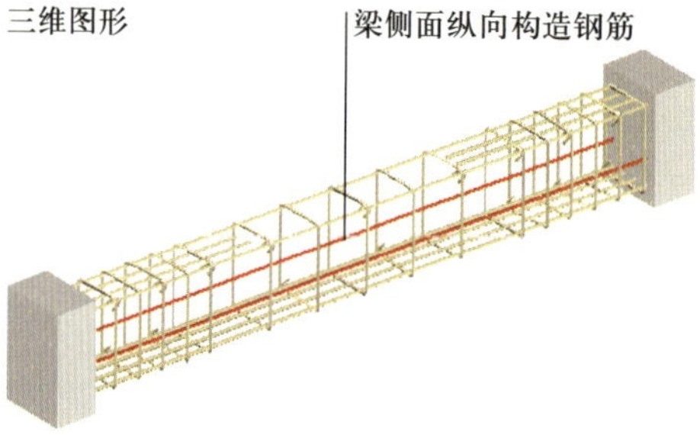 梁侧面纵向构造钢筋
梁顶面标高高差(选注项)	梁顶面相对于结构层楼面标高的高差值，有高差时需将其写入括号内，无高差时不注写 图例识读： 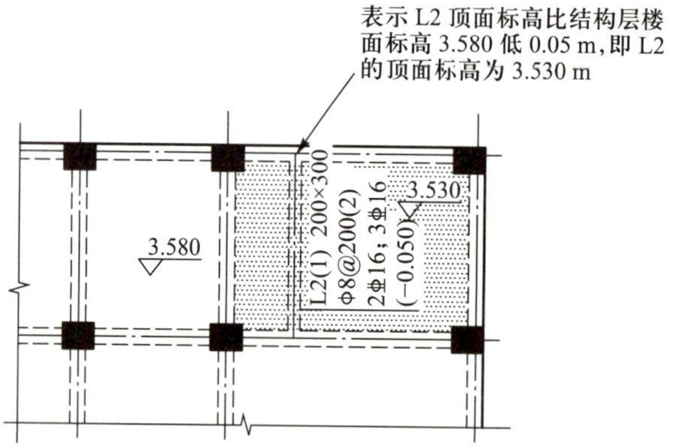 表示 L2 顶面标高比结构层楼面标高 3.580 低 0.05 m，即 L2 的顶面标高为 3.530 m 3.580 L2(1) 200×300 Φ8@200(2) 2⌀16；3⌀16 (−0.050) 3.530 三维图形 

例 4-1：结施-08 KL207

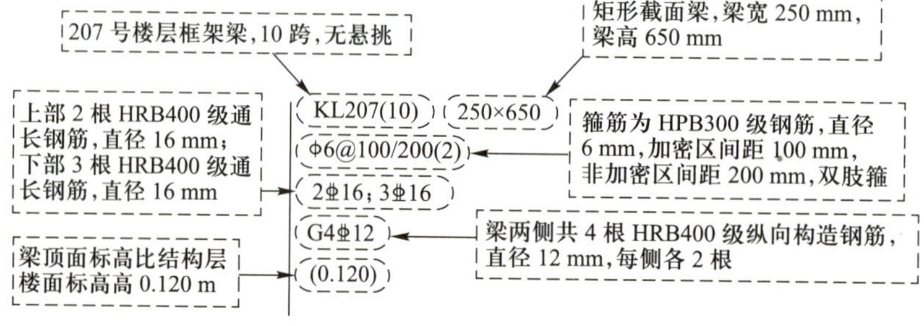

2. 梁的原位标注

梁的原位标注包括梁支座上部纵筋、梁下部纵筋、附加箍筋或吊筋以及梁集中标注内容不适用于某跨时的原位标注，如图 4-17 所示。KL2 的三维配筋模型如图 4-18 所示。

梁的原位标注

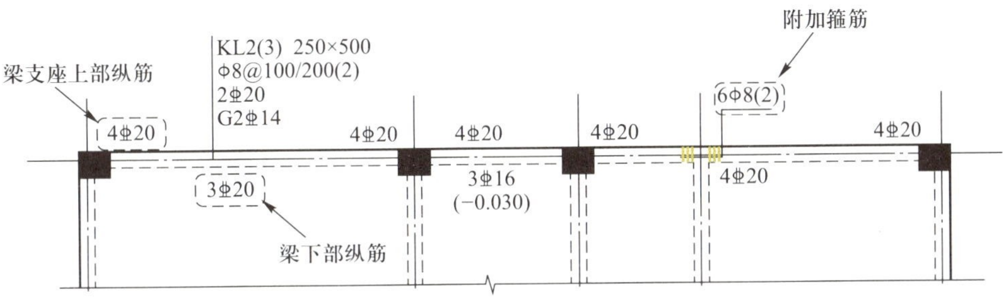

图 4-17　梁的原位标注

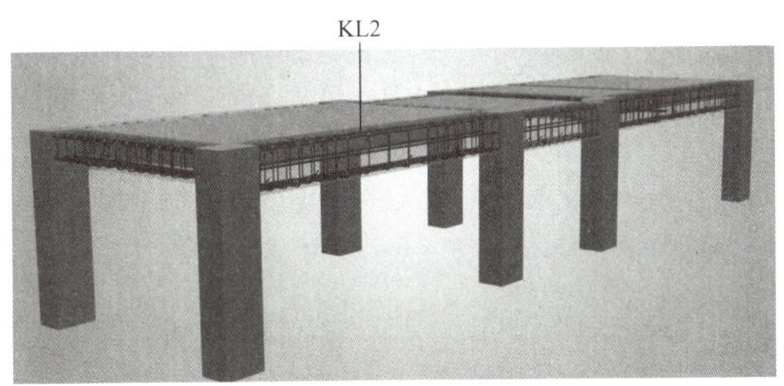

图 4-18　KL2 的三维配筋模型

（1）梁支座上部纵筋

梁支座上部纵筋是指该位置的所有上部纵筋，包括该位置集中标注的上部通长钢筋，如图 4-19 和图 4-20 所示。

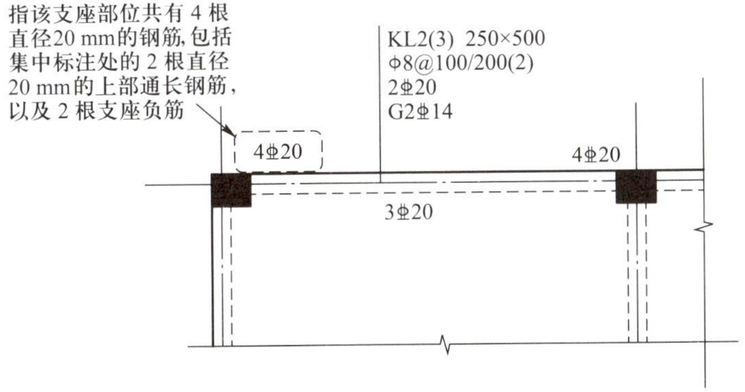

图 4-19　梁支座上部纵筋

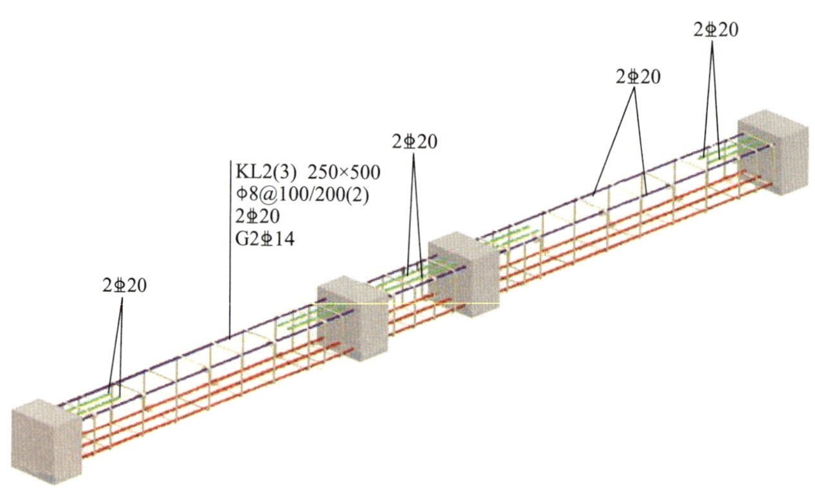

图 4-20 梁支座上部纵筋三维模型

当支座上部纵筋多于一排时，用“/”将纵筋自上而下分开；当同一排纵筋采用两种直径的钢筋时，用“+”将两种直径的钢筋相连且将放在角部的钢筋写在加号的前面。

梁中间支座两边的上部纵筋配筋相同时，仅在支座的一边注写配筋值，另一边省去不注；当支座两边的上部纵筋配筋不同时，须在支座两边分别注写。

梁支座上部纵筋识读举例见表 4-4。

表 4-4 梁支座上部纵筋识读举例

图例	识读
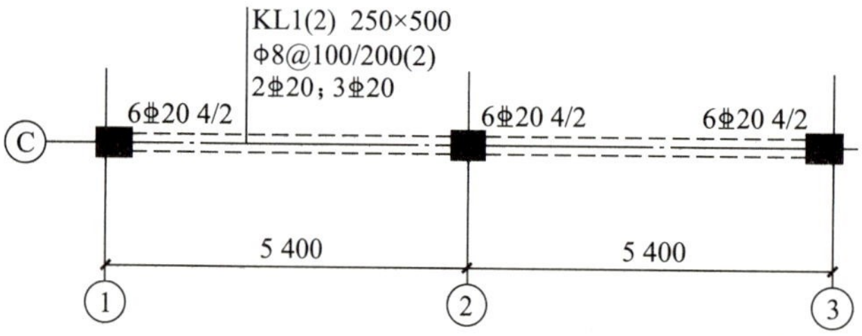 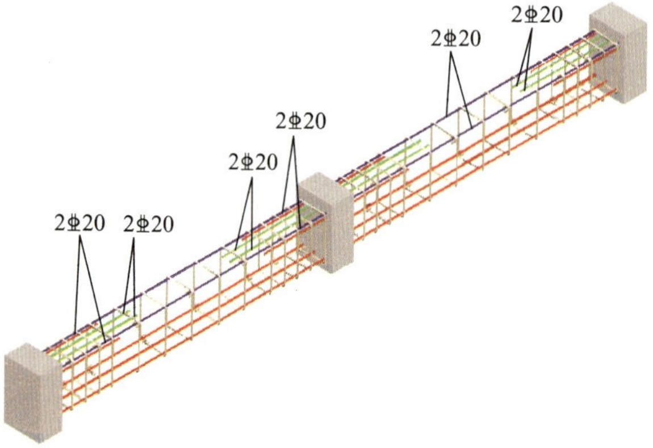 KL1(2) 250×500 Φ8@100/200(2) 2Φ20；3Φ20 6Φ20 4/2　6Φ20 4/2　6Φ20 4/2 C 5 400　5 400 1　2　3 2Φ20　2Φ20　2Φ20　2Φ20　2Φ20　2Φ20	（1）①轴支座上部纵筋分为上下两排，上排 4 根直径 20 mm 的钢筋（包括集中标注中的 2 根直径 20 mm 的通长钢筋，以及 2 根直径 20 mm 的支座负筋）；下排 2 根直径 20 mm 的支座负筋。②轴、③轴支座上部纵筋配置与①轴相同。 （2）②轴支座两边配筋相同，只在一侧标注

续表

图例	识读
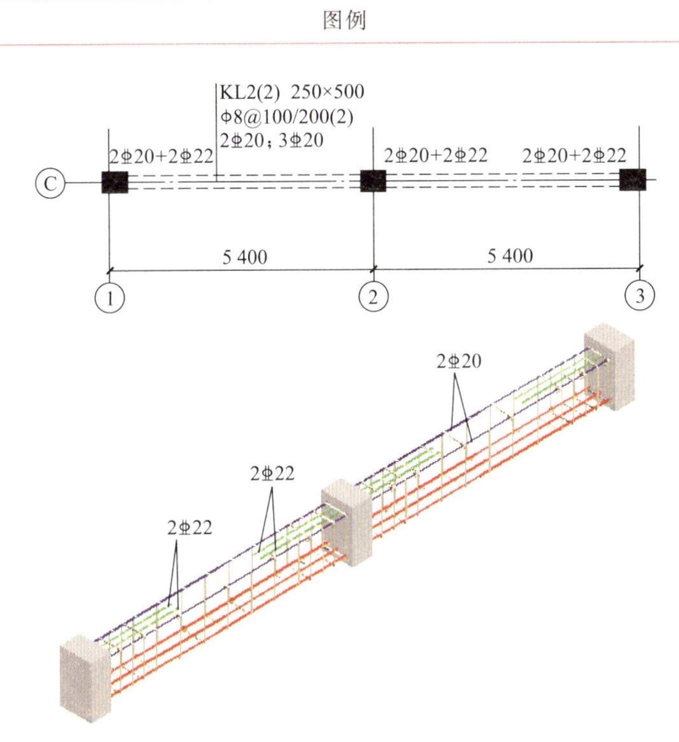	（1）①轴支座上部纵筋为一排，由 2 根直径 20 mm 和 2 根直径 22 mm 的钢筋组成，用“+”相连，其中 2 根直径 20 mm 的钢筋是集中标注中的通长钢筋，放在角部，2 根直径 22 mm 的钢筋是支座负筋。②轴、③轴上部纵筋配置与①轴相同。 （2）②轴支座两边配筋相同，只在一侧标注
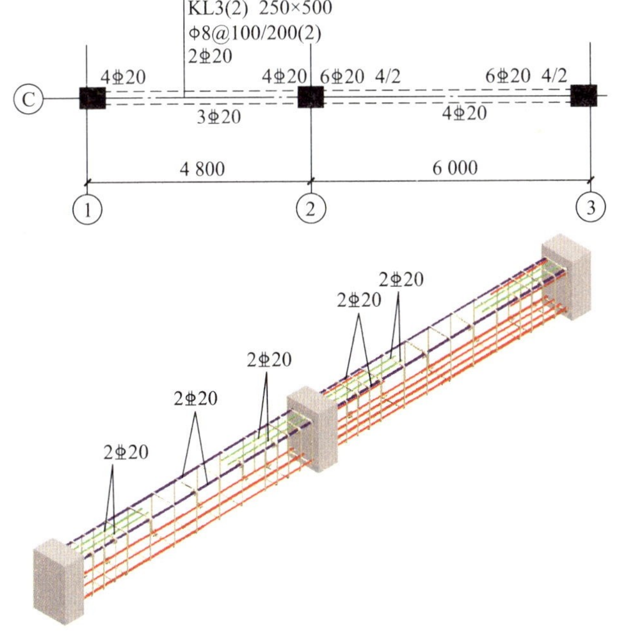	（1）②轴支座两边配筋不同，分别标注。 （2）②轴左侧为 4 根直径 20 mm 的钢筋；右侧为 6 根直径 20 mm 的钢筋，分上下两排

续表

图例	识读
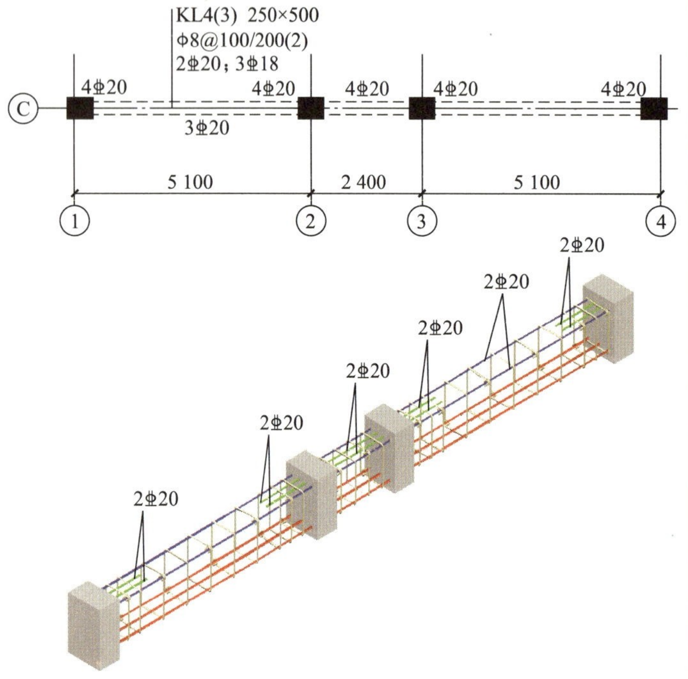 KL4(3) 250×500 Φ8@100/200(2) 2Φ20；3Φ18 4Φ20 4Φ20 4Φ20 4Φ20 4Φ20 3Φ20 5 100 2 400 5 100 ① ② ③ ④ Ⓒ 2Φ20	②～③轴中间的 4 Φ 20 表示在②～③轴上部 4 根直径 20 mm 的钢筋拉通

（2）梁下部纵筋（图 4-21）

梁下部纵筋多于一排时，用“/”将纵筋自上而下分开；当同一排纵筋采用两种直径的钢筋时，用“+”将两种直径的钢筋相连且将放在角部的钢筋写在加号的前面。

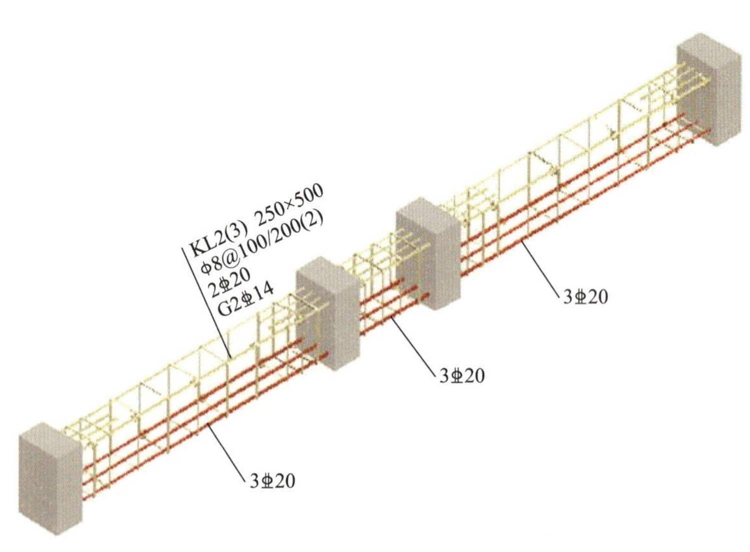

图 4-21　梁下部纵筋三维模型

当梁下部纵筋不是全部伸入支座时，将梁下部不伸入支座的钢筋数量写在括号内。

梁下部纵筋识读举例见表 4-5。

表 4-5　梁下部纵筋识读举例

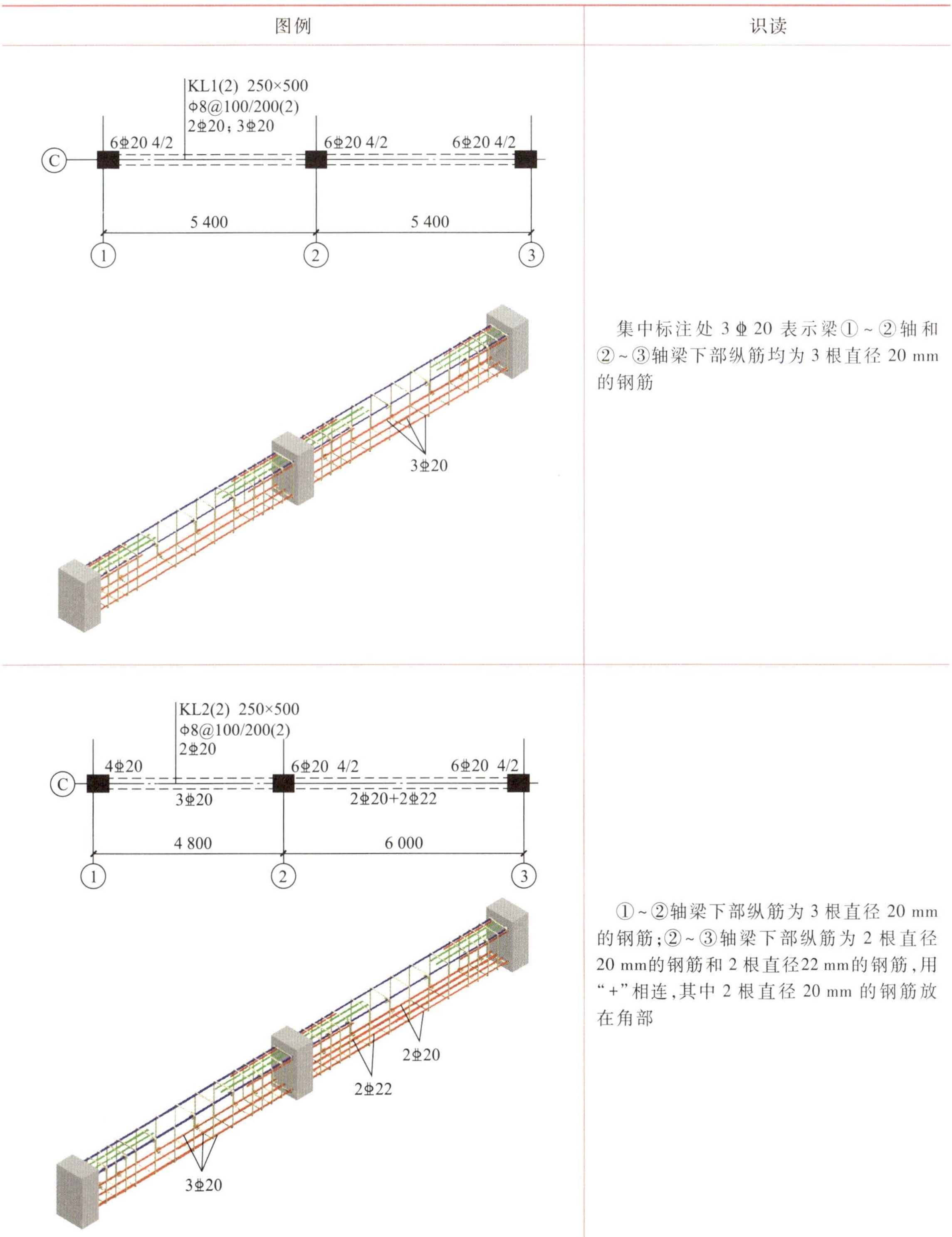

图例	识读
	集中标注处 3 Φ 20 表示梁①～②轴和②～③轴梁下部纵筋均为 3 根直径 20 mm 的钢筋
	①～②轴梁下部纵筋为 3 根直径 20 mm 的钢筋；②～③轴梁下部纵筋为 2 根直径 20 mm的钢筋和 2 根直径22 mm的钢筋，用“+”相连，其中 2 根直径 20 mm 的钢筋放在角部

续表

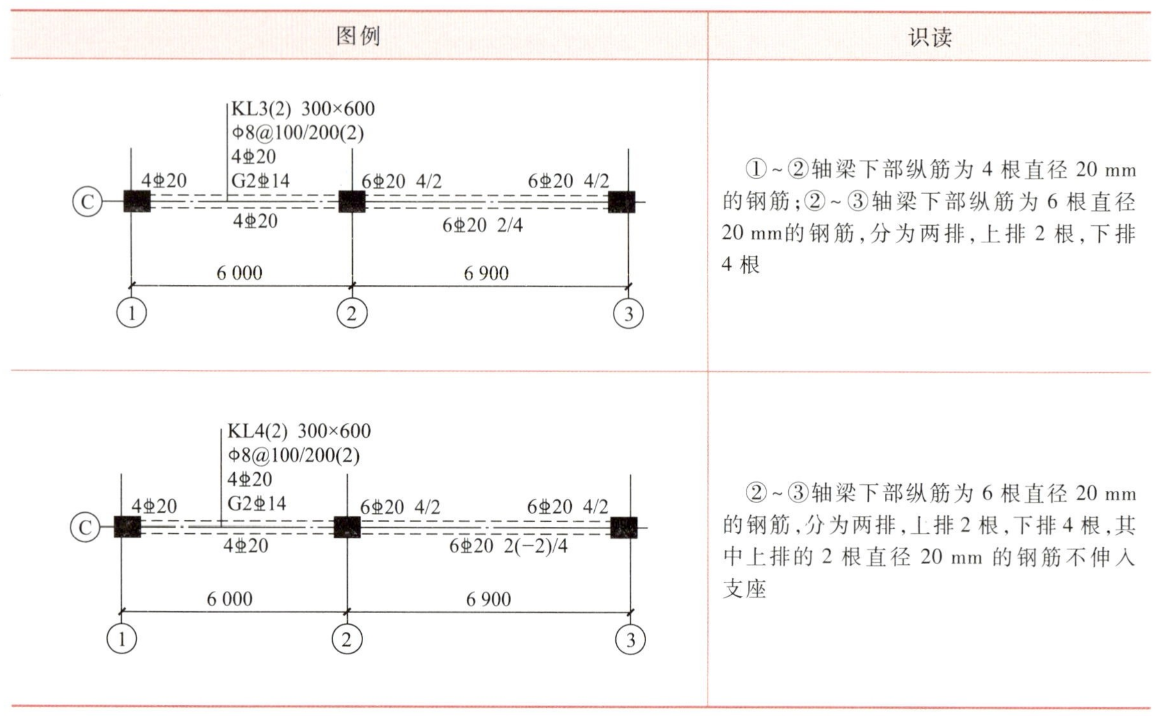

图例	识读
KL3(2) 300×600 Φ8@100/200(2) 4Φ20 G2Φ14 4Φ20　6Φ20 4/2　6Φ20 4/2 4Φ20　6Φ20 2/4 6 000　6 900 C　1　2　3	①~②轴梁下部纵筋为 4 根直径 20 mm 的钢筋；②~③轴梁下部纵筋为 6 根直径 20 mm的钢筋，分为两排，上排 2 根，下排 4 根
KL4(2) 300×600 Φ8@100/200(2) 4Φ20 G2Φ14 4Φ20　6Φ20 4/2　6Φ20 4/2 4Φ20　6Φ20 2(−2)/4 6 000　6 900 C　1　2　3	②~③轴梁下部纵筋为 6 根直径 20 mm 的钢筋，分为两排，上排 2 根，下排 4 根，其中上排的 2 根直径 20 mm 的钢筋不伸入支座

(3) 附加箍筋或吊筋

主次梁相交处，次梁支承在主梁上，应在主梁上配置附加箍筋或吊筋。附加箍筋和吊筋直接在梁平面图上引注，且注写总配筋值。当多数附加箍筋或吊筋相同时，可在梁平法施工图上统一注明，少数与统一注明值不同时，再原位标注。

附加箍筋及吊筋识读举例如图 4-22 所示，附加箍筋三维模型如图 4-23 所示。

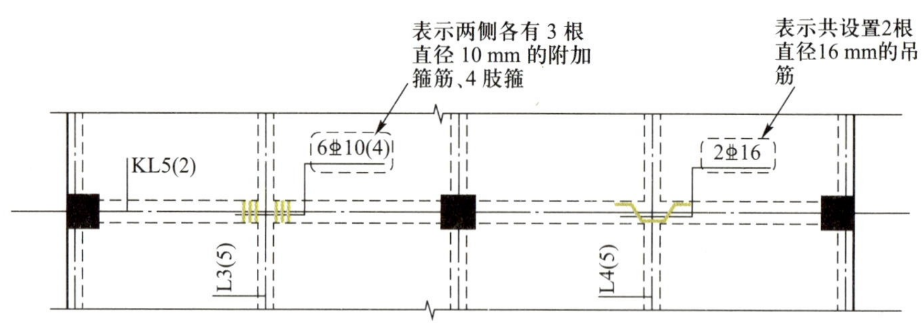

图 4-22 附加箍筋及吊筋识读举例

(4) 梁综合原位标注

当梁集中标注中的内容（包括梁截面尺寸、梁箍筋、梁通长钢筋或架立钢筋、梁侧面纵向构造钢筋或受扭钢筋以及梁顶面标高高差中的一项或几项数值）不适用于该梁的某跨或悬挑部位时，将其修正的内容原位标注在该跨或悬挑部位。

梁综合原位标注识读举例如图 4-24 所示。

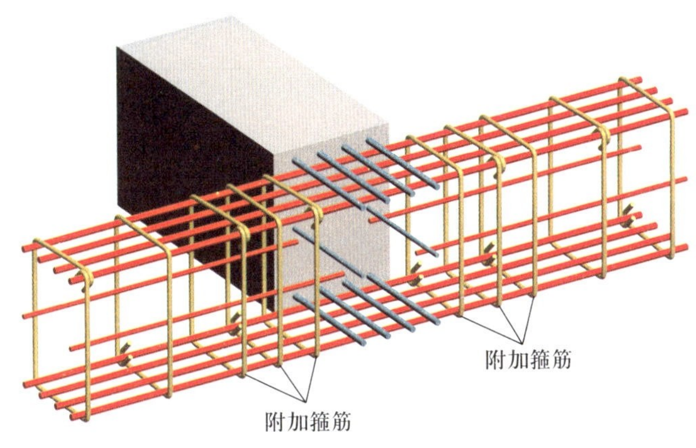

图 4-23　附加箍筋三维模型

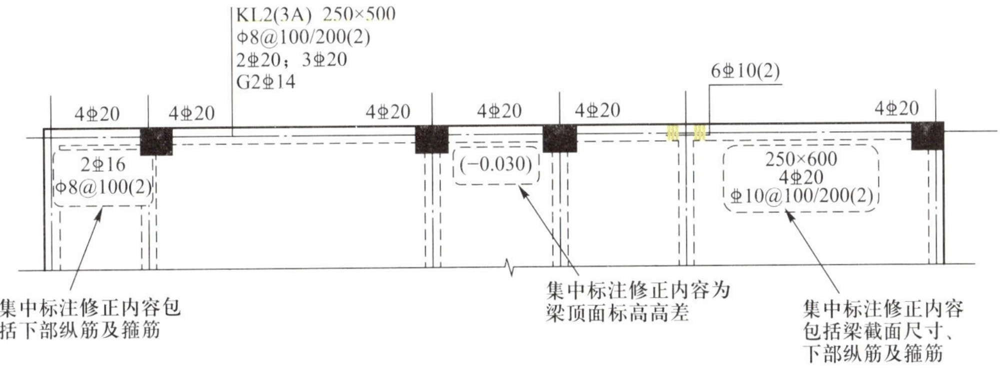

图 4-24　梁综合原位标注识读举例

一、楼层梁平法施工图识读

1. 楼层梁平法施工图

以结施-08 8.070~11.670 梁平法施工图(图 4-25)为例介绍。

楼层梁平法施工图识读

2. 楼层梁平法施工图识读

梁平法施工图的主要内容有五方面：

(1) 图号、图名和比例。

(2) 结构层楼面标高、结构层高与层号。

(3) 定位轴线及其编号、间距尺寸。

(4) 梁平法标注：梁的编号、截面尺寸、配筋和梁顶面标高高差。

(5) 必要的设计详图和说明。

图纸识读要按一定的方法和步骤对这五方面的内容逐一识读，楼层梁平法施工图识读见表 4-6。

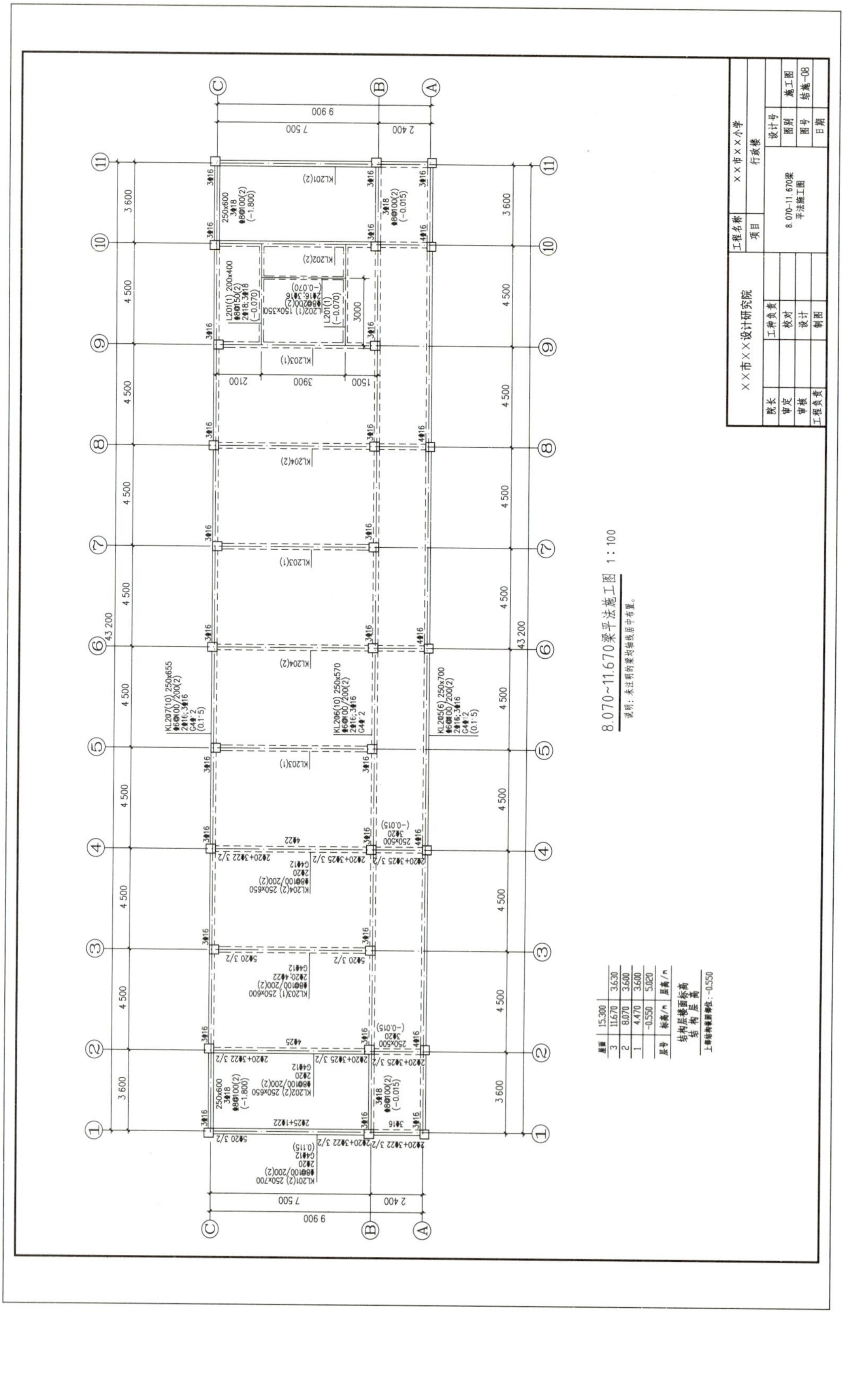

8.070~11.670梁平法施工图 1:100

说明：未注明的梁均轴线居中布置。

屋面	15.300	
3	11.670	3.630
2	8.070	3.600
1	4.470	3.600
	-0.550	5.020
层号	标高/m	层高/m

结构层楼面标高
结构层高

上部结构嵌固部位：-0.550

图4-25 结施-08 8.070~11.670梁平法施工图

表 4-6　楼层梁平法施工图识读

<table>
<tr><th>识读步骤</th><th>主要内容识读</th><th>说明</th></tr>
<tr><td>标题栏</td><td>图号:结施-08
图名:8.070~11.670 梁平法施工图
比例:1∶100</td><td>因施工图大比例缩小后收入本书,故无法真实反映实际尺寸比例关系</td></tr>
<tr><td>结构层楼面标高、结构层高</td><td> 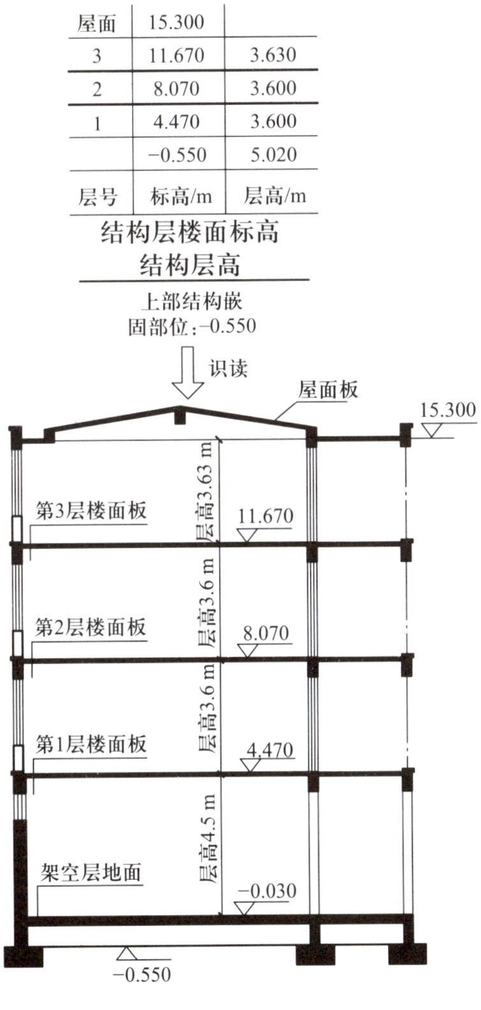
<table>
<tr><td>屋面</td><td>15.300</td><td></td></tr>
<tr><td>3</td><td>11.670</td><td>3.630</td></tr>
<tr><td>2</td><td>8.070</td><td>3.600</td></tr>
<tr><td>1</td><td>4.470</td><td>3.600</td></tr>
<tr><td></td><td>−0.550</td><td>5.020</td></tr>
<tr><td>层号</td><td>标高/m</td><td>层高/m</td></tr>
</table>
结构层楼面标高
结构层高
上部结构嵌
固部位:−0.550
识读
屋面板
15.300
层高3.63 m
第3层楼面板
11.670
层高3.6 m
第2层楼面板
8.070
层高3.6 m
第1层楼面板
4.470
层高4.5 m
架空层地面
−0.030
−0.550</td><td>结构层楼面标高是指楼面现浇板顶面标高。

结构层高是指相邻结构层现浇板顶面标高之差。需要说明的是,表中架空层 5.020 m 为架空层的层高+基础顶面到架空层地面高度。

基础顶面标高为−0.550 m</td></tr>
<tr><td>定位轴线及其编号、间距尺寸</td><td>水平定位轴线:①~⑪,楼梯间轴线间距为 3.6 m,其余轴线间距为4.5 m,水平方向轴线总间距为 43.2 m。
竖向定位轴线:Ⓐ~Ⓒ,Ⓐ与Ⓑ轴线间距为 2.4 m,Ⓑ与Ⓒ轴线间距为7.5 m,竖向轴线总间距为 9.9 m</td><td>从左往右为水平定位轴线,用数字 1、2、3…表示;从下往上为竖向定位轴线,用英文字母 A、B、C…表示</td></tr>
</table>

续表

识读步骤	主要内容识读	说明
梁平法标注	（1）KL201 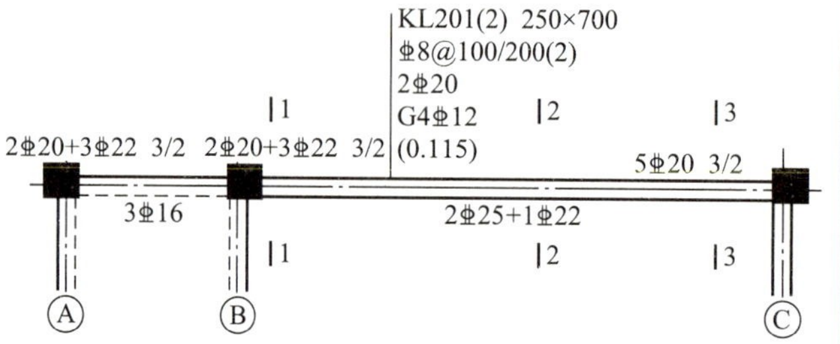 KL201(2) 250×700 Φ8@100/200(2) 2Φ20 G4Φ12 (0.115) 2Φ20+3Φ22 3/2　2Φ20+3Φ22 3/2　5Φ20 3/2 3Φ16　2Φ25+1Φ22 1　2　3 Ⓐ　Ⓑ　Ⓒ ① 集中标注 该梁为楼面框架梁，编号为 201，有两跨，两端无悬挑，梁宽为 250 mm，梁高为 700 mm；内配直径为 8 mm 的双肢箍筋，箍筋间距在梁两端加密区为 100 mm，非加密区为 200 mm；梁上部为 2 根直径20 mm的通长钢筋；梁两侧为 4 根直径 12 mm 的纵向构造钢筋，每侧各 2 根；梁顶面标高为8.185 m及 11.785 m。 ② 原位标注 梁支座上部纵筋：Ⓐ轴支座共配 5 根钢筋，分两排，上排 3 根，其中角部 2 根直径 20 mm 的钢筋为集中标注所指通长钢筋，另外 1 根直径 22 mm 的钢筋为支座负筋；下排 2 根直径 22 mm 的钢筋为支座负筋；Ⓑ轴中间支座左右两侧配筋相同，配筋情况与Ⓐ轴支座相同；Ⓒ轴支座共配 5 根钢筋，分两排，上排 3 根，其中角部 2 根直径 20 mm 的钢筋为集中标注所指通长钢筋，另外 1 根直径 20 mm 的钢筋为支座负筋；下排 2 根直径20 mm 的钢筋为支座负筋。 梁下部纵筋：Ⓐ～Ⓑ轴梁下部为 3 根直径 16 mm 的钢筋；Ⓑ～Ⓒ轴梁下部为 2 根直径 25 mm 和 1 根直径 22 mm 的钢筋，其中 2 根直径 25 mm 的钢筋放在角部。 （2）KL201 断面图见说明。 （3）其余梁识读方法同上（略）	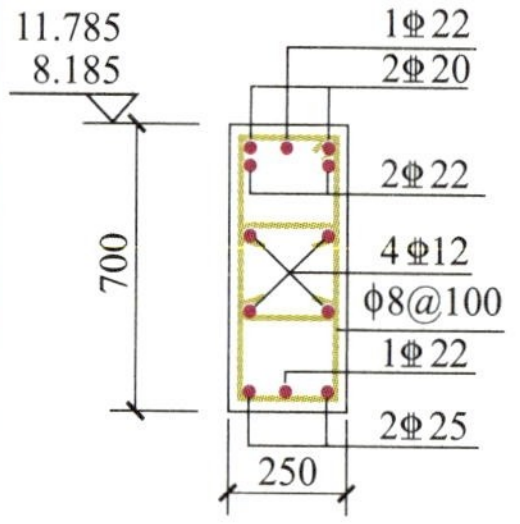 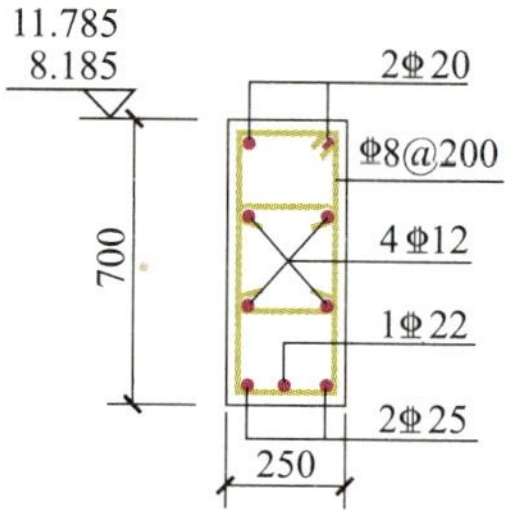 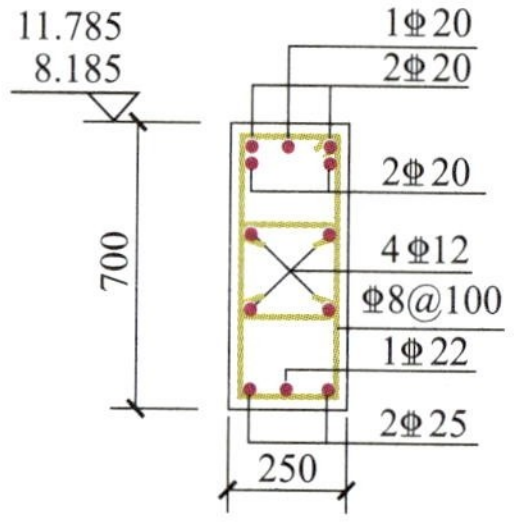 11.785 8.185 1Φ22 2Φ20 2Φ22 4Φ12 Φ8@100 1Φ22 2Φ25 700 250 1—1 11.785 8.185 2Φ20 Φ8@200 4Φ12 1Φ22 2Φ25 700 250 2—2 11.785 8.185 1Φ20 2Φ20 2Φ20 4Φ12 Φ8@100 1Φ22 2Φ25 700 250 3—3

二、屋面梁平法施工图识读

1. 屋面梁平法施工图

以结施-09 15.300 梁平法施工图（图 4-26）为例介绍。

2. 屋面梁平法施工图识读

该屋面为坡度 20% 的现浇钢筋混凝土梁板结构屋面，部分梁为折梁，详见图 4-26 中的示意。屋面梁平法施工图的识读方法和步骤同楼层梁平法施工图，屋面梁平法施工图标注内容识读（请同学们自主完成识读并填空）见表 4-7。

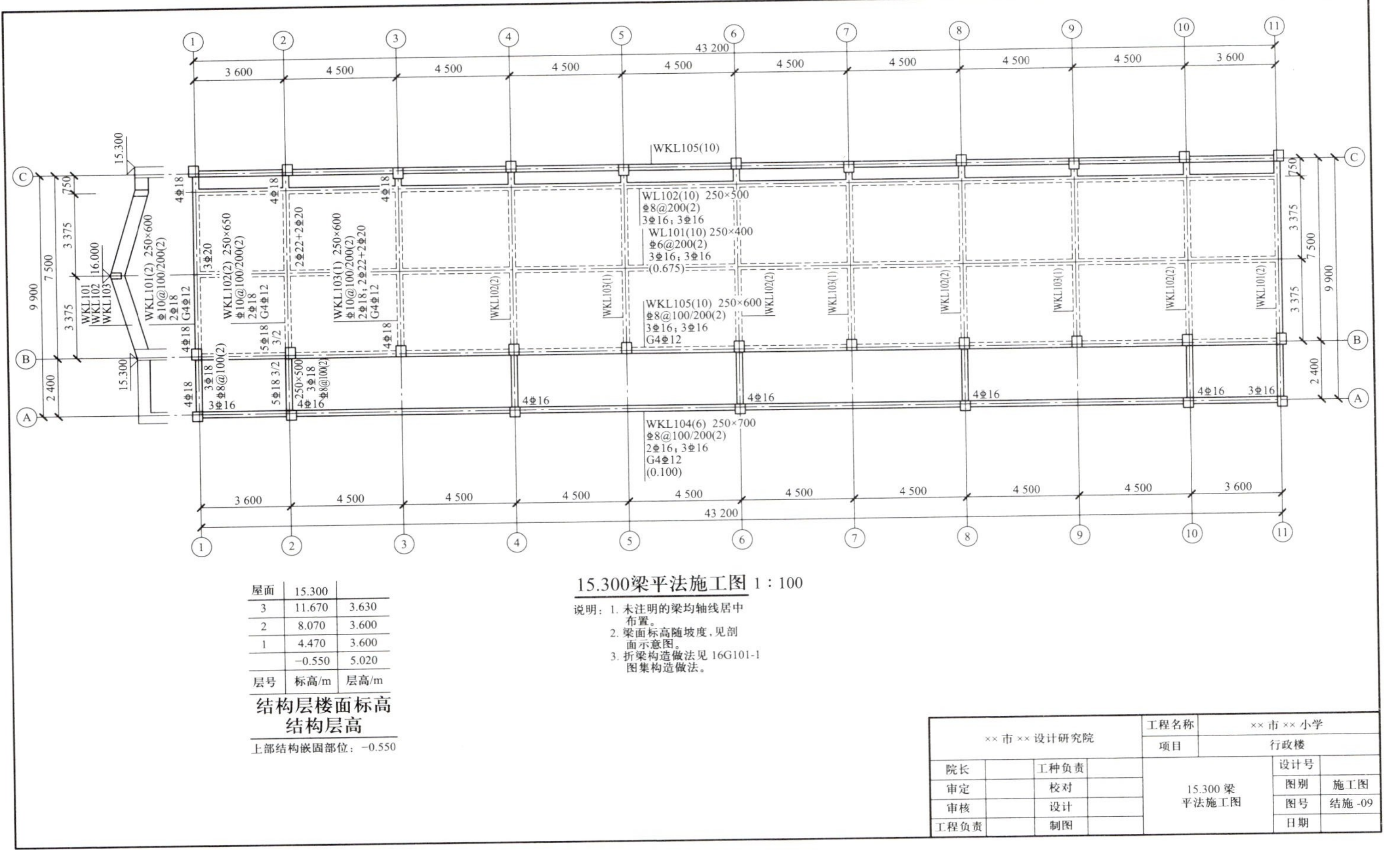

图4-26　结施-09 15.300梁平法施工图

表 4-7 屋面梁平法施工图标注内容识读

识读步骤	主要内容识读	说明
梁平面标注	（1）WKL103 WKL103(1) 250×600 Φ10@100/200(2) 2Φ18；2Φ22+2Φ20 G4Φ12 4Φ18　4Φ18 识读 集中标注：____号______________梁，跨数为____；梁高为________，梁宽为________；箍筋采用________级钢筋，直径为________，加密区间距为________，非加密区间距为________，____肢箍；上部通长钢筋为________，下部通长钢筋为________；梁侧面纵向构造钢筋为________，每侧________根。 原位标注：梁左侧支座共配________，其中________为集中标注所指的通长钢筋，位于角部，另外________为支座负筋；梁右侧支座共配________，其中________为集中标注所指的通长钢筋，位于角部，另外________为支座负筋。 （2）WL101 WL101(10) 250×400 Φ6@200(2) 3Φ16；3Φ16 (0.675) 识读 集中标注：____号______________梁，跨数为____；梁高为________，梁宽为________；箍筋采用____级钢筋，直径为________，间距为________，____肢箍；上部通长钢筋为________，下部通长钢筋为________；梁顶标高比屋面层结构标高高__________	屋面层结构标高为 15.300 m

任务 3　梁标准构造详图的识读

1. 知道梁标准构造详图中的钢筋构造要求。
2. 熟练识读图 4-27 某梁平法施工图(局部)梁中各种钢筋种类和钢筋标准构造详图。

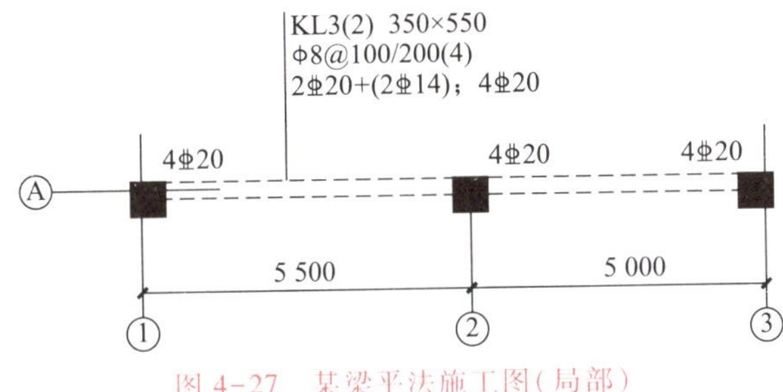

图 4-27　某梁平法施工图(局部)

知识解读

一、梁构件的钢筋种类

框架结构梁构件中的钢筋种类有：

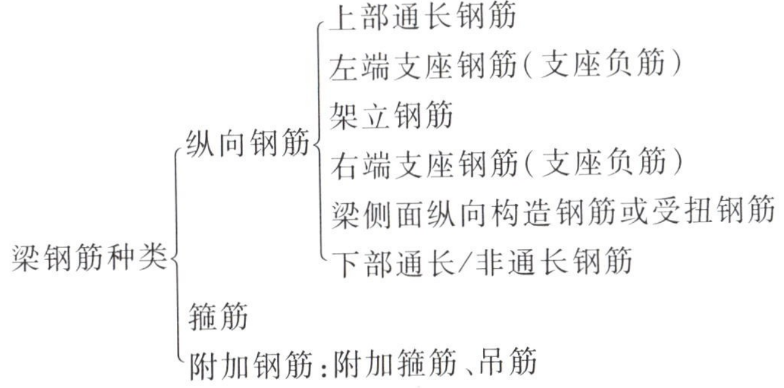

梁钢筋种类
- 纵向钢筋
  - 上部通长钢筋
  - 左端支座钢筋(支座负筋)
  - 架立钢筋
  - 右端支座钢筋(支座负筋)
  - 梁侧面纵向构造钢筋或受扭钢筋
  - 下部通长/非通长钢筋
- 箍筋
- 附加钢筋：附加箍筋、吊筋

梁钢筋种类

框架结构中梁构件中的钢筋骨架如图 4-28 所示。

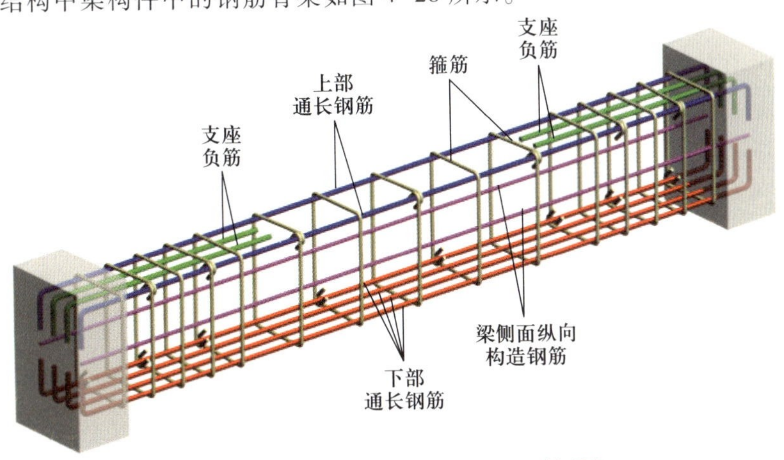

图 4-28　框架结构中梁构件中的钢筋骨架

梁支座负筋的长度规定

二、梁构件的钢筋构造

1. 梁上部钢筋的构造

（1）梁支座负筋的长度

梁支座负筋的长度规定见表 4-8。

表 4-8 梁支座负筋的长度规定

平法表示

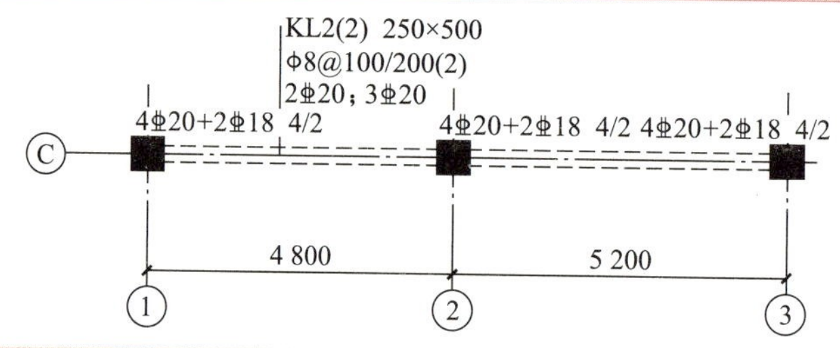

构造详图

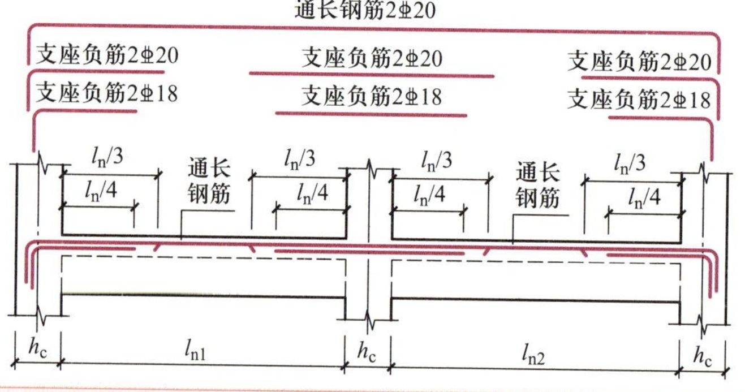

构造要求解读

（1）支座负筋的延伸长度从支座边算起。
（2）第一排支座负筋的延伸长度为净跨的 1/3。
（3）第二排支座负筋的延伸长度为净跨的 1/4。
（4）净跨 l_n：对于端跨，l_n 为本跨净长；对于中间跨，l_n 为相邻两跨净长的较大值

钢筋三维效果图

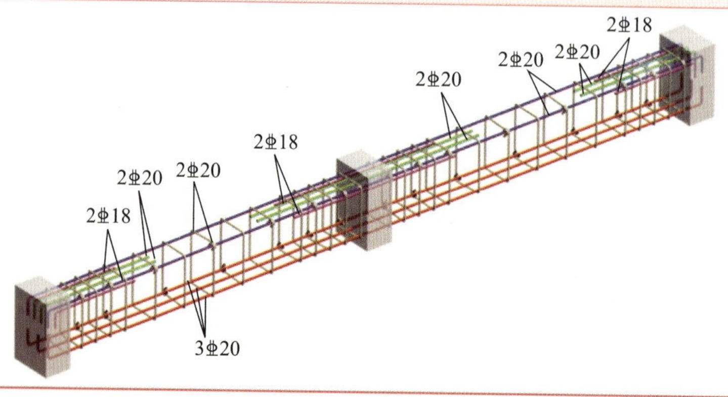

（2）梁上部架立钢筋构造

当梁上部支座负筋和跨中非贯通钢筋连接，且梁上部跨中非贯通钢筋仅用作架立钢筋（在梁平法标注时，在通长钢筋后面加括号表示的梁上部钢筋）时，其连接构造见表 4-9。

表 4-9　梁上部架立钢筋构造要求

平法表示

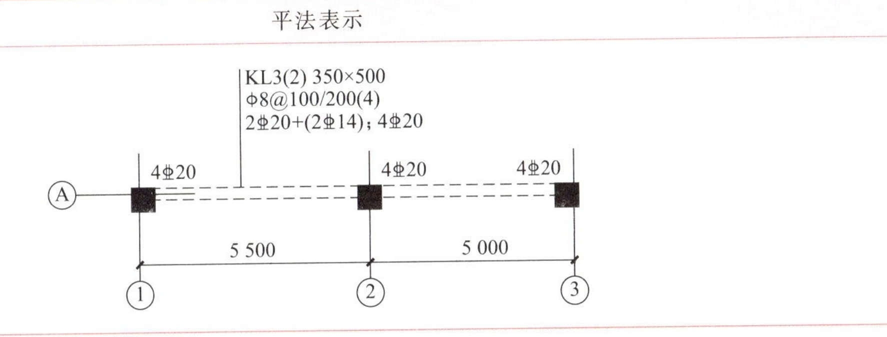

构造详图

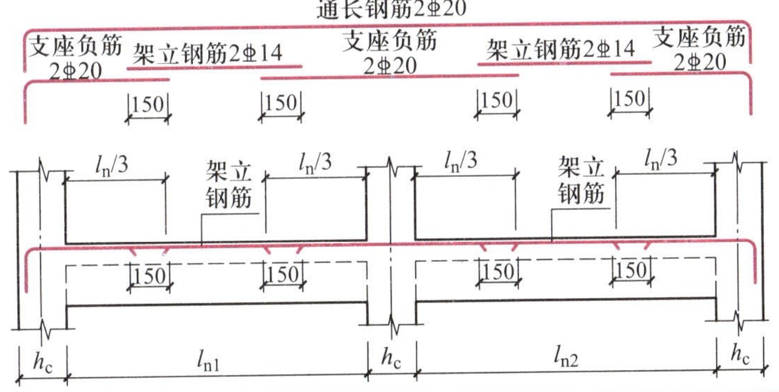

钢筋三维效果图（一跨）

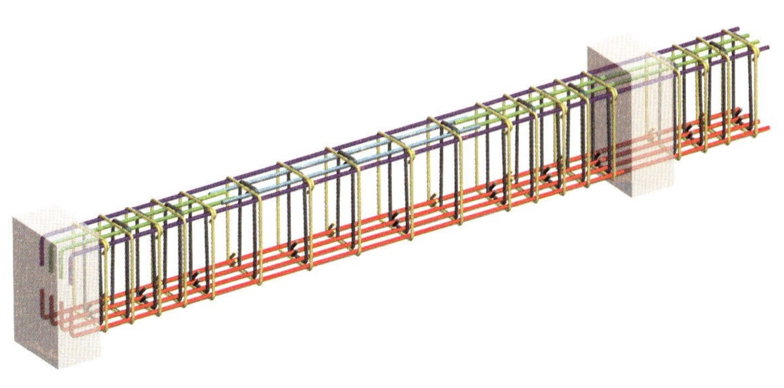

构造要点

架立钢筋与支座负筋的搭接长度为 150 mm

梁端支座钢筋的构造

2. 梁端支座钢筋的构造

梁端支座钢筋的构造主要是指梁端部钢筋锚入柱的节点构造，包括上部通长钢筋、支座负筋以及下部通长钢筋。抗震梁端支座钢筋构造见表 4-10。

表 4-10　抗震梁端支座钢筋构造

类型	钢筋锚固构造图	构造要求解读
端支座弯锚	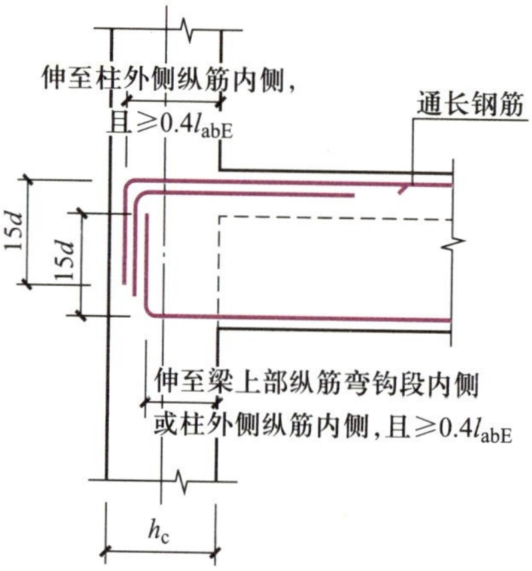 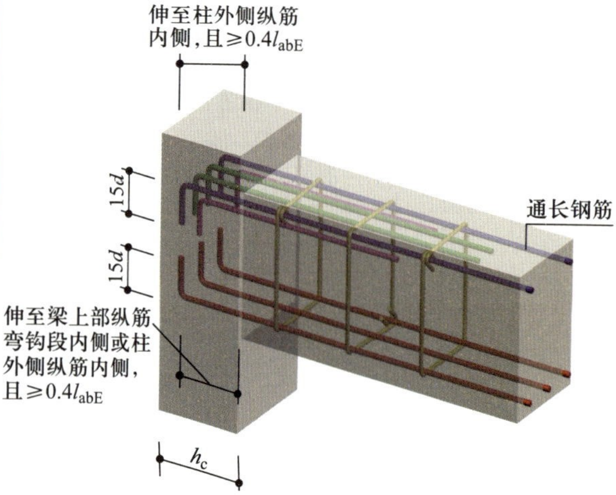 伸至柱外侧纵筋内侧，且 $\geqslant 0.4l_{abE}$ 通长钢筋 $15d$ $15d$ 伸至梁上部纵筋弯钩段内侧或柱外侧纵筋内侧，且 $\geqslant 0.4l_{abE}$ h_c 伸至柱外侧纵筋内侧，且 $\geqslant 0.4l_{abE}$ $15d$ $15d$ 通长钢筋 伸至梁上部纵筋弯钩段内侧或柱外侧纵筋内侧，且 $\geqslant 0.4l_{abE}$ h_c	（1）支座宽度不够直锚时，采用弯锚，上部通长钢筋、支座负筋及下部纵筋均为相同构造。 （2）弯锚钢筋长度 = 平直段长度 (h_c-c) + 弯钩段长度 $(15d)$ h_c 为支座宽度； c 为保护层厚度； d 为钢筋直径； l_{abE} 为抗震基本锚固长度
端支座直锚	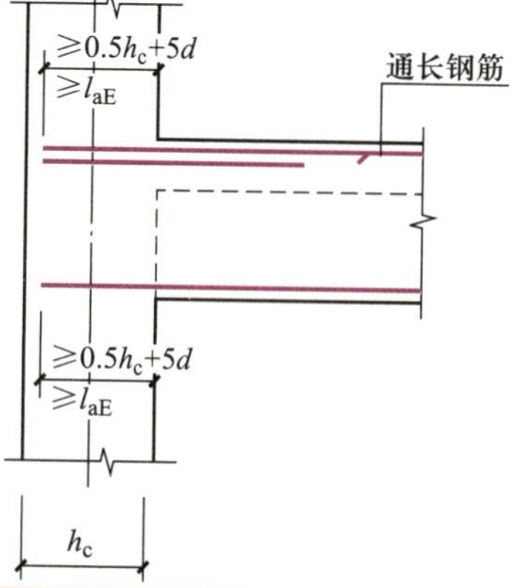 $\geqslant 0.5h_c+5d$ $\geqslant l_{aE}$ 通长钢筋 $\geqslant 0.5h_c+5d$ $\geqslant l_{aE}$ h_c	（1）支座宽度够直锚时，采用直锚，上部通长钢筋、支座负筋及下部纵筋均为相同构造。 （2）直锚钢筋长度 = $\max(l_{aE}, 0.5h_c+5d)$ l_{aE} 为抗震锚固长度； h_c 为支座宽度； d 为钢筋直径

续表

类型	钢筋锚固构造图	构造要求解读
端支座直锚	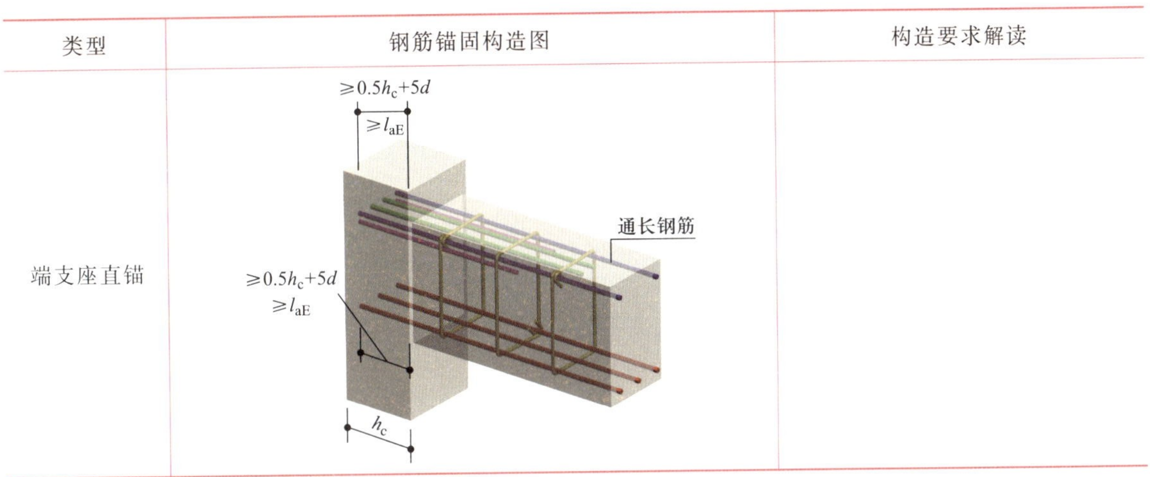	

注：非抗震梁端支座锚固构造中，用 l_{ab}、l_a 代替 l_{abE}、l_{aE} 即可。

3. 梁中间支座钢筋构造

梁中间支座钢筋构造主要是指梁中间节点钢筋的构造，包括支座两边梁截面高度、宽度相同时的构造要求以及支座两边梁截面不同、梁宽度不同时的构造要求，见表 4-11。

表 4-11　梁中间支座钢筋构造

类型	钢筋锚固构造图	构造要求解读
支座两边梁截面高度、宽度相同时	通长钢筋 ≥l_{aE}且≥0.5h_c+5d ≥l_{aE}且≥0.5h_c+5d h_c 通长钢筋 ≥l_{aE}且≥0.5h_c+5d ≥l_{aE}且≥0.5h_c+5d h_c	（1）上部通长钢筋、支座负筋贯通穿过中间支座。 （2）下部纵筋在中间支座的锚固长度满足不小于 max(l_{aE},0.5h_c+5d) l_{aE} 为抗震锚固长度； h_c 为支座宽度； d 为钢筋直径

续表

类型		钢筋锚固构造图	构造要求解读
支座两边梁截面不同时	$\Delta h/(h_c-50)>1/6$	$\geqslant l_{aE}$且$\geqslant 0.5h_c+5d$ $\geqslant 0.4l_{abE}$ (可直锚) Δh $15d$ (可直锚) 下部纵筋锚固构造同上部纵筋 h_c	(1) 梁顶高差 $\Delta h/(h_c-50)>1/6$ 时，上部通长钢筋断开。 高位钢筋锚固：同端节点锚固； 低位钢筋锚固：锚固长度满足不小于 $\max(l_{aE},0.5h_c+5d)$。 (2) 下部纵筋锚固构造同上部纵筋
	$\Delta h/(h_c-50)\leqslant 1/6$	50 Δh Δh 50 h_c	梁顶高差 $\Delta h/(h_c-50)\leqslant 1/6$ 时，上下纵筋斜弯通过，不需要断开
支座两边梁宽度不同时		$15d$ (可直锚) $15d$ (可直锚) $\geqslant 0.4l_{abE}$ h_c	(1) 当支座两边梁宽度不同，或梁错开布置时，将无法直通的纵筋弯锚入柱内； (2) 弯锚构造同端节点锚固

悬挑梁钢筋构造

4. 悬挑梁钢筋构造

悬挑梁钢筋构造包括上部纵筋和下部纵筋的构造，见表 4-12。

表 4-12　悬挑梁钢筋构造

类型	钢筋构造图	构造要求解读
$l<4h_b$ 时	伸至柱外侧纵筋内侧，且 $\geqslant 0.4l_{abE}$ h_b　15d　$\geqslant 12d$　15d　l	（1）悬挑端净长 $l<4h_b$ 时，上部纵筋一端伸至悬挑尽端拐直角弯至梁底且不小于 12d；另一端在柱里的锚固同表 4-10 梁端支座钢筋锚固构造。 （2）下部纵筋一端伸至悬挑尽端，另一端锚入柱内 15d
$l\geqslant 4h_b$ 时	第一排纵筋　第二排纵筋 伸至柱外侧纵筋内侧，且 $\geqslant 0.4l_{abE}$ 至少2根角筋，并不少于第一排纵筋的1/2 h_b　15d　$\geqslant 10d$　$\geqslant 10d$　$\geqslant 12d$　15d　0.75l　l	（1）悬挑端净长 $l\geqslant 4h_b$ 时，上部第一排纵筋至少 2 根角筋且不少于第一排纵筋的 1/2，伸至悬挑尽端拐直角弯至梁底且不小于 12d，其余纵筋 45°下弯，平直段长度不小于 10d，第二排纵筋在离开支座 0.75l 处 45°下弯，平直段长度不小于 10d；另一端在柱里的锚固同表 4-10 梁端支座钢筋锚固构造。 （2）下部纵筋一端伸至悬挑尽端，另一端锚入柱内 15d

5. 梁箍筋加密区范围

梁箍筋加密区范围见表 4-13。

表 4-13　梁箍筋加密区范围

箍筋构造图	构造要求解读
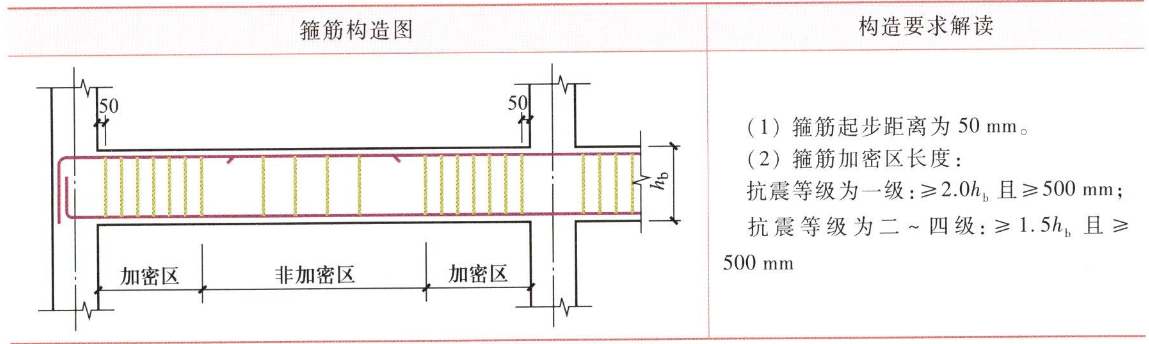	（1）箍筋起步距离为 50 mm。 （2）箍筋加密区长度： 抗震等级为一级：$\geqslant 2.0h_b$ 且 $\geqslant$ 500 mm； 抗震等级为二～四级：$\geqslant 1.5h_b$ 且 $\geqslant$ 500 mm

6. 梁附加钢筋构造

梁附加钢筋包括附加箍筋和吊筋，梁附加钢筋构造见表 4-14。

表 4-14 梁附加钢筋构造

平法表示

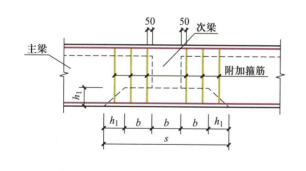

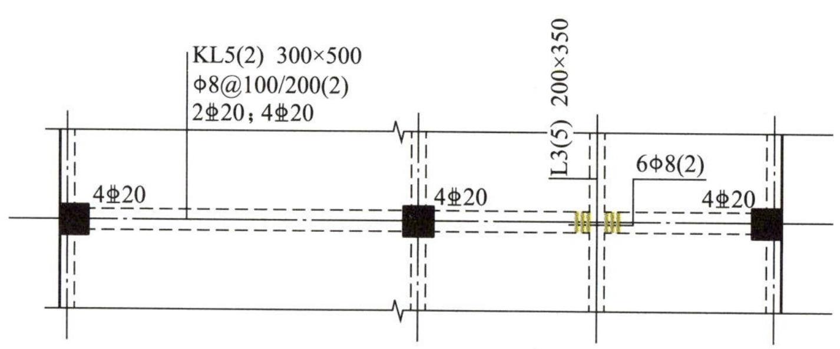

附加箍筋构造图	构造要求解读
50 50 次梁 主梁 附加箍筋 h_1 h_1 b b b h_1 s	（1）附加箍筋是主梁箍筋在正常布置的基础上另外附加的箍筋，在附加箍筋布置范围内的主梁钢筋或加密区箍筋正常设置。 （2）附加箍筋均匀布置在次梁两侧 s 宽度范围内

平法表示

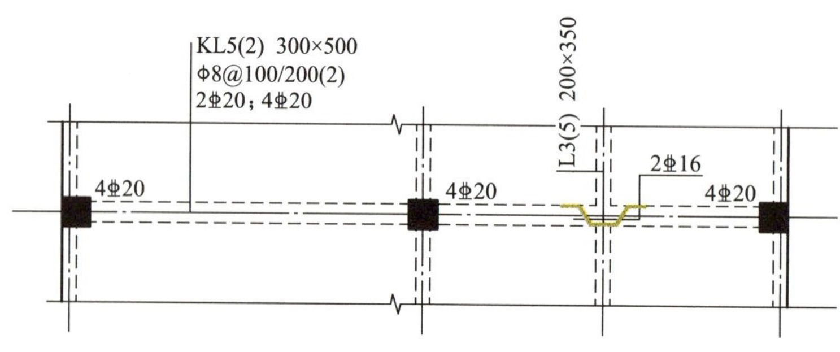

续表

吊筋构造图	构造要求解读
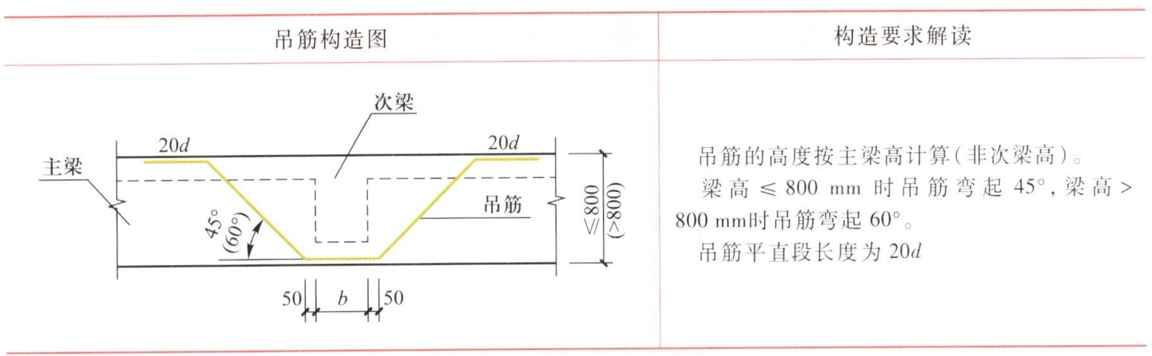	吊筋的高度按主梁高计算(非次梁高)。 梁高 ≤ 800 mm 时吊筋弯起 45°，梁高 > 800 mm时吊筋弯起 60°。 吊筋平直段长度为 20*d*

楼层梁钢筋构造图识读

以结施-07 4.470 梁平法施工图(局部)及梁钢筋构造要求为依据，该局部楼层梁配筋图见表 4-15。

表 4-15　局部楼层梁配筋图

平法施工图
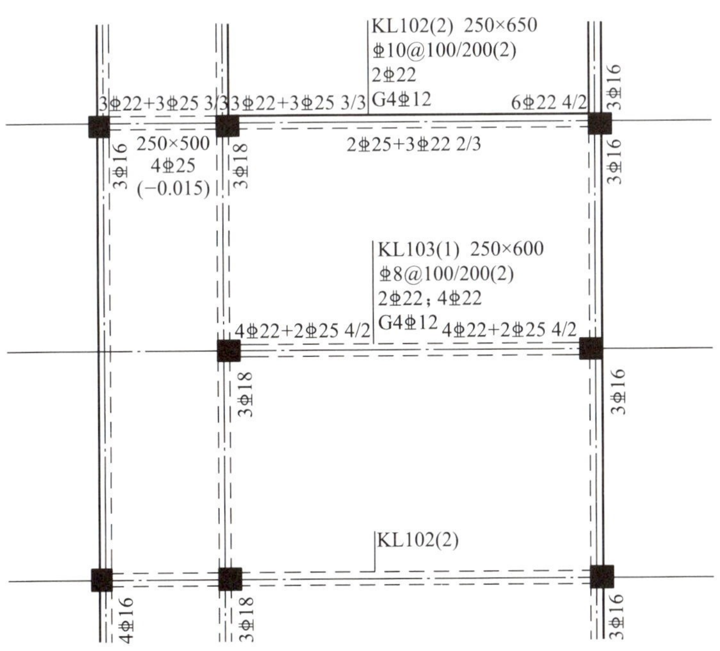

续表

梁纵剖面图
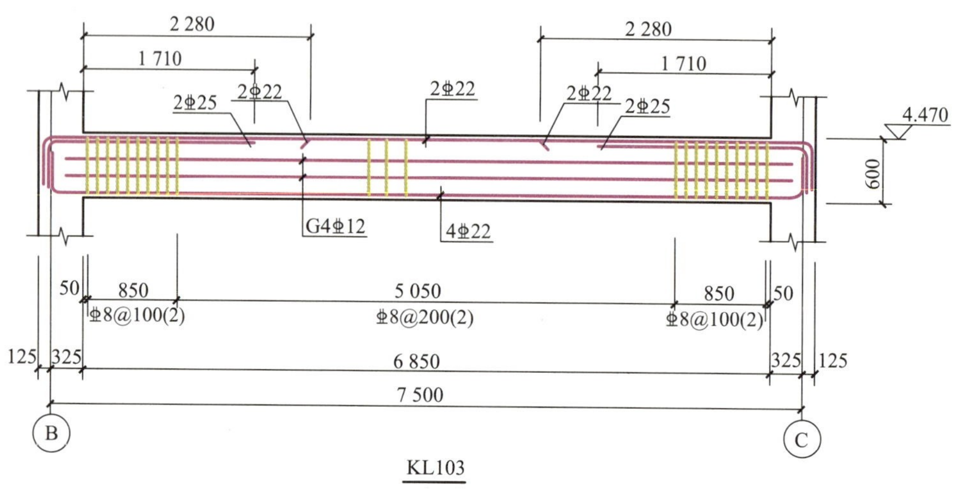
三维效果图
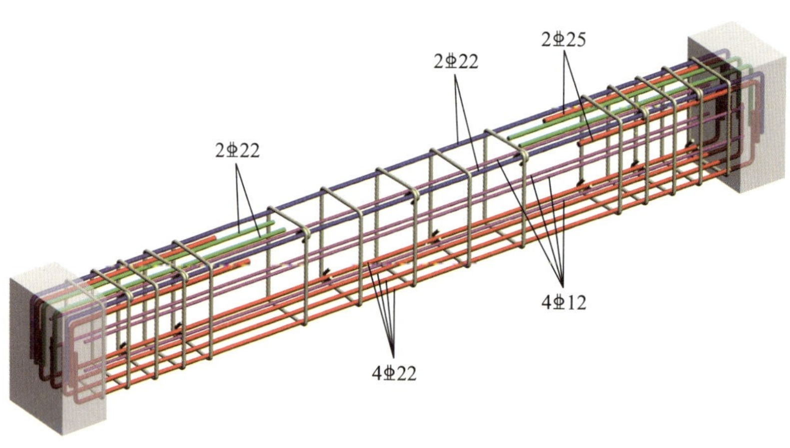

任务 4 梁中钢筋的计算

1. 领悟梁中钢筋计算方法。

2. 熟练画出图 4-29 某梁平法施工图(局部)梁中各钢筋的简图,并计算出钢筋单根长度、根数。

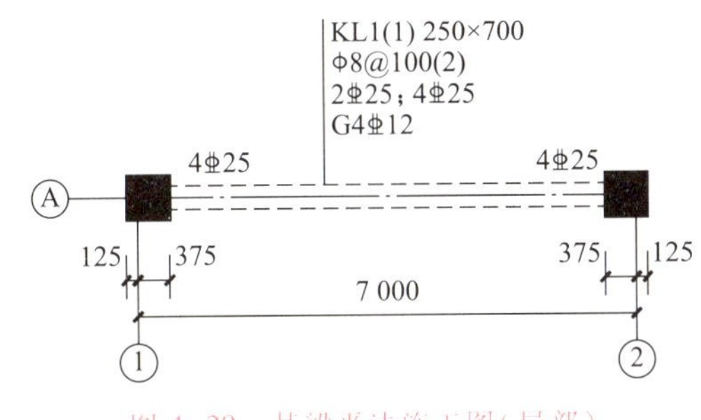

图 4-29　某梁平法施工图(局部)

（1）上部通长钢筋

楼层框架梁上部通长钢筋的计算方法，见表 4-16。

表 4-16　楼层框架梁上部通长钢筋的计算方法

楼层框架梁上部通长钢筋示意图		
计算步骤	计算方法	
第一步	查表得 l_{abE} 或 l_{aE}	
第二步	判断直锚或弯锚	
第三步	计算锚固长度	直锚时为 $\max(l_{aE}, 0.5h_c+5d)$
		弯锚时为 $h_c-c+15d$
第四步	计算上部通长钢筋无搭接总长度 = 通长钢筋净长 + 首尾端锚固长度	
第五步	计算搭接个数和长度	
第六步	计算上部通长钢筋总长度	

（2）端支座负筋

楼层框架梁端支座负筋的计算方法，见表 4-17。

表 4-17　楼层框架梁端支座负筋的计算方法

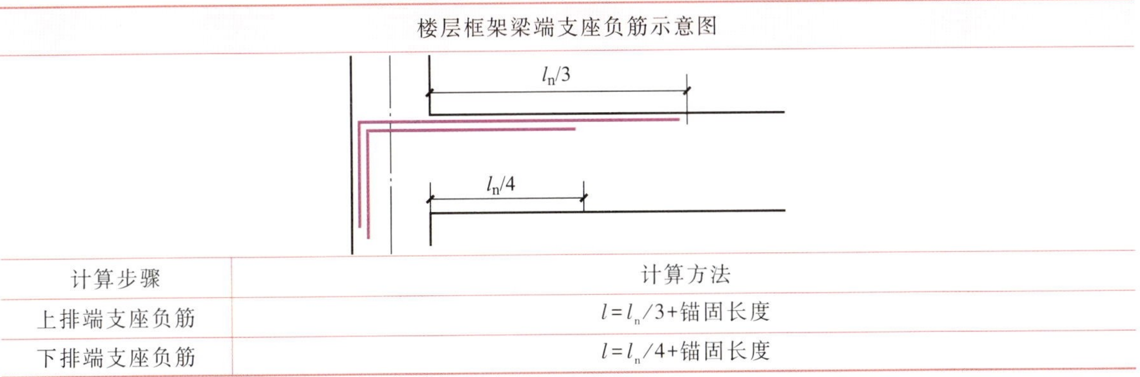

楼层框架梁端支座负筋示意图	
计算步骤	计算方法
上排端支座负筋	$l=l_n/3$+锚固长度
下排端支座负筋	$l=l_n/4$+锚固长度

(3) 中间支座负筋

楼层框架梁中间支座负筋的计算方法,见表 4-18。

表 4-18 楼层框架梁中间支座负筋的计算方法

楼层框架梁中间支座负筋示意图

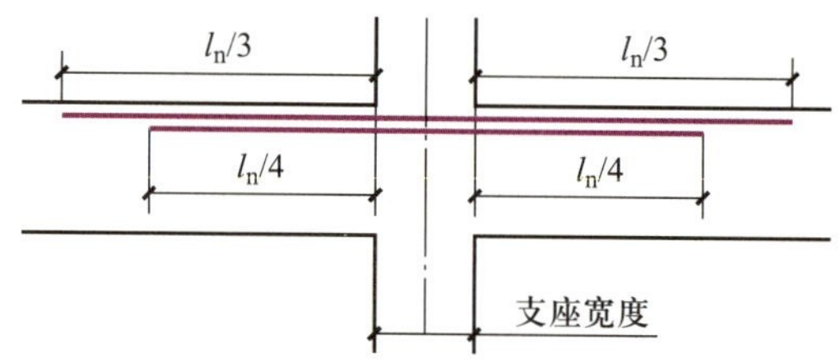

计算步骤	计算方法
第一排中间支座负筋	$l=2\times l_n/3$+支座宽度
第二排中间支座负筋	$l=2\times l_n/4$+支座宽度

对于中间跨,l_n 为相邻两跨净长的较大值,如下图中 l_{n1} 和 l_{n2} 取大值

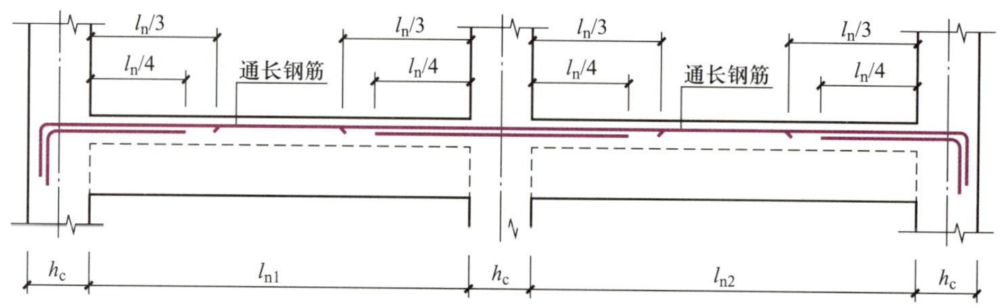

(4) 下部通长钢筋

楼层框架梁下部通长钢筋的计算方法,见表 4-19。

表 4-19 楼层框架梁下部通长钢筋的计算方法

楼层框架梁下部通长钢筋示意图

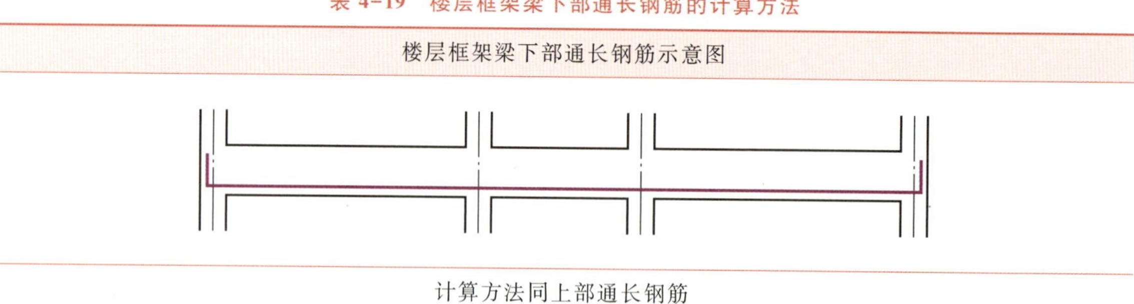

计算方法同上部通长钢筋

(5) 下部钢筋

楼层框架梁下部钢筋的计算方法,见表 4-20。

表 4-20　楼层框架梁下部钢筋的计算方法

楼层框架梁下部钢筋示意图		
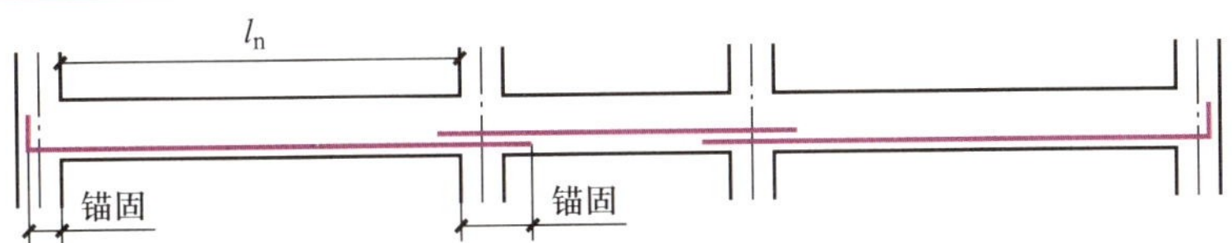		
计算方法：下部钢筋长 = $\sum_{i=1}^{n}$［净跨长（l_n）+2×锚固长度］		
锚固位置	锚固长度	锚固类型
中间支座	$\max(l_{aE}, 0.5h_c+5d)$	直锚
端部支座	$\max(l_{aE}, 0.5h_c+5d)$	直锚（需判断）
	$h_c-c+15d$	弯锚（需判断）

（6）梁侧面纵向构造钢筋

楼层框架梁侧面纵向构造钢筋的计算方法，见表 4-21。

表 4-21　楼层框架梁侧面纵向构造钢筋的计算方法

楼层框架梁侧面纵向构造钢筋示意图
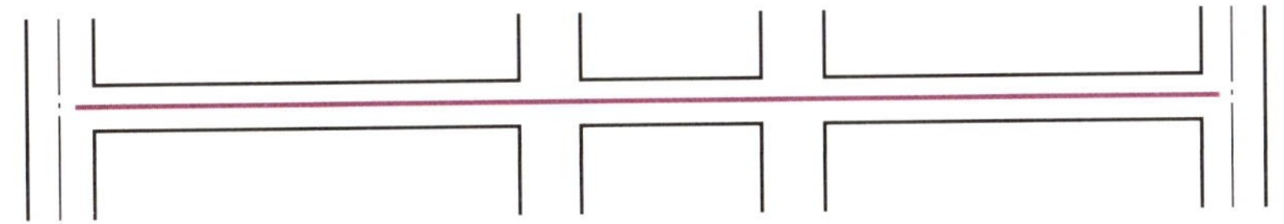
计算方法：梁侧面纵向构造钢筋总长度 = 通长钢筋净长 + 锚固长度（$15d$）×2+搭接长度

（7）箍筋

楼层框架梁箍筋的计算方法，见表 4-22。

表 4-22　楼层框架梁箍筋的计算方法

楼层框架梁箍筋加密区范围示意图			
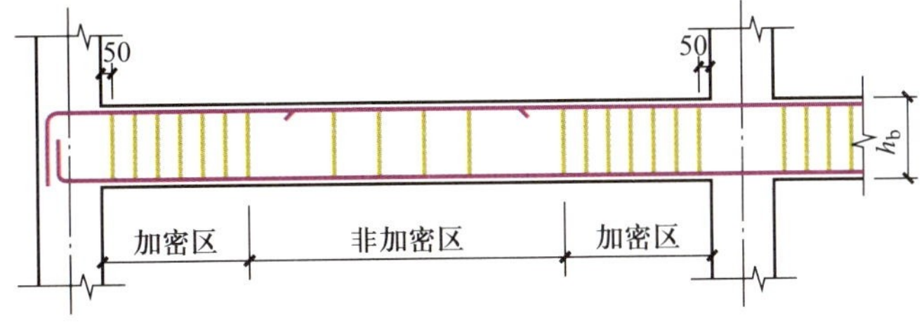			
加密情况	箍筋个数计算规则（50 mm 为箍筋的起步距离）	抗震等级	加密区长度
加密	2×［（加密区长度－50 mm）/加密区间距+1］+（非加密区长度/非加密区间距－1）	一级抗震	$\max(2h_b, 500\text{ mm})$
		二～四级抗震	$\max(1.5h_b, 500\text{ mm})$

续表

非加密	（梁跨净长-2×50 mm）/箍筋间距+1
双肢箍外皮长度计算公式：$l=2\times$（梁宽+梁高-4×保护层厚度）+max（$10d$，75 mm）×2+2×$1.9d$	

梁钢筋实例计算

本项目讲解了梁的钢筋构造，以结施-07 4.470 梁平法施工图中 KL103 为例，结合工程实例就这些钢筋构造情况进行钢筋计算，详见表 4-23。

框架梁钢筋计算实例

表 4-23　框架梁钢筋计算实例

平法施工图

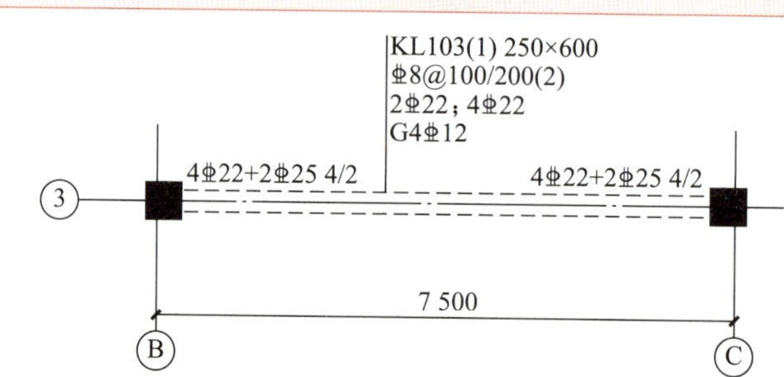

梁纵剖面

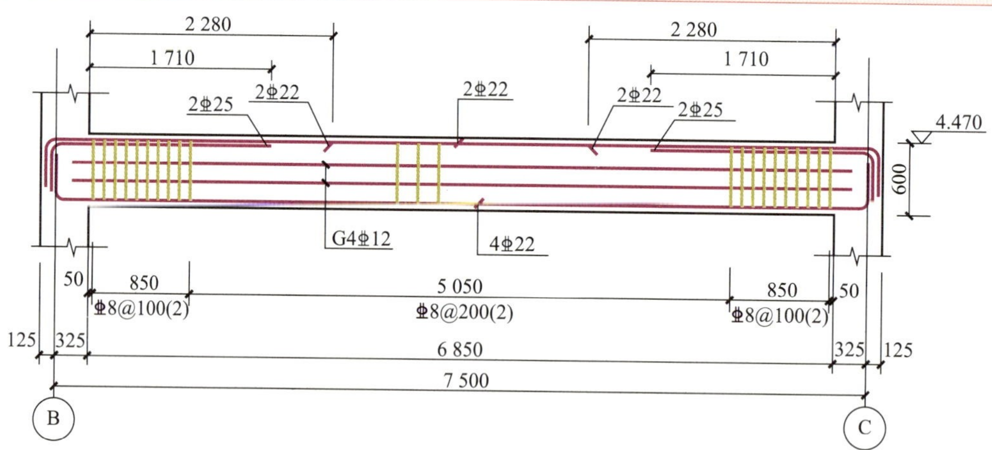

钢筋计算条件	计算参数
（1）混凝土强度等级：C25； （2）抗震等级：三级； （3）纵筋连接方式：对焊（除特殊规定外，本书的纵筋钢筋接头只按定尺长度计算接头个数，不考虑钢筋的实际连接位置）； （4）钢筋定尺长度：9 000 mm； （5）h_c 为柱宽，h_b 为梁高	（1）柱保护层厚度 $c=25$ mm； （2）梁保护层厚度 $c=25$ mm； （3）抗震锚固长度 $l_{aE}=44d$； （4）双肢箍外皮长度计算公式： $(b+h)\times2-8c+\max(10d,75\text{ mm})\times2+1.9d\times2$； （5）箍筋起步距离为 50 mm

1. 上部钢筋计算

框架梁上部钢筋计算见表 4-24。

表 4-24　框架梁上部钢筋计算

钢筋名称	计算过程	说明
上部通长钢筋 2 ф 22	计算公式： l=净跨(l_n)+左端[平直段长度(h_c-c)+弯钩段长度(15d)]+右端[平直段长度(h_c-c)+弯钩段长度(15d)]	判断两端支座的锚固方式： 左端支座 450 mm<l_{aE}，左端支座弯锚； 右端支座 450 mm<l_{aE}，右端支座弯锚
	上部通长钢筋长度 =(7 500−325−325) mm+(450−25+15×22) mm+(450−25+15×22) mm =8 360 mm	简图： 7 700 330　330
支座 B 第一排负筋 2 ф 22	计算公式： l=净跨(l_n)/3+平直段长度(h_c-c)+弯钩段长度(15d)	左端支座锚固同上部通长钢筋(弯锚)；跨内延伸长度 l_n/3。 l_n：对于端跨，为本跨净长；对于中间跨，为相邻两跨净长的较大值
	支座负筋长度 =(7 500−325−325) mm/3+(450−25+15×22) mm ≈3 038 mm	简图： 2 708 330
支座 B 第二排负筋 2 ф 25	计算公式： l=净跨(l_n)/4+平直段长度(h_c-c)+弯钩段长度(15d)	左端支座锚固同上部通长钢筋(弯锚)；跨内延伸长度 l_n/4。 l_n：对于端跨，为本跨净长；对于中间跨，为相邻两跨净长的较大值
	支座负筋长度 =(7 500−325−325) mm/4+(450−25+15×25) mm ≈2 512 mm	简图： 2 137 375
支座 C 负筋计算同支座 B		

2. 下部钢筋计算

框架梁下部钢筋计算见表 4-25。

表4-25 框架梁下部钢筋计算

钢筋名称	计算过程	说明
下部通长钢筋 4Φ22	计算公式： l=净跨(l_n)+左端[平直段长度(h_c-c)+弯钩段长度(15d)]+右端[平直段长度(h_c-c)+弯钩段长度(15d)]	左、右端支座450 mm<l_{aE}，两端支座均弯锚
	下部通长钢筋长度 =(7 500-325-325)mm+(450-25+15×22)mm+(450-25+15×22)mm =8 360 mm	简图： 330 7 700 330

3. 梁侧面纵向构造钢筋计算

梁侧面纵向构造钢筋计算见表4-26。

表4-26 梁侧面纵向构造钢筋计算

钢筋名称	计算过程	说明
侧面纵向构造钢筋 G4Φ12	计算公式： l=净跨(l_n)+锚固长度(15d)×2	梁侧面纵向构造钢筋的搭接与锚固长度取15d
	侧面纵向构造钢筋长度 =(7 500-325-325)mm+15×12 mm×2 =7 210 mm	简图： 7 210

4. 箍筋计算

框架梁箍筋计算见表4-27。

表4-27 框架梁箍筋计算

钢筋名称	计算过程	说明
箍筋长度 Φ8	双肢箍外皮长度计算公式： $(b+h)\times2-8c+\max(10d,75\ \text{mm})\times2+1.9d\times2$	按外皮计算长度
	箍筋长度 =(250+600)mm×2-8×25 mm+10×8 mm×2+1.9×8 mm×2≈1 690 mm	简图：
箍筋根数	箍筋加密区长度=1.5×600 mm=900 mm	三级抗震箍筋加密区长度： ≥1.5h_b且≥500 mm
	加密区根数=2×[(900-50)mm/100 mm+1]≈20 非加密区根数=(7 500-325-325-1 800)mm/200 mm-1≈25 箍筋总根数=20+25=45	

知识要点

梁平法施工图主要掌握梁平面整体表示方法，其平面注写方法包括集中标注和原位标注。集中标注的内容包括五项必注值和一项选注值：梁编号、梁截面尺寸、梁箍筋、梁通长钢筋或架立钢筋、梁侧面纵向构造钢筋或受扭钢筋以及选注值梁顶面标高高差。梁的原位标注包括梁支座上部纵筋、梁下部纵筋、附加箍筋或吊筋以及梁综合原位标注。

梁的钢筋构造主要掌握上部钢筋的长度及连接要求，梁端支座、中间支座钢筋的锚固和连接构造要求，悬挑梁钢筋构造要求，以及梁侧面纵向构造钢筋、箍筋的构造要求。

学习检测

一、单项选择

1. 梁平法施工图是在梁平面布置图上采用____注写方式或____注写方式表达梁的尺寸、配筋等相关信息。以下选项正确的是(　　)。

A. 平面　截面　　B. 平面　集中　　C. 平面　原位　　D. 集中　原位

2. 梁平面注写方式是在梁平面布置图上，分别从不同编号的梁中各选一根梁，采用在其上注写(　　)和配筋具体数值的方式来表达梁平法施工图。

A. 代号　　B. 跨数　　C. 截面尺寸　　D. 序号

3. 梁平面注写方式包括集中标注与原位标注，集中标注表达梁的(　　)数值。

A. 重要　　B. 通用　　C. 特殊　　D. 实际

4. 当梁集中标注与原位标注出现不同，施工时，(　　)取值优先。

A. 集中标注　　B. 结构施工图　　C. 建筑施工图　　D. 原位标注

5. 梁代号“WKL”表示(　　)。

A. 屋面梁　　B. 框架梁　　C. 屋面框架梁　　D. 悬挑梁

6. 梁集中标注是 KL7(1A)300×750 ⌀8@100/200(2) 2⌀25+(2⌀12)，则 2⌀12 表示(　　)。

A. 2 根通长钢筋　　B. 2 根架立钢筋　　C. 2 根支座负筋　　D. 2 根角筋

7. 如图 4-30 所示主次梁交接处，主梁上附加箍筋设置正确的是(　　)。

8. 图 4-31 所示 KL1(1)架立钢筋搭接构造符合平法图集要求且经济合理的是(　　)。

9. 图 4-32 所示吊筋构造做法正确的是(　　)。

10. 图 4-33 所示框架梁支座钢筋构造做法符合规范要求的是(　　)。

11. 某梁的集中标注是 KL5(2)300×750 GY400×200，表示竖向加腋，腋长为(　　)。

A. 300 mm　　B. 750 mm　　C. 400 mm　　D. 200 mm

12. 下面说法错误的是(　　)。

A. KL3(6)表示 3 号框架梁，6 跨，无悬挑

B. XL2 表示 2 号现浇梁

C. WKL1(3A)表示 1 号屋面框架梁，3 跨，一端有悬挑

D. L 表示非框架梁

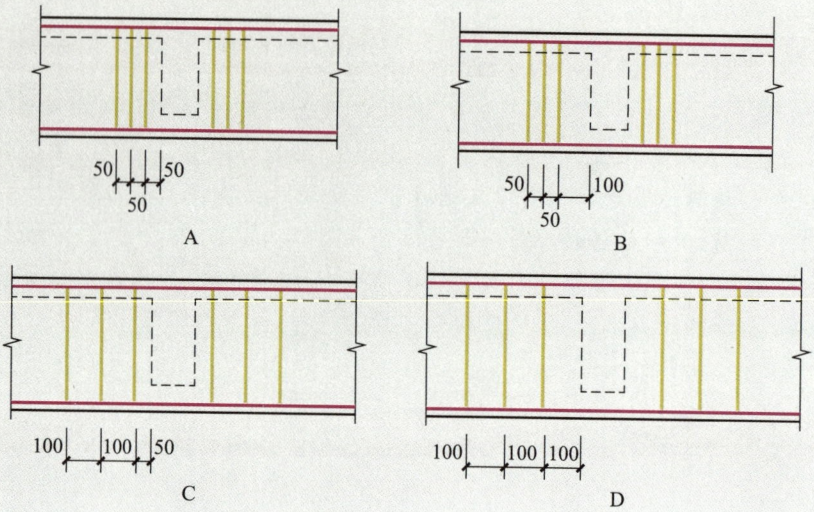

50
50
50
A
50
100
50
B
100
100
50
C
100
100
100
D

图 4-30 附加箍筋

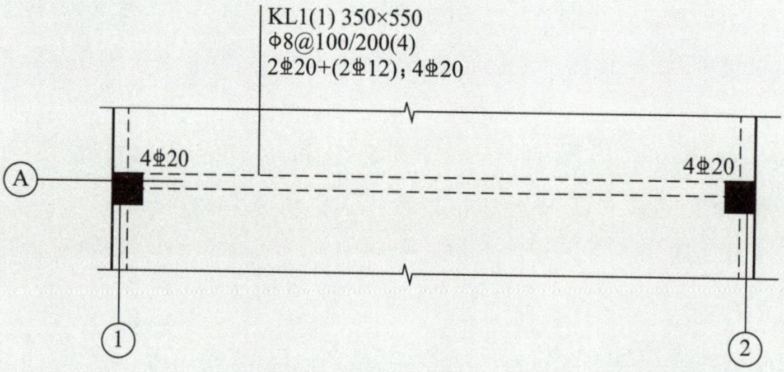

KL1(1) 350×550
Φ8@100/200(4)
2⏀20+(2⏀12)；4⏀20
4⏀20
4⏀20
A
1
2

注：框架梁抗震等级为四级，梁板混凝土强度等级为 C25。

100
100
A
150
150
B
120
120
C
200
200
D

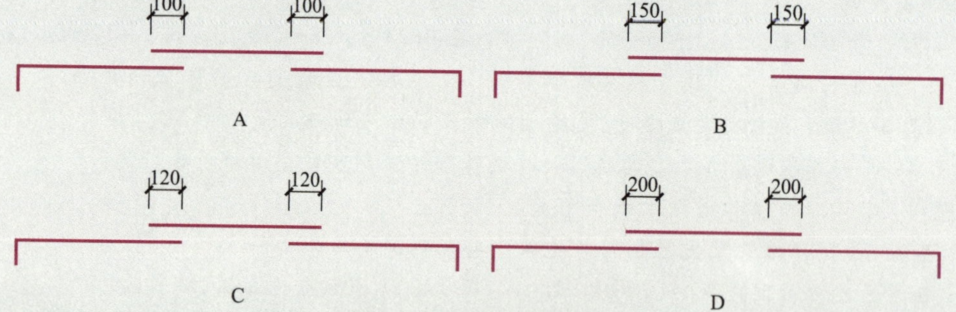

图 4-31 架立钢筋搭接构造

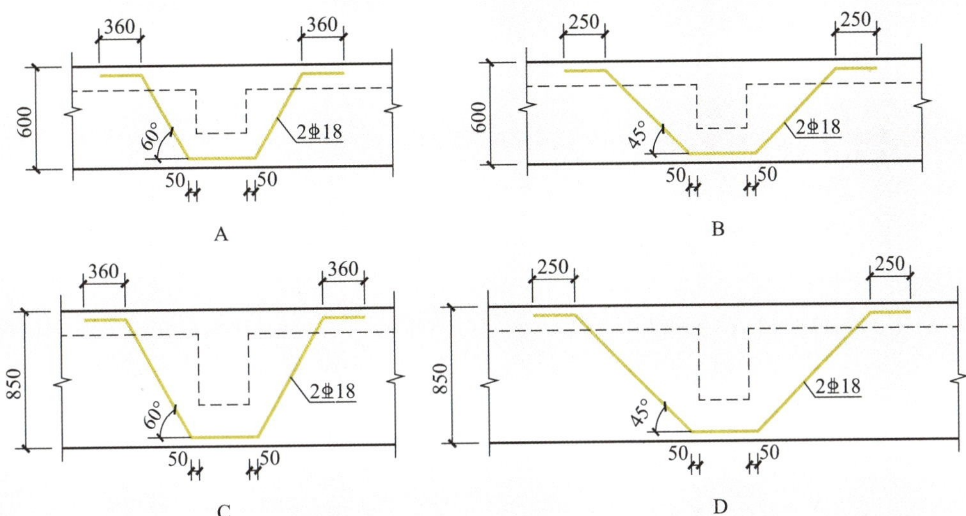

图 4-32　吊筋构造

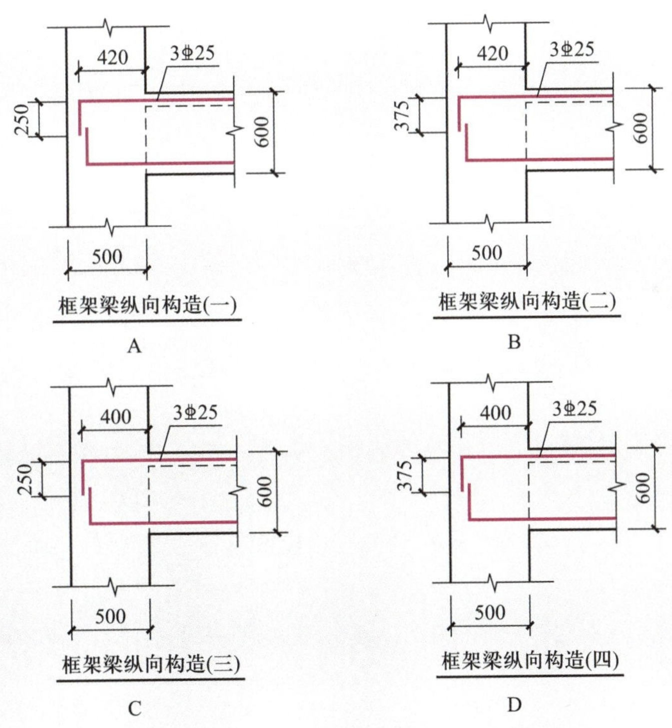

注：框架梁抗震等级为三级，梁板混凝土强度等级为 C25。

图 4-33　框架梁支座钢筋构造

13. 下面说法正确的是(　　)。

A. KL1 300×700 表示截面宽度 700 mm,截面高度 300 mm

B. KL5 300×700 Y500×250 表示截面宽度 300 mm,截面高度 700 mm,腋长 250 mm,腋高 500 mm

C. KL8 300×700/500 表示梁根部截面高度 700 mm,端部截面高度 500 mm

D. KL3 300×700/500 表示梁根部截面高度 500 mm,端部截面高度 700 mm

14. JZL1(2A)表示(　　)。

A. 1 号井字梁,两跨,一端带悬挑　　B. 1 号井字梁,两跨,两端带悬挑

C. 1 号简支梁,两跨,一端带悬挑　　D. 1 号简支梁,两跨,两端带悬挑

15. 框架梁上部第一排支座负筋的延伸长度是相邻两跨净长较大值的(　　)。

A. 1/2　　B. 1/3　　C. 1/4　　D. 1/5

二、识图选择

识读图 4-34 所示 KL103 平法施工图,回答以下问题。

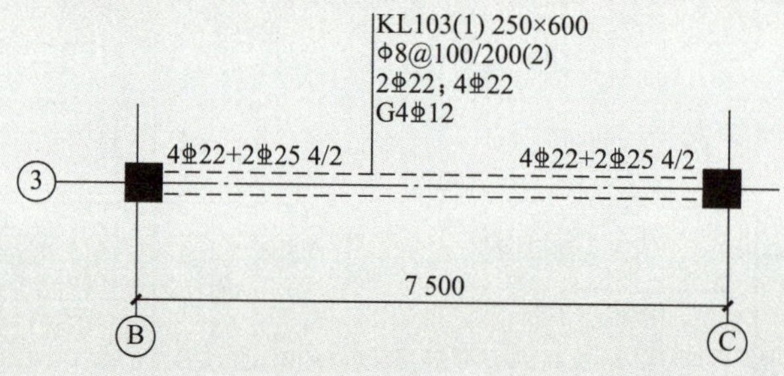

图 4-34　KL103 平法施工图

1. 图中的梁是(　　)。

A. 屋面框架梁　　B. 非框架梁　　C. 井字梁　　D. 楼层框架梁

2. 图中梁跨数是(　　)。

A. 1　　B. 3　　C. 10　　D. 103

3. 图中梁截面宽度是(　　)。

A. 200 mm　　B. 250 mm　　C. 350 mm　　D. 600 mm

4. 图中梁截面高度是(　　)。

A. 100 mm　　B. 200 mm　　C. 250 mm　　D. 600 mm

5. 图中 KL103(1)中的(1)表示(　　)。

A. 一跨,两端有悬挑　　B. 一跨,一端有悬挑

C. 一跨,两端无悬挑　　D. 以上都不对

6. 图中Φ8@100/200(2)中的Φ8表示(　　)。

A. HRB400 级钢筋,直径 8 mm　　B. HRBF400 级钢筋,直径 8 mm

C. HPB300 级钢筋,直径 8 mm　　D. HRB500 级钢筋,直径 8 mm

7. 图中φ8@100/200(2)中的@100/200表示(　　)。

A. 加密区间距和非加密区间距都为100 mm

B. 加密区间距和非加密区间距都为200 mm

C. 加密区间距为100 mm,非加密区间距为200 mm

D. 以上都不对

8. 图中φ8@100/200(2)中的(2)表示(　　)。

A. 2个箍筋　　B. 2肢箍　　C. 2种直径　　D. 以上都不对

9. 图中2Φ22;4Φ22中的2Φ22表示(　　)。

A. 梁上部2根直径为22 mm的HPB300级通长钢筋

B. 梁下部2根直径为22 mm的HRB600级通长钢筋

C. 梁上部2根直径为22 mm的HRB400级通长钢筋

D. 梁下部2根直径为22 mm的HRB500级通长钢筋

10. 图中G4Φ12表示(　　)。

A. 梁两侧共4根直径为12 mm的HRB500级纵向受扭钢筋,每侧各2根

B. 梁两侧共4根直径为12 mm的HRB400级纵向受扭钢筋,每侧各2根

C. 梁两侧共4根直径为12 mm的HRB500级纵向构造钢筋,每侧各2根

D. 梁两侧共4根直径为12 mm的HRB400级纵向构造钢筋,每侧各2根

11. 图中KL103的梁顶面标高与结构层楼面标高的高差为(　　)。

A. 0　　B. 负　　C. 正　　D. 以上都不对

12. 图中该梁净跨长为6 750 mm,第一排支座负筋的延伸长度为(　　)。

A. 2 250 mm　　B. 2 200 mm　　C. 3 250 mm　　D. 3 375 mm

13. 图中该梁净跨长为6 750 mm,第二排支座负筋的延伸长度为(　　)。

A. 2 250 mm　　B. 1 688 mm　　C. 1 350 mm　　D. 3 375 mm

14. 图中梁的抗震等级为二级,则柱两侧的箍筋加密区长度为(　　)。

A. 1 200 mm　　B. 600 mm　　C. 800 mm　　D. 900 mm

15. 如图4-35所示,KL103下部纵筋锚入右侧柱内的竖直段长度l为(　　)。

A. 300 mm　　B. 330 mm　　C. 350 mm　　D. 375 mm

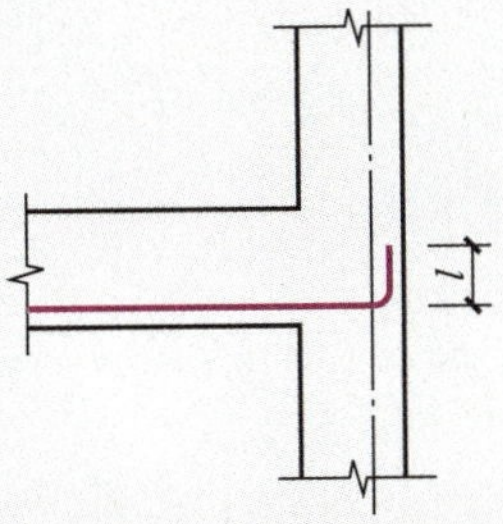

图4-35　下部纵筋锚固构造

三、识图填空

1. 描述下列梁编号的含义。

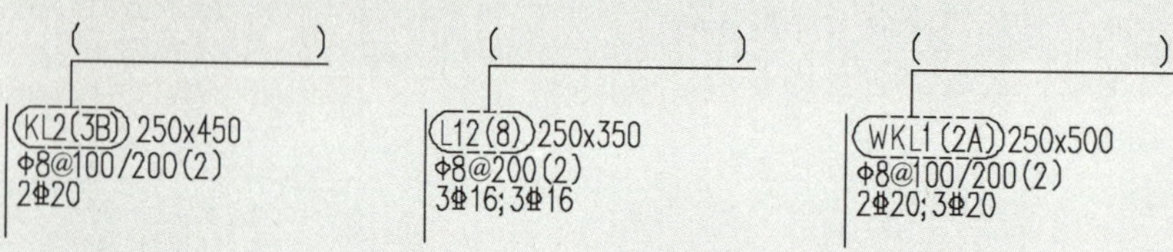

2. 描述下列梁箍筋的含义。

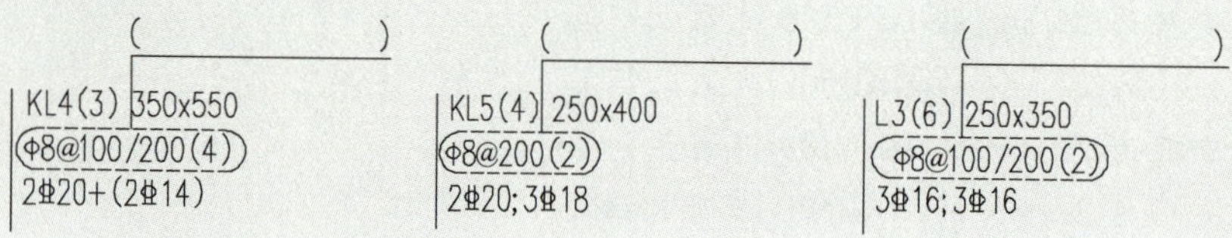

3. 描述下列钢筋的含义。

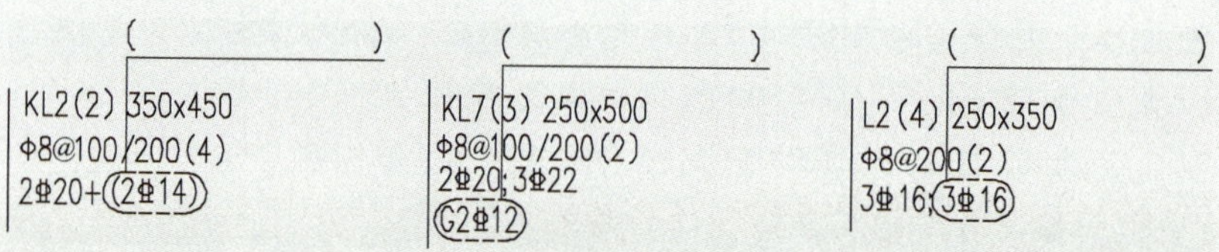

4. 结施-07 4.470 梁平法施工图中 KL102 如图 4-36 所示，照图识读并完成填空。

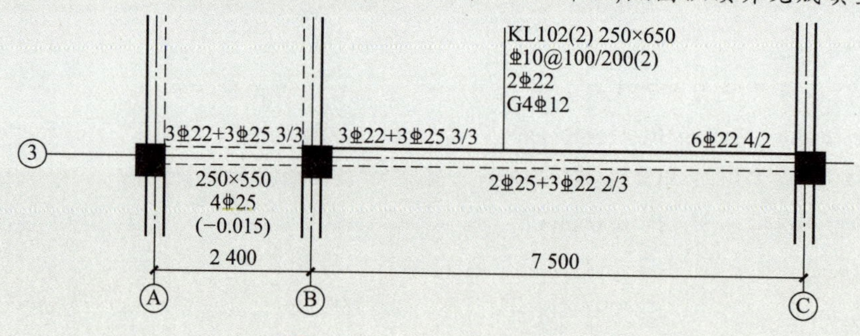

图 4-36 KL102 平法施工图

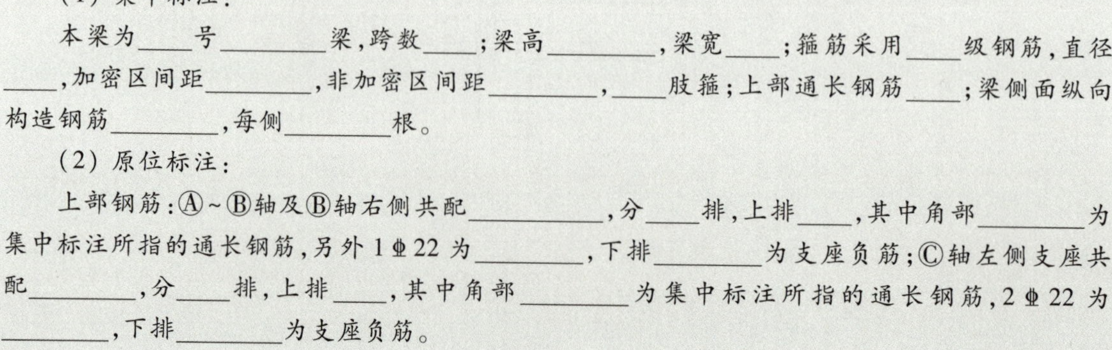

(1) 集中标注：

本梁为_____号_________梁，跨数_____；梁高_________，梁宽_____；箍筋采用_____级钢筋，直径_____，加密区间距_________，非加密区间距_________，_____肢箍；上部通长钢筋_____；梁侧面纵向构造钢筋_________，每侧_________根。

(2) 原位标注：

上部钢筋：Ⓐ~Ⓑ轴及Ⓑ轴右侧共配_________，分_____排，上排_____，其中角部_________为集中标注所指的通长钢筋，另外 1Φ22 为_________，下排_________为支座负筋；Ⓒ轴左侧支座共配_________，分_____排，上排_____，其中角部_________为集中标注所指的通长钢筋，2Φ22 为_________，下排_________为支座负筋。

下部钢筋：Ⓐ～Ⓑ轴下部通长钢筋________，Ⓑ～Ⓒ轴下部通长钢筋________，分____排，上排________，下排________。

梁综合原位标注：Ⓐ～Ⓑ轴梁宽________，梁高________，Ⓐ～Ⓑ轴梁顶标高比楼层结构标高低____，该梁顶标高为________。

5. 如图 4-37 所示，识读梁平法施工图并填空。

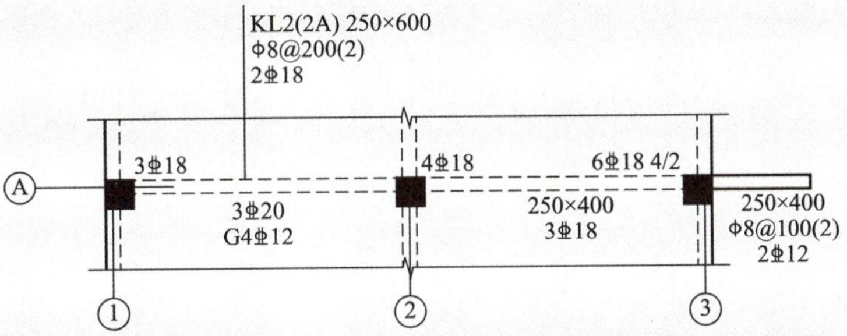

图 4-37　KL2 平法施工图

(1) KL2(2A)表示____。

(2) ①～②跨间梁截面尺寸是____________________，箍筋为____________________。

②～③跨间梁截面尺寸是____________________，箍筋为____________________。

悬挑端部分跨间梁截面尺寸是____________________，箍筋为____________________。

梁上部通长钢筋为________根直径为__________的__________级钢筋。

(3) ①～②跨间梁下部通长钢筋是__________，②～③跨间梁下部通长钢筋是__________。悬挑端部分梁下部通长钢筋是__________。

(4) G4Φ12 表示________～________跨间________根直径为________的________级梁侧面纵向构造钢筋。

原位标注中 6Φ18 4/2 表示钢筋分为________排，第一排________根，第二排________根。其中第一排________根直径为________的钢筋为上部通长钢筋，________根直径为________的钢筋为上部第一排支座负筋，________根直径为________的钢筋为上部第二排支座负筋。

四、计算

某楼层框架梁如图 4-38 所示，计算参数见下表，试计算梁钢筋根数以及长度。

计算参数	计算值	计算参数	计算值
混凝土强度等级	C25	梁、柱保护层厚度	25 mm
抗震等级	三级	抗震锚固长度 l_{aE}	42d
纵筋连接方式	电渣压力焊	钢筋定尺长度	9 m

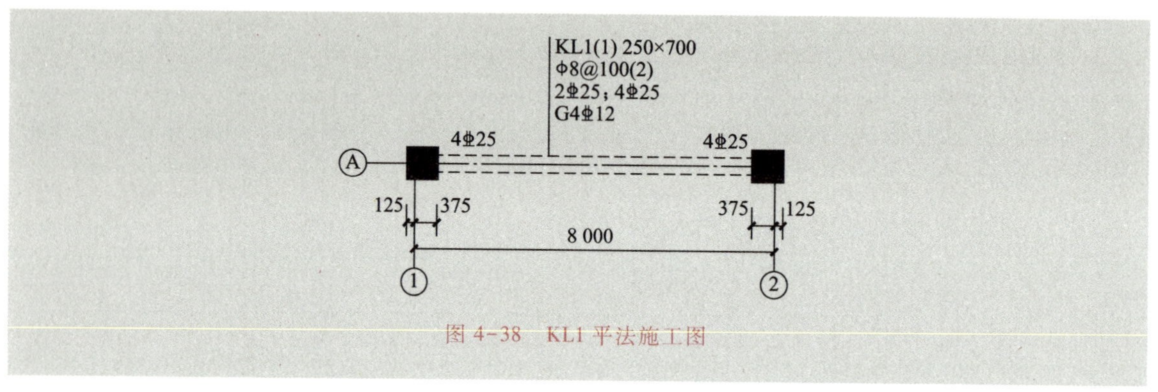

图 4-38 KL1 平法施工图

项目5 板平法施工图的识读

导读

框架结构楼盖可分为有梁楼盖(图 5-1a)和无梁楼盖(图 5-1b)。顾名思义,有梁有板的楼盖称为有梁楼盖,没有梁而板直接支承在柱上的楼盖称为无梁楼盖。工程中的框架结构通常采用有梁楼盖,无梁楼盖在车库等大空间结构中比较常用。楼盖结构施工图一般包括楼面结构施工图和屋面结构施工图。本项目结合某框架结构行政楼的板平法施工图,阐述有梁楼盖平法施工图的制图规则和有梁楼盖板的钢筋构造要求,使学生掌握有梁楼盖板平法施工图的识读方法和识读要点。

(a) 有梁楼盖

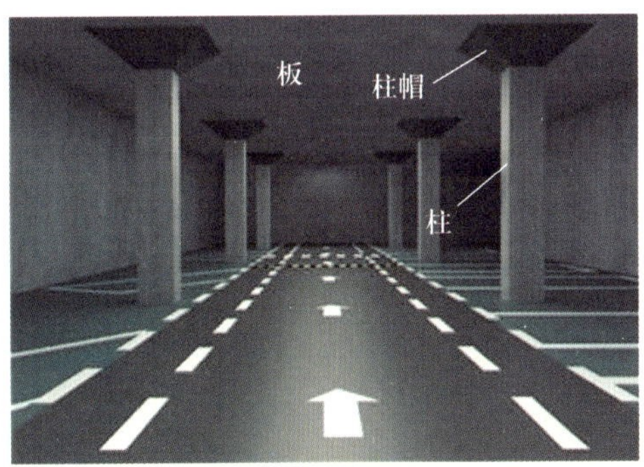

(b) 无梁楼盖

图 5-1 框架结构楼盖

任务1 板的类别及板中配筋

1. 说出现浇板的分类原则。

2. 知道板中配筋的构造要求。

3. 熟练识别图5-2a中LB1、LB3的类别，熟练识读图5-2b板中钢筋的名称、作用、间距、布置等构造内容。

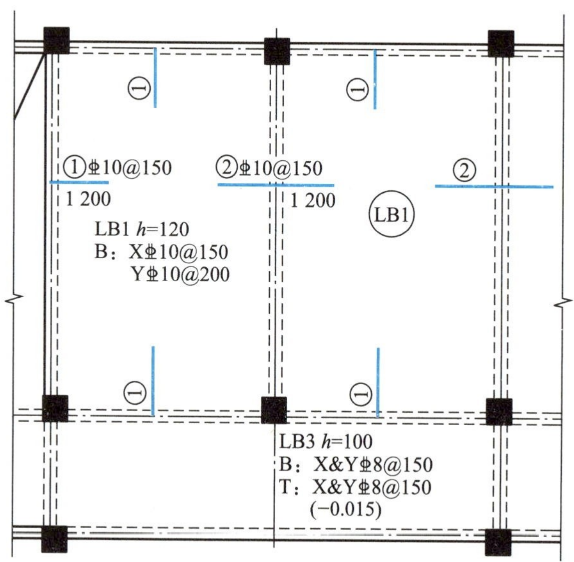

(a) 4.470~11.670板平法施工图(局部)

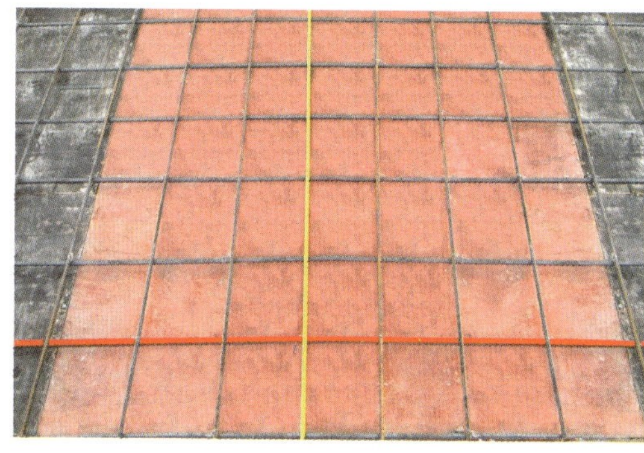

(b) 板中配筋

图5-2 板平法施工图和板中配筋

一、板的类别

现浇钢筋混凝土板常见的类别可分为单向板、双向板和悬挑板。两对边支承的板应按单向板计算，四边支承且 $L_{长}/L_{短} \geqslant 3$ 的板宜按单向板计算；四边支承且 $L_{长}/L_{短} \leqslant 2$ 的板应按双向板计算，四边支承且 $2<L_{长}/L_{短}<3$ 的板宜按双向板计算；一端自由、一端固定的板为悬挑板。

二、板中配筋

板中配筋有受力钢筋和分布钢筋(构造钢筋)等，如图5-3所示。

1. 受力钢筋

受力钢筋沿板的跨度方向配置，位于受拉区，承担弯矩产生的拉力作用，其数量由计算确定，并满足构造要求。简支板受力钢筋布置在板下部；悬挑板在支座处产生负弯

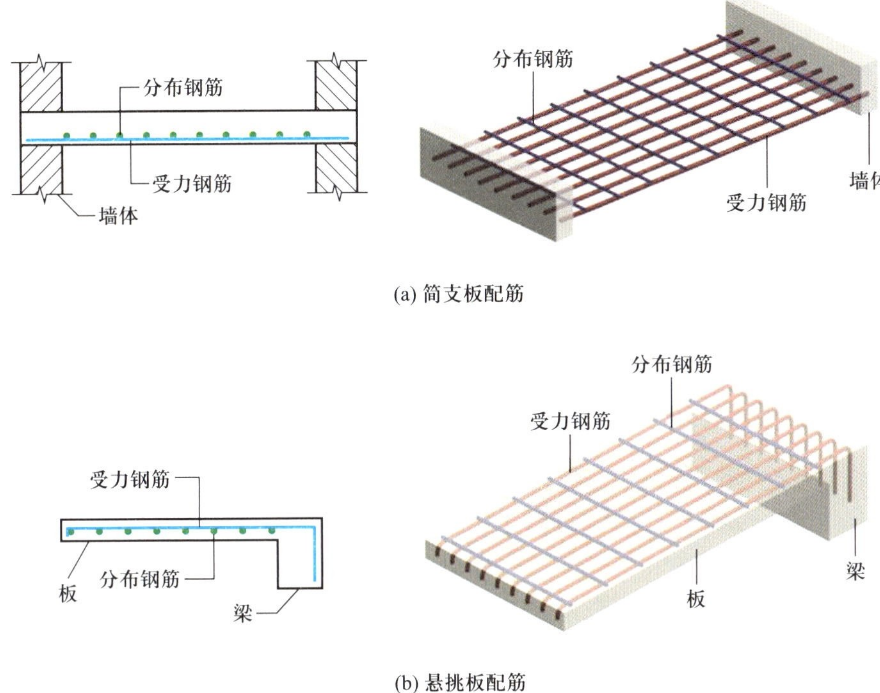

(a) 简支板配筋

(b) 悬挑板配筋

图 5-3　板中配筋

矩,受力钢筋布置在板上部,为了保证受力钢筋位于板的上部,钢筋端部宜设置直角弯钩支撑在板底。

受力钢筋常用直径为 8～14 mm,直径种数不宜多于 3 种,以免施工时引起混淆。为了使板均匀受力和浇实混凝土,当采用绑扎配筋时,其间距不应小于 70 mm;当板厚 $h \leqslant 150$ mm,钢筋间距不宜大于 200 mm;当板厚 $h>150$ mm 时,钢筋间距不宜大于 $1.5h$ 且不宜大于 250 mm。

受力钢筋的配筋形式有弯起式配筋与分离式配筋。弯起式配筋是指由跨中受力钢筋在支座处弯起后抵抗负弯矩的配筋形式;分离式配筋是指跨中受力钢筋和支座处抵抗负弯矩的钢筋分别单独配置的配筋形式,如图 5-4 所示。由于分离式配筋的钢筋加工和绑扎比较简单,方便施工,所以一般工程中大多采用分离式配筋形式。

2. 分布钢筋

分布钢筋是与受力钢筋垂直且均匀布置的构造钢筋,位于受力钢筋的内侧,通常选用绑扎方法来固定受力钢筋的位置并形成钢筋骨架。分布钢筋的作用是把板面上的荷载均匀地传递给受力钢筋,防止因混凝土收缩及温度变化在垂直于板跨度方向产生裂痕。分布钢筋常用 HPB300、HRB400 级钢筋,直径不宜小于 6 mm,间距不宜大于 250 mm。

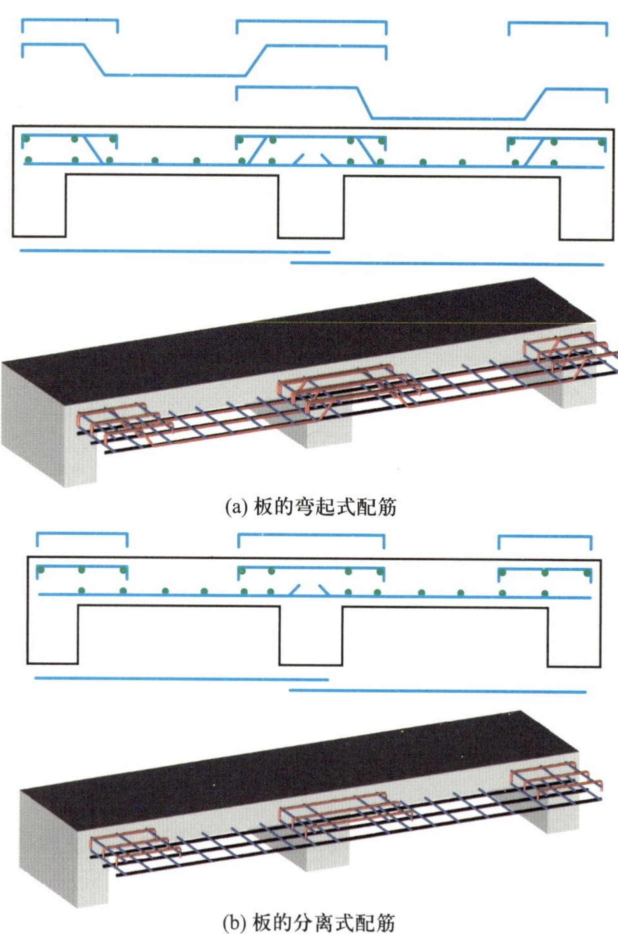

(a) 板的弯起式配筋

(b) 板的分离式配筋

图 5-4 受力钢筋的配筋形式

板的类别

一、板的类别识别

根据板的支承情况和板的长边与短边长度之比，判别表 5-1 所示板的类别。

表 5-1 板的类别识别

板示例	板的类别分析	板的类别
梯板 梯梁 TL1 梯梁 TL1 板式楼梯的梯板	两对边支承	______

续表

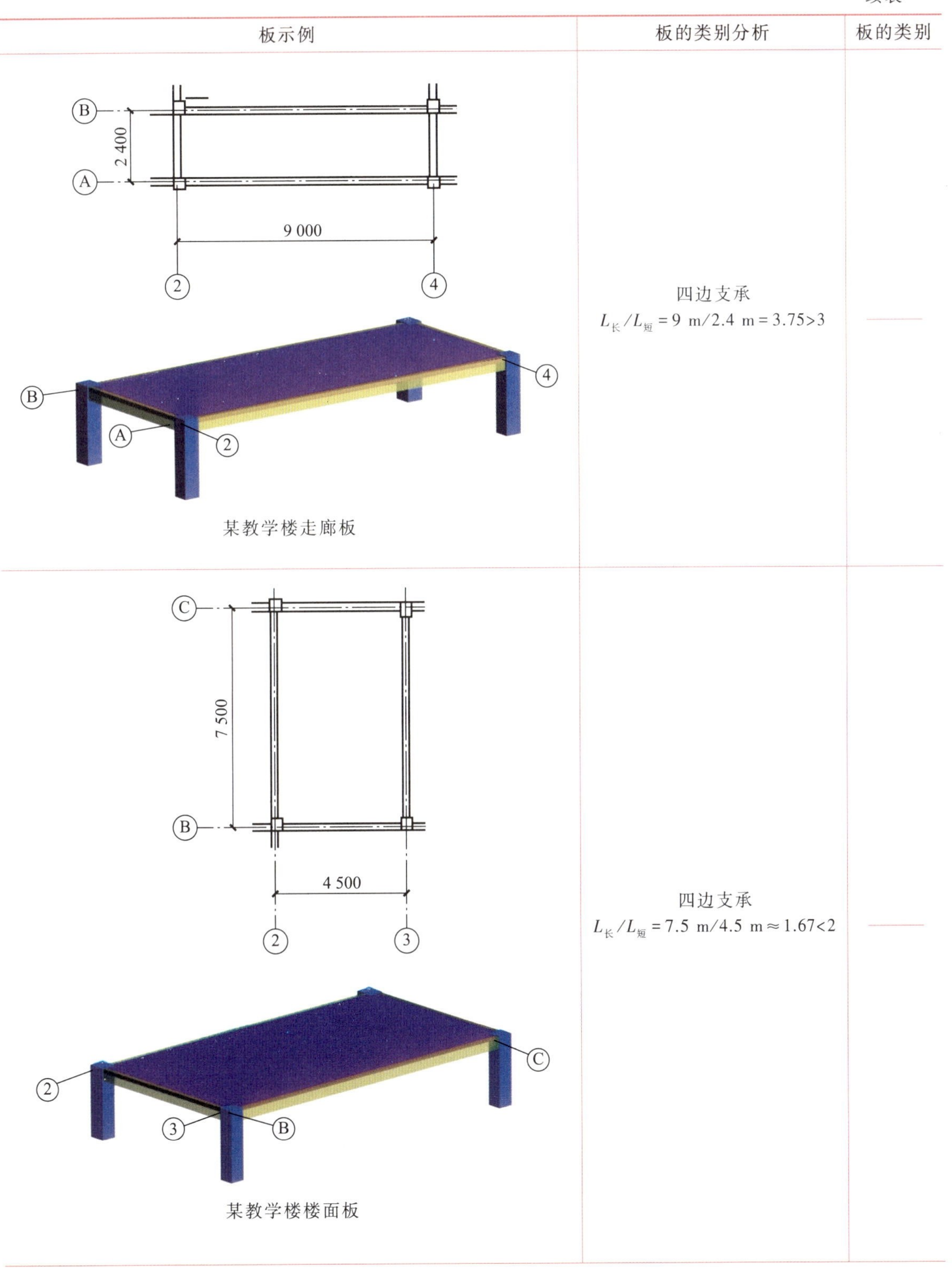

板示例	板的类别分析	板的类别
某教学楼走廊板	四边支承 $L_{长}/L_{短}$ = 9 m/2.4 m = 3.75>3	——
某教学楼楼面板	四边支承 $L_{长}/L_{短}$ = 7.5 m/4.5 m ≈ 1.67<2	——

续表

板示例	板的类别分析	板的类别
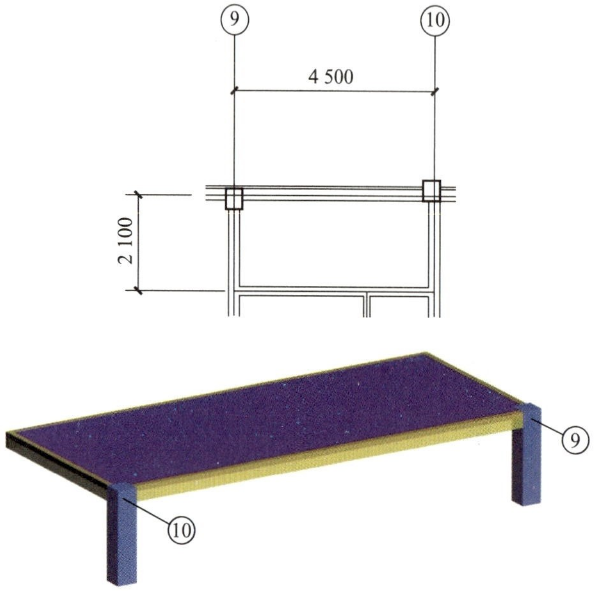 某教学楼卫生间楼面板	一端自由、一端固定	______
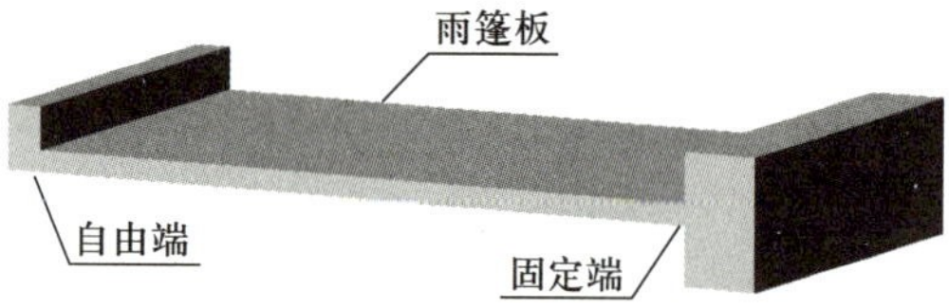 雨篷板	端自由、 端固定	______

四边支承的现浇板配筋识读

二、板中配筋识读

1. 四边支承的现浇板配筋识读

在现浇有梁楼盖中，楼盖上的荷载引起的内力绝大部分沿板的短边方向传递，长边方向传递的内力随着板 $L_{长}/L_{短}$ 的比值变化而变化。四边支承的现浇板配筋识读见表 5-2。

2. 板配筋形式识读

在实际工程中，现浇板的分离式配筋形式又可分为单层双向配筋（含支座上部负筋）和双层双向配筋。单层配筋就是在板的下部配置贯通纵筋，而在板的周边配置非贯通纵筋（支座负筋）；双层配筋就是在板的下部和上部均配置贯通纵筋。目前工程中现浇板越来越广泛地采用双层配筋形式。单向配筋就是在板的一个方向配置受力钢筋，而在另一个方向配置分布钢筋，如悬挑板就是单向配筋板，受力钢筋的配置方向与悬挑方向一致，且配置在悬挑板的上部；双向配筋就是在两个相互垂直的方向都配置受力钢筋，双向板短跨方向的受力钢筋置于外侧，长跨方向的受力钢筋置于短跨方向受力钢筋的内侧，双向配置的钢筋可能为受力钢筋，也可能为分布钢筋。板的分离式配筋形式识读见表 5-3。

表 5-2　四边支承的现浇板配筋识读

板配筋示例	板配筋识读
受力钢筋 分布钢筋 四边支承的单向板配筋	（1）平行于单向板的短边方向：配置受力钢筋。 平行于单向板的长边方向：配置分布钢筋。 （2）受力钢筋（短筋）：配置在外侧。 分布钢筋（长筋）：配置在受力钢筋的内侧
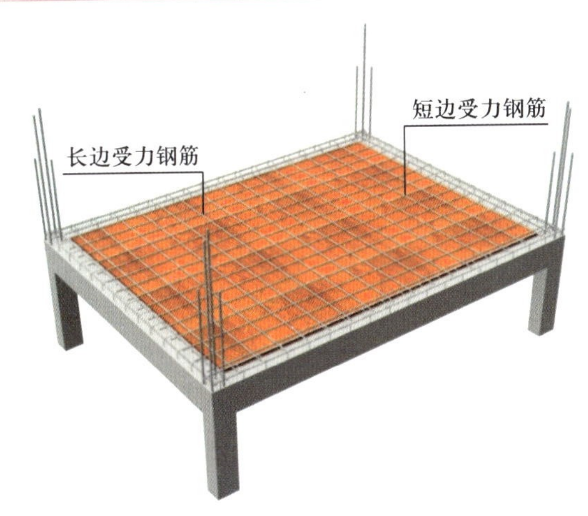 四边支承的双向板配筋	（1）短边与长边两个方向：均配置受力钢筋。 （2）短边方向受力钢筋（短筋）：配置在外侧。 长边方向受力钢筋（长筋）：配置在短筋的内侧

表 5-3　板的分离式配筋形式识读

板的分离式配筋示例	板的分离式配筋识读
垂直方向(Y方向)配筋 水平方向(X方向)配筋 单层双向配筋	单层：上部或下部配筋（含上部支座负筋）。 双向：水平方向（X 方向）、垂直方向（Y 方向）同时配筋

板配筋形式识读

续表

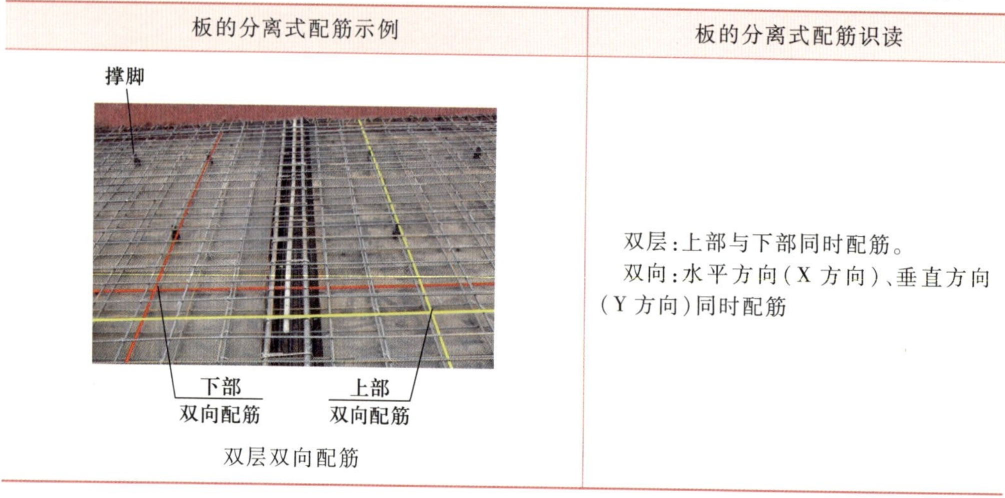

板的分离式配筋示例	板的分离式配筋识读
撑脚 下部双向配筋　上部双向配筋 双层双向配筋	双层:上部与下部同时配筋。 双向:水平方向(X 方向)、垂直方向(Y 方向)同时配筋

任务2　有梁楼盖板平法施工图的识读

1. 知道有梁楼盖板平法施工图的制图规则。

2. 熟练识读图5-5 4.470~11.670板平法施工图(局部)中板块集中标注与原位标注等图示内容。

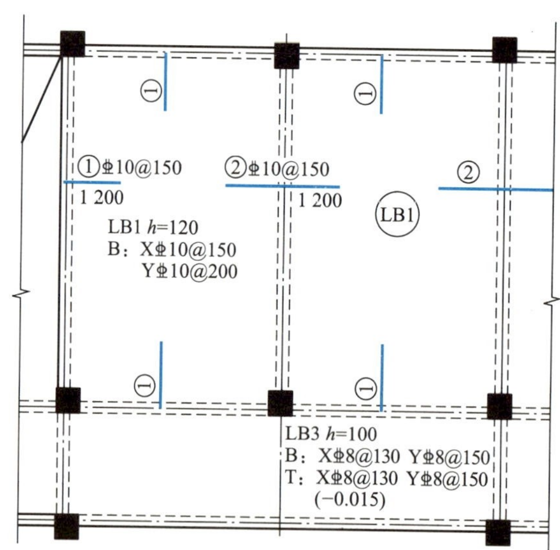

图5-5　4.470~11.670板平法施工图(局部)

有梁楼盖的制图规则适用于以梁为支座的楼面与屋面板平法施工图设计。有梁楼盖板平法施工图是在楼面板和屋面板布置图上采用平面标注方式表达板的尺寸、配筋等相关信息。楼(屋)面板平法施工图上的平面标注主要有板块集中标注和板支座原位标注，如图 5-5 所示。

一、板块集中标注

板块集中标注的内容与规则

板块集中标注的内容为板块编号、板厚、贯通纵筋，以及当板面标高不同时的标高高差。对于普通楼盖，两向（X、Y 方向）以一跨为一个板块；对于密肋楼盖，两向主梁（框架梁）以一跨为一个板块，所有板块应逐一编号。

板块集中标注的内容与规则见表 5-4。

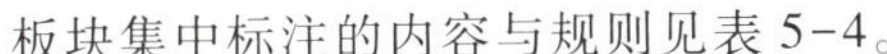

表 5-4　板块集中标注的内容与规则

标注内容（数据项）	制图规则解读
板块编号	代号：楼面板—LB，屋面板—WB，悬挑板—XB
	序号：××加在板块代号后面
板厚	注写 h=×××：垂直于板面的厚度，单位为 mm
	注写 h=×××/×××：斜线前后分别为悬挑板根部与端部的厚度
贯通纵筋（单层或双层）	板上部和下部分别注写（单层/双层配置）：B—下部，T—上部，B&T—下部与上部双层配置
	正交轴线分别注写（单向/双向配置）：X—从左至右的水平方向，Y—从下到上的垂直方向，X&Y—两向相同配置
板面标高高差（选注）	相对于结构层楼面标高的高差，应将其注写在括号内，且有高差时注写，无高差时不注写

例 5-1：LB2 现浇板

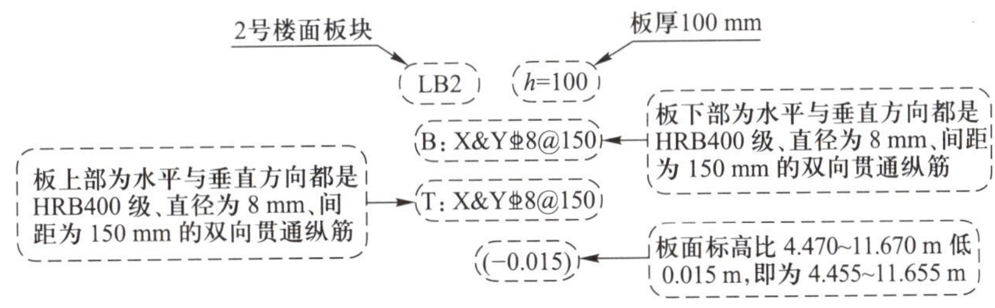

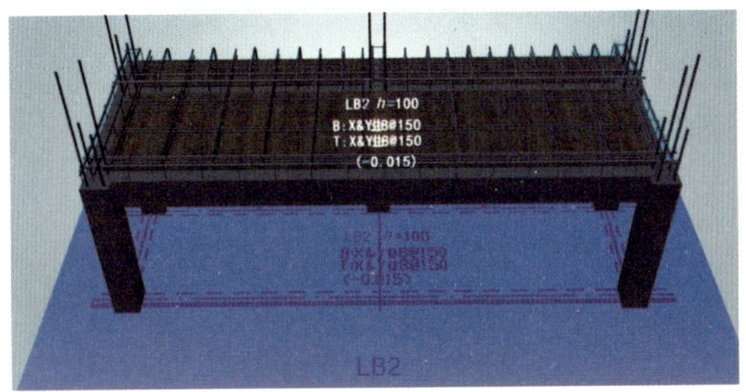

LB2 楼面板钢筋三维效果图

板支座原位标注

二、板支座原位标注

板支座原位标注的内容为板支座上部非贯通纵筋和悬挑板上部受力钢筋。板支座原位标注的内容与规则见表 5-5。

表 5-5 板支座原位标注的内容与规则

标注内容（数据项）	制图规则解读
板支座上部非贯通纵筋（支座负筋）	标注位置：应在配置相同跨的第一跨上
	钢筋绘制：垂直于支座（梁或墙）绘制中粗实线代表支座负筋，钢筋长度为自支座中心线向跨内的伸出长度
	标注要求：在钢筋上方注写钢筋编号、配筋值、横向连续布置的跨数（注写在括号内，且当为一跨时可不注），在钢筋下方注写钢筋伸出长度。对于中间支座且对称时，只注写一侧伸出长度，对于中间支座且非对称时，注写两侧伸出长度
	例 5-2： 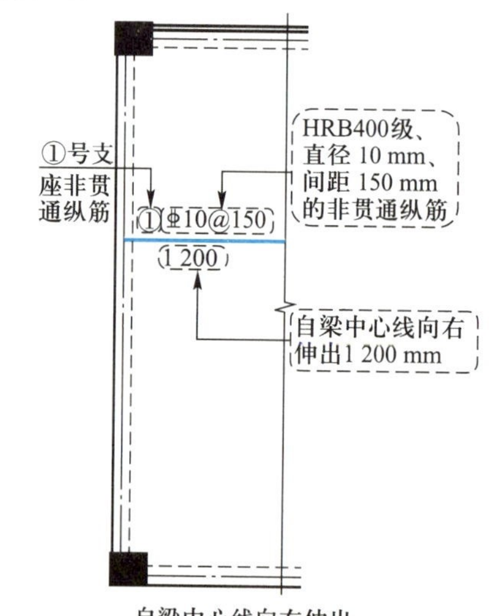 自梁中心线向右伸出 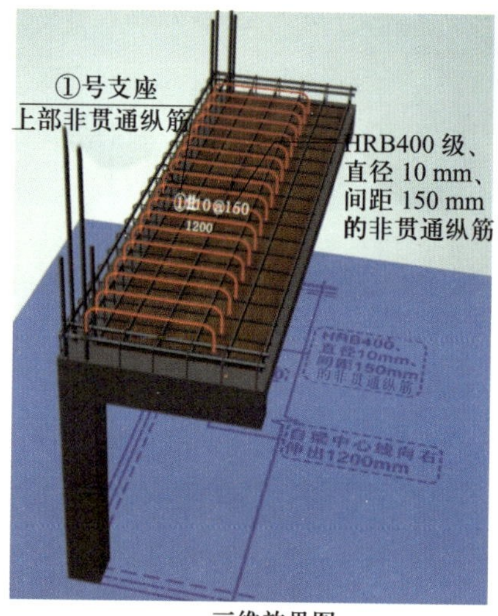 三维效果图 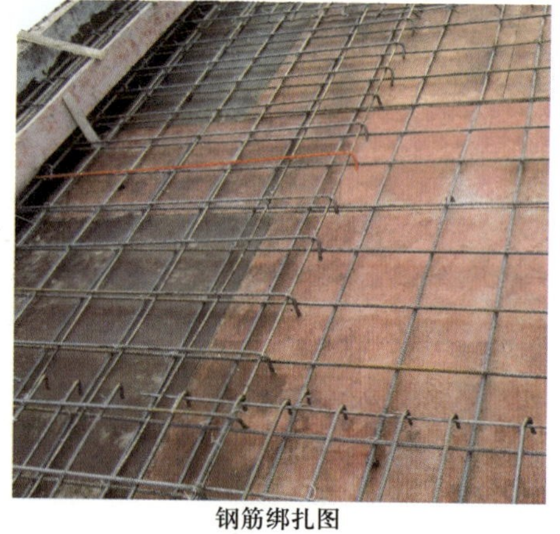 钢筋绑扎图 (a) 端部支座负筋

续表

标注内容（数据项）	制图规则解读
板支座上部非贯通纵筋（支座负筋）	③号支座非贯通纵筋；HRB400 级、直径 12 mm、间距 120 mm 的非贯通纵筋；③ ⌀12@120 (2)；1 800；1 600；连续布置 2 跨；自梁中心线向左伸出 1 800 mm；自梁中心线向右伸出 1 600 mm 非对称伸出 ③号支座上部非贯通纵筋；HRB400 级、直径 12 mm、间距 120 mm 的非贯通纵筋 三维效果图 ②号支座非贯通纵筋；HRB400 级、直径 10 mm、间距 150 mm 的非贯通纵筋；② ⌀10@150；1 200；自梁中心线向左、向右对称伸出 1 200 mm 对称伸出 钢筋绑扎图 (b) 中间支座负筋

续表

标注内容（数据项）	制图规则解读
悬挑板上部受力钢筋（选注）	例 5-3： 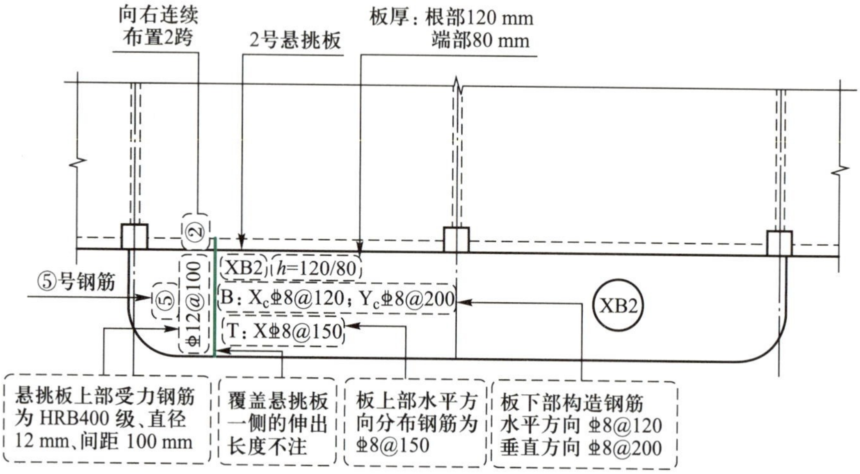  向右连续布置2跨 2号悬挑板 板厚：根部120 mm 端部80 mm ② ⑤号钢筋 ⑤ Φ12@100 XB2 (h=120/80) B：X_cΦ8@120；Y_cΦ8@200 T：XΦ8@150 XB2 悬挑板上部受力钢筋为 HRB400 级、直径 12 mm、间距 100 mm 覆盖悬挑板一侧的伸出长度不注 板上部水平方向分布钢筋为Φ8@150 板下部构造钢筋 水平方向 Φ8@120 垂直方向 Φ8@200 三维效果图

一、楼面板平法施工图识读

1. 楼面板平法施工图

以结施-10 4.470~11.670 板平法施工图(图 5-6)为例介绍。

2. 楼面板平法施工图识读

板平法施工图的主要内容有五个方面：

(1) 图号、图名和比例。

(2) 结构层楼面标高、结构层高与层号。

(3) 定位轴线及其编号、间距尺寸。

(4) 板平法标注的板块编号、板厚、配筋和板面标高高差。

(5) 必要的说明。

要按一定的方法和步骤对这五方面的内容逐一识读，楼面板平法施工图识读见表 5-6。

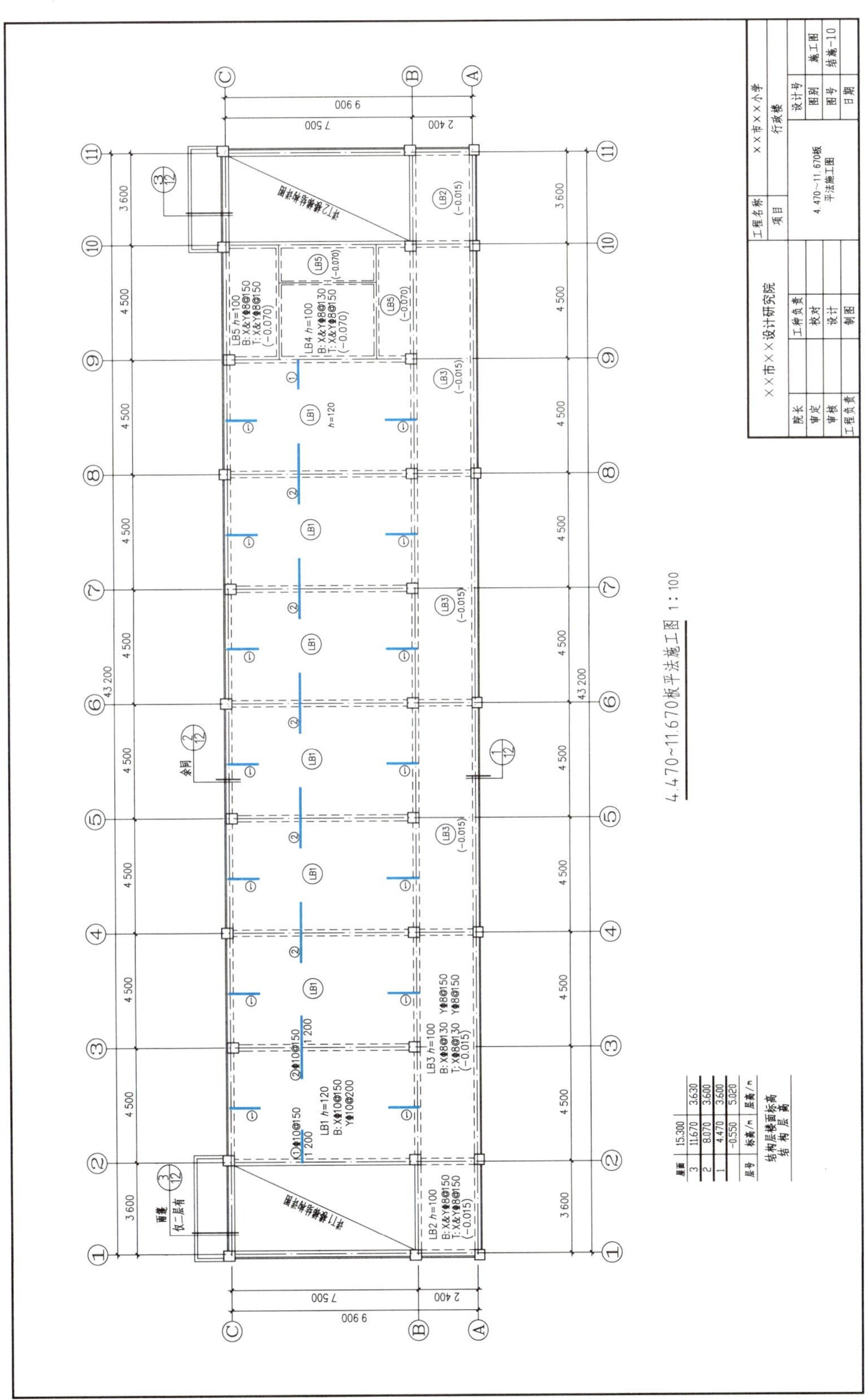

屋面	15.300	
3	11.670	3.630
2	8.070	3.600
1	4.470	3.600
	−0.550	5.020
层号	标高/m	层高/m

结构层楼面标高
结构层高

图 5-6　结施−10 4.470~11.670板平法施工图

表 5-6 楼面板平法施工图识读

<table>
<tr><th>识读步骤</th><th>主要内容识读</th><th>说明</th></tr>
<tr><td>标题栏</td><td>图号:结施-10
图名:4.470~11.670 板平法施工图
比例:1 : 100</td><td>因施工图大比例缩小后收入本书,故无法真实反映实际尺寸比例关系</td></tr>
<tr><td>结构层楼面标高、结构层高</td><td>

屋面	15.300	
3	11.670	3.630
2	8.070	3.600
1	4.470	3.600
	−0.550	5.020
层号	标高/m	层高/m

结构层楼面标高
结构层高

三维效果图</td><td>结构层楼面标高是指楼面现浇板顶面标高。

结构层高是指相邻结构层现浇板顶面标高之差。需要说明的是,表中架空层5.020 m为架空层的层高+基础顶面到架空层地面高度</td></tr>
</table>

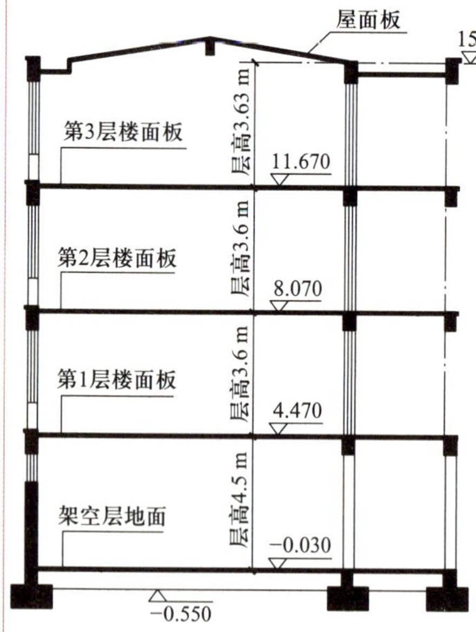

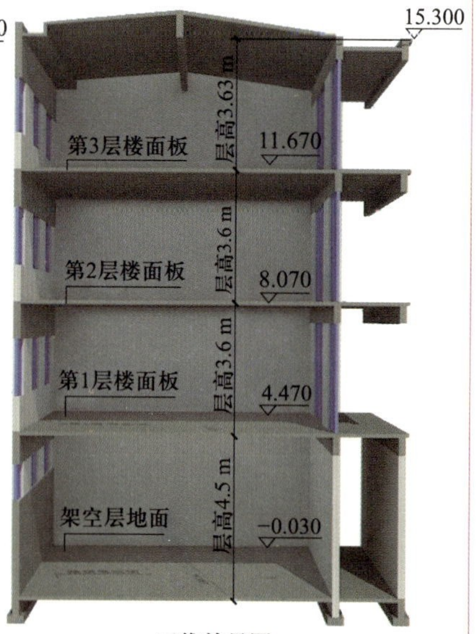

续表

<table>
<tr><th>识读步骤</th><th>主要内容识读</th><th>说明</th></tr>
<tr><td>定位轴线及其编号、间距尺寸</td><td>水平定位轴线：①～⑪，楼梯间轴线间距为 3.6 m，其余轴线间距为 4.5 m，水平方向轴线总间距为 43.2 m。
竖向定位轴线：Ⓐ～Ⓒ，Ⓐ与Ⓑ轴线间距为 2.4 m，Ⓑ与Ⓒ轴线间距为 7.5 m，竖向轴线总间距为 9.9 m</td><td>从左往右为水平定位轴线，用数字 1、2、3 … 表示；从下往上为竖向定位轴线，用英文字母 A、B、C…表示</td></tr>
<tr><td>板平法标注</td><td>（1）LB1 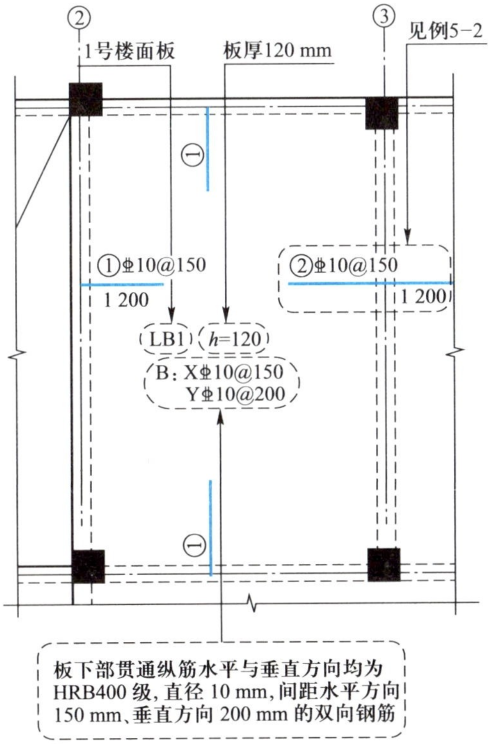
② ③ 1号楼面板 板厚120 mm 见例5-2 ① ①Φ10@150 1 200 ②Φ10@150 1 200 LB1 h=120 B：XΦ10@150 YΦ10@200 ① 板下部贯通纵筋水平与垂直方向均为HRB400 级，直径 10 mm，间距水平方向150 mm、垂直方向 200 mm 的双向钢筋
① 集中标注
1 号楼面板、板厚为 120 mm；下部贯通纵筋双向布置，X 方向纵筋为Φ 10@ 150、Y 方向纵筋布置为Φ 10@ 200。
② 原位标注
①号支座负筋Φ 10@ 150，分布在②轴、⑨轴和Ⓑ轴、Ⓒ轴，自相应梁中心线伸入 LB1 板内长度为 1 200 mm。②号支座负筋Φ 10@ 150，分布在③～⑧轴，自相应梁中心线向左、向右对称伸入 LB1 板内长度均为 1 200 mm。</td><td>依据结构设计总说明，楼板分布钢筋均为Φ 8@ 150</td></tr>
</table>

续表

<table>
<tr><th>识读步骤</th><th>主要内容识读</th><th>说明</th></tr>
<tr><td>板平法标注</td><td>

（2）LB2

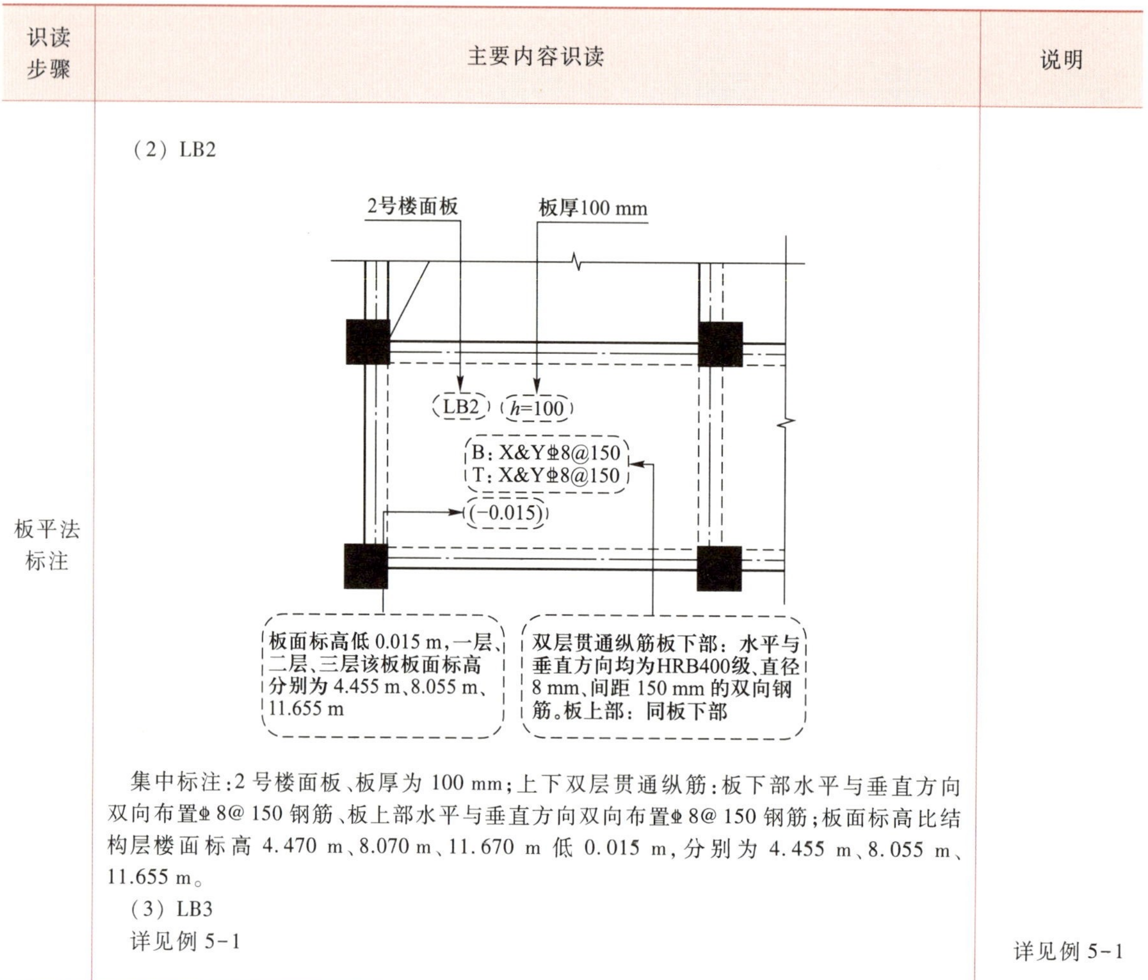

集中标注：2 号楼面板、板厚为 100 mm；上下双层贯通纵筋：板下部水平与垂直方向双向布置⌀8@150 钢筋、板上部水平与垂直方向双向布置⌀8@150 钢筋；板面标高比结构层楼面标高 4.470 m、8.070 m、11.670 m 低 0.015 m，分别为 4.455 m、8.055 m、11.655 m。

（3）LB3

详见例 5-1

</td><td>详见例 5-1</td></tr>
</table>

二、屋面板平法施工图识读

1. 屋面板平法施工图

以结施-11 15.300 板平法施工图（图 5-7）为例。

2. 屋面板平法施工图识读

该屋面为坡度为 20%的现浇屋面，详见 15.300 板平法施工图中的剖切示意图。屋面板平法施工图识读方法及步骤与楼面板相似，其中结构层楼面标高、结构层高和定位轴线及其编号、间距尺寸内容相同，标题栏和详图内容相似，屋面板平法施工图平面标注内容识读（请同学们自主完成识读并填空）见表 5-7。

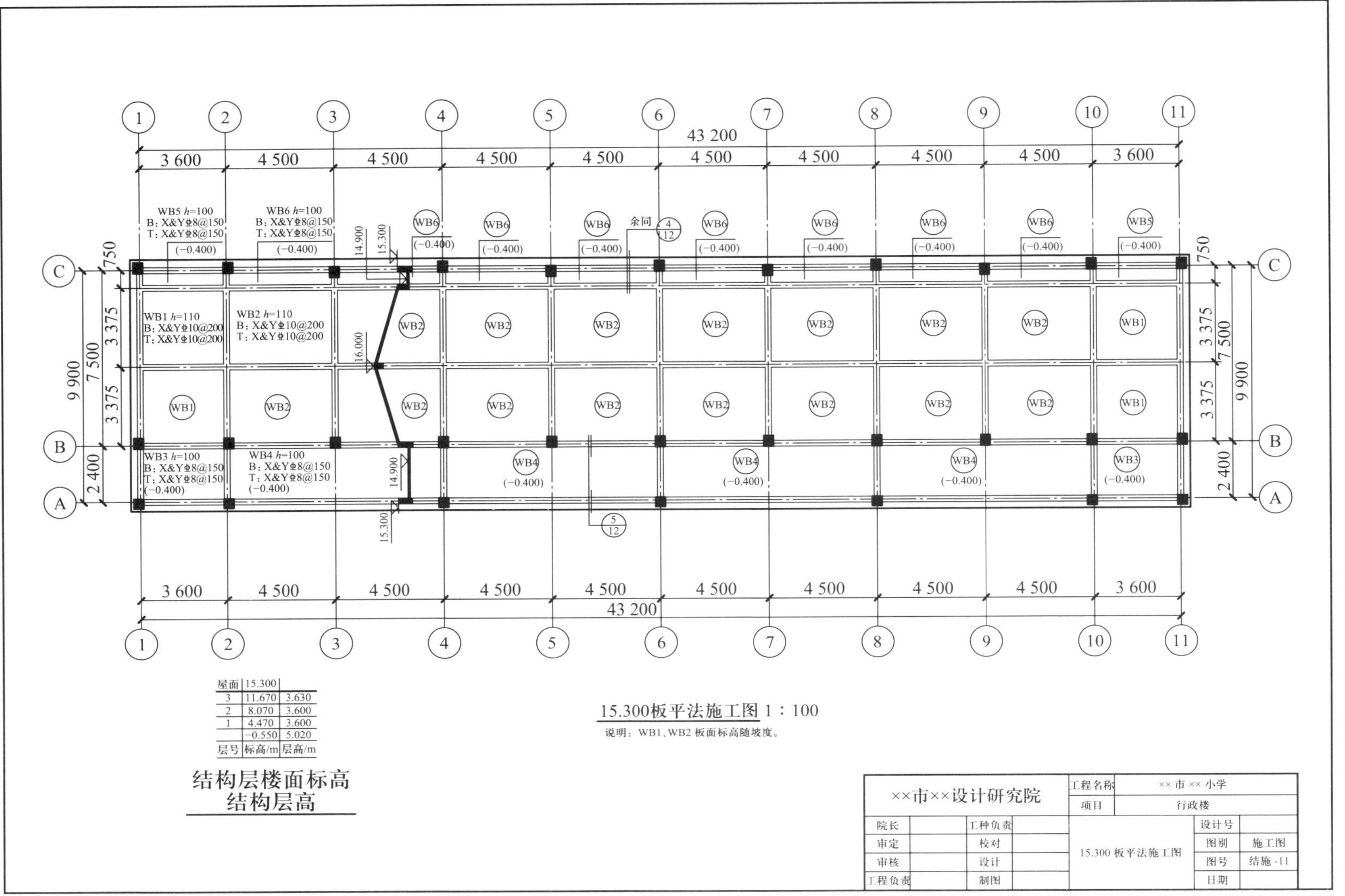

图 5-7　结施-11 15.300 板平法施工图

表 5-7 屋面板平法施工图平面标注内容识读

识读步骤	主要内容识读		说明
板平面标注	(1) WB1 WB1 h=110 B：X&Y⌀10@200 T：X&Y⌀10@200 识读 ⇒	集中标注：____号____板、板厚____mm；____层贯通纵筋：板____部与____部水平与垂直方向均为____向配置____钢筋。	贯通纵筋识别：钢筋等级为____、直径为____、间距为____。
	(2) WB3 WB3 h=110 B：X&Y⌀8@150 T：X&Y⌀8@150 (−0.400) 识读 ⇒	采用____标注法：____号____板，板厚____mm；____层贯通纵筋：板上下部均为水平与垂直双向配置____钢筋；板顶面标高为____m	屋面板结构标高为 15.300 m

任务 3 有梁楼盖板标准构造详图的识读

1. 知道有梁楼盖板标准构造详图中的钢筋构造要求。
2. 熟练识读图 5-8a 有梁楼盖板钢筋构造详图、图 5-8b 雨篷钢筋构造详图。

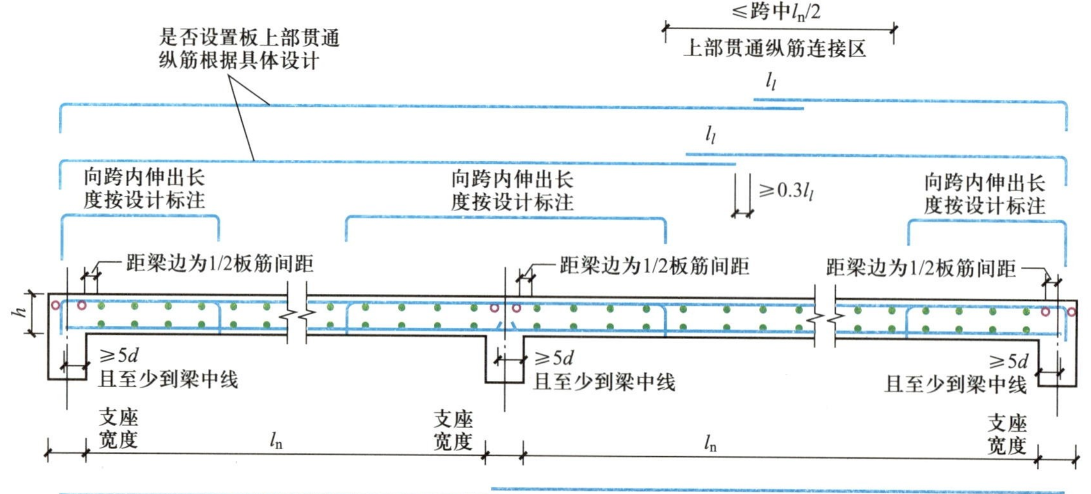

(a) 有梁楼盖板钢筋构造详图

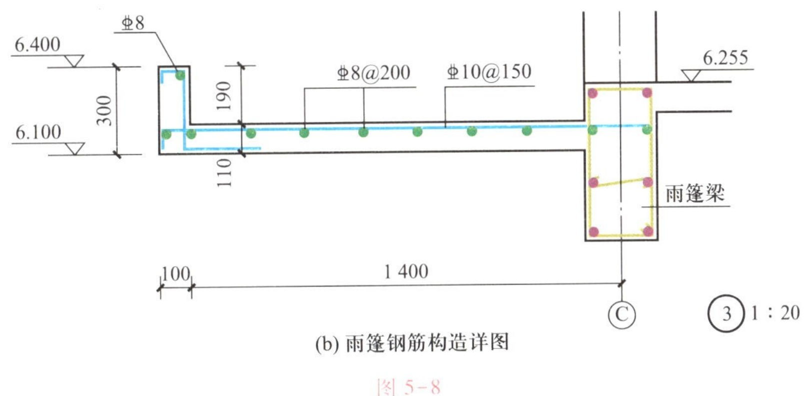

(b) 雨篷钢筋构造详图

图 5-8

知识解读

有梁楼盖板钢筋构造可分为板下部贯通纵筋构造、板上部贯通纵筋构造、板支座上部非贯通纵筋(支座负筋)构造,具体构造要求见表 5-8。

有梁楼盖板钢筋构造

表 5-8　有梁楼盖板钢筋构造

类别	钢筋构造图	钢筋构造解读
板下部贯通纵筋	平行贯通纵筋　垂直贯通纵筋　梁　a　$\geq 5d$　$\geq \frac{1}{2}B$　B (a) 端部支座为梁 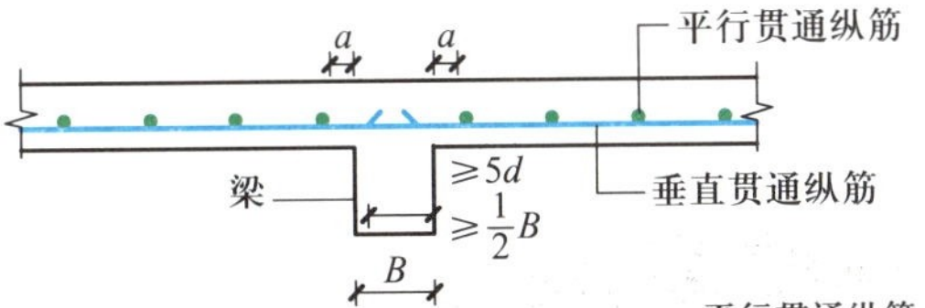 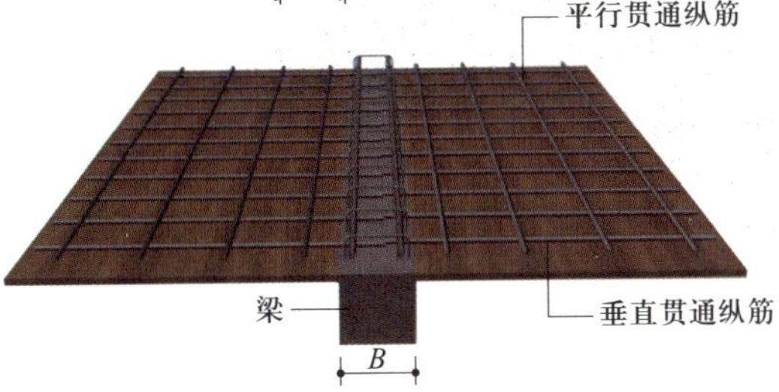 平行贯通纵筋　垂直贯通纵筋　梁　a　$\geq 5d$　$\geq \frac{1}{2}B$　B (b) 中间支座为梁	(1) 垂直于支座梁的下部贯通纵筋在支座内的锚固长度:≥5d 且至少到支座中线。 (2) 平行于支座梁的贯通纵筋的 a 值:第一根钢筋距梁边为 1/2 板筋间距。 (3) 下部贯通纵筋连接位置:宜在距支座梁 1/4 净跨内

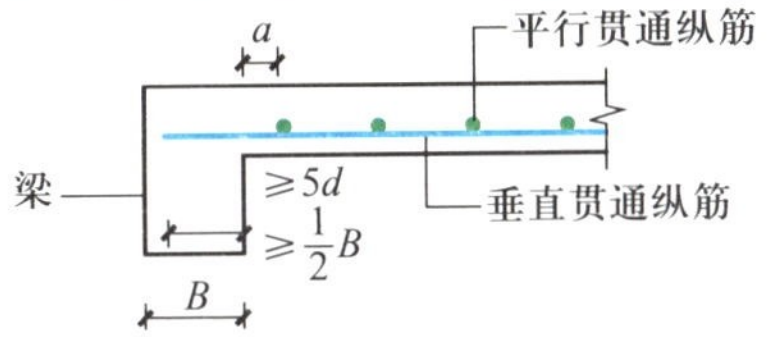

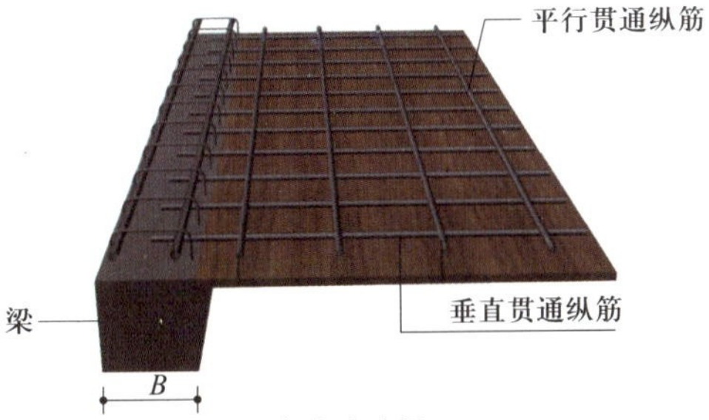

续表

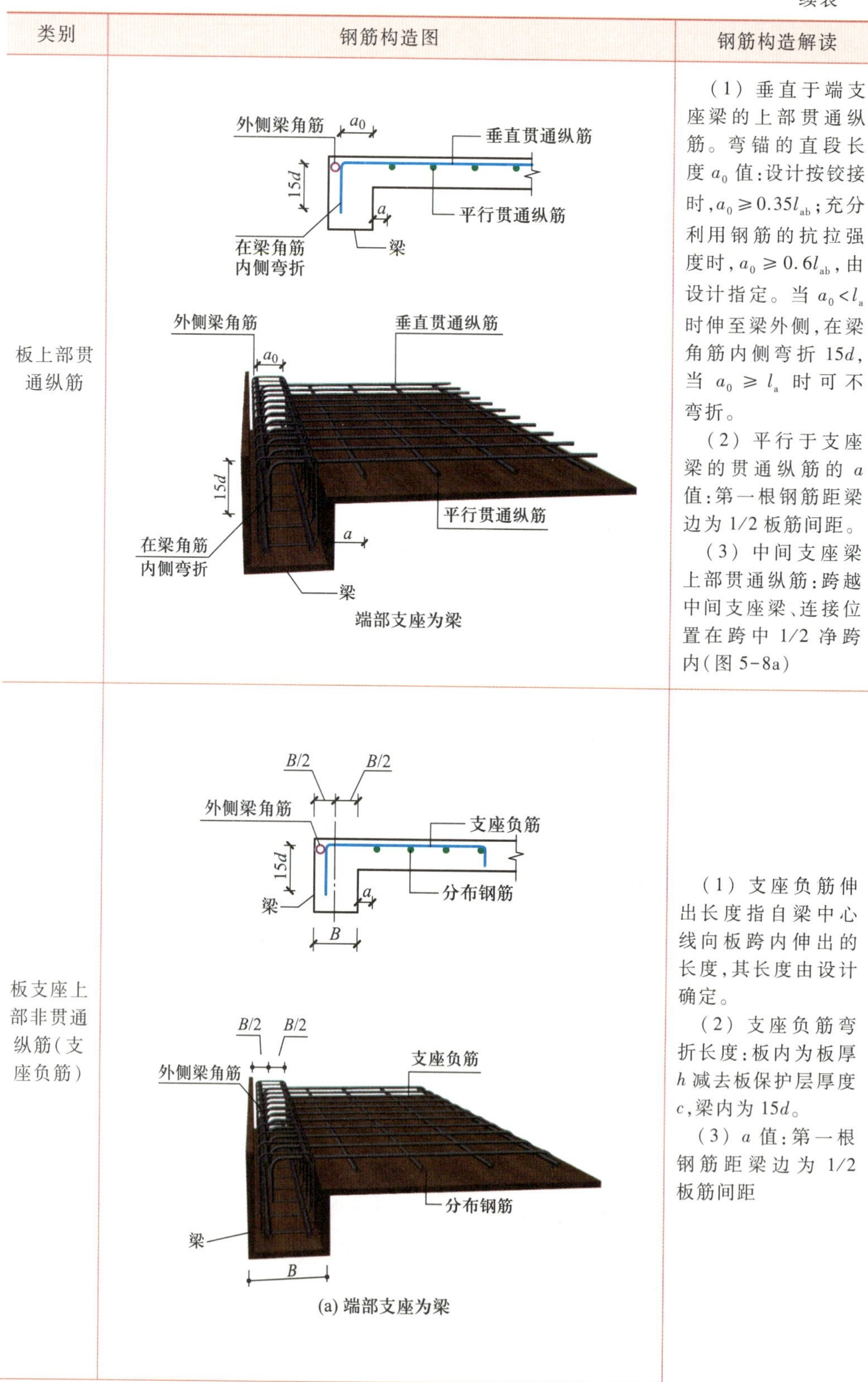

类别	钢筋构造图	钢筋构造解读
板上部贯通纵筋	端部支座为梁	（1）垂直于端支座梁的上部贯通纵筋。弯锚的直段长度 a_0 值：设计按铰接时，$a_0 \geqslant 0.35l_{ab}$；充分利用钢筋的抗拉强度时，$a_0 \geqslant 0.6l_{ab}$，由设计指定。当 $a_0 < l_a$ 时伸至梁外侧，在梁角筋内侧弯折 15d，当 $a_0 \geqslant l_a$ 时可不弯折。 （2）平行于支座梁的贯通纵筋的 a 值：第一根钢筋距梁边为 1/2 板筋间距。 （3）中间支座梁上部贯通纵筋：跨越中间支座梁、连接位置在跨中 1/2 净跨内（图 5-8a）
板支座上部非贯通纵筋（支座负筋）	(a) 端部支座为梁	（1）支座负筋伸出长度指自梁中心线向板跨内伸出的长度，其长度由设计确定。 （2）支座负筋弯折长度：板内为板厚 h 减去板保护层厚度 c，梁内为 15d。 （3）a 值：第一根钢筋距梁边为 1/2 板筋间距

续表

类别	钢筋构造图	钢筋构造解读
板支座上部非贯通纵筋（支座负筋）	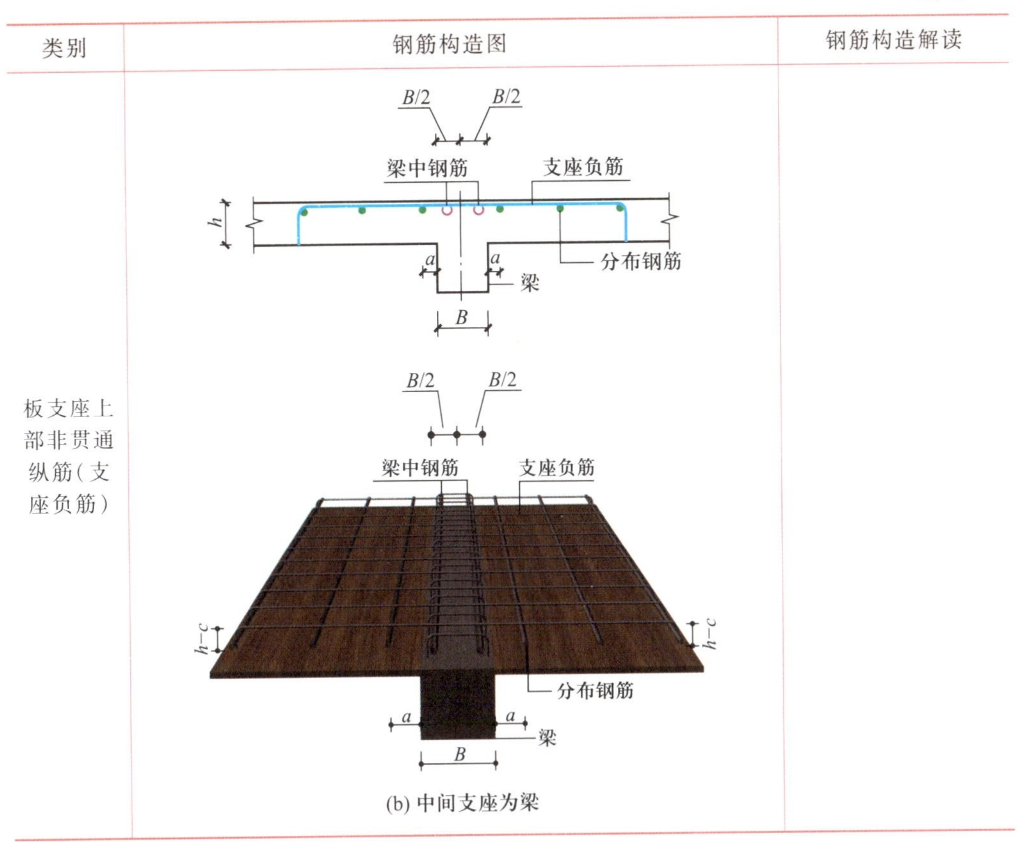 (b) 中间支座为梁	

综上所述，有梁楼盖楼面板和屋面板的钢筋构造如图 5-9a 所示。板的配筋方式有分离式配筋和弯起式配筋两种，目前一般民用建筑都采用分离式配筋，图 5-9b 所示为板的分离式配筋效果图。

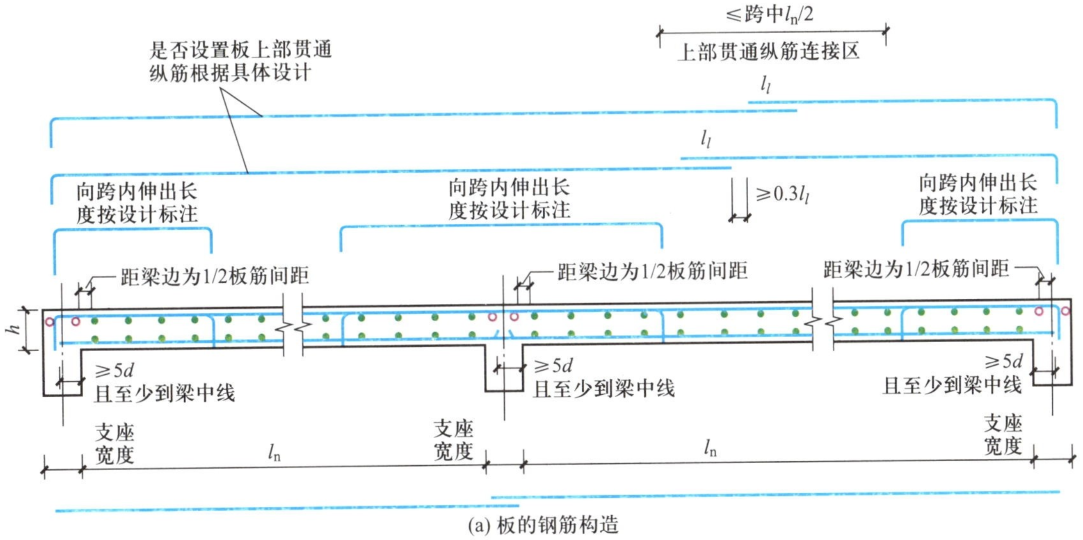

(a) 板的钢筋构造

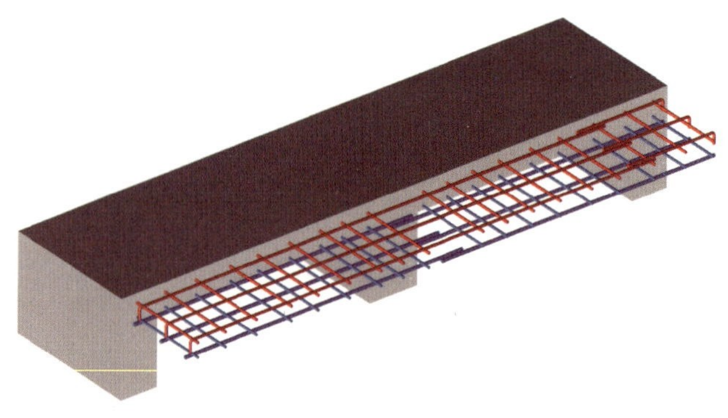

(b) 板的分离式配筋效果图

图 5-9 板的分离式配筋

悬挑板钢筋构造见表 5-9。

表 5-9 悬挑板钢筋构造

类型	钢筋构造图	钢筋构造解读
1	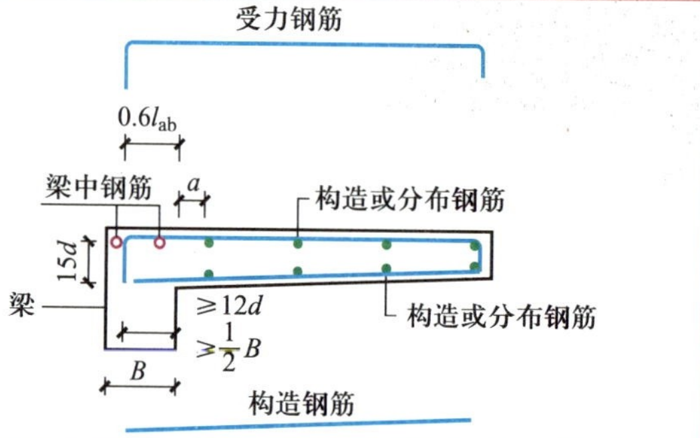 受力钢筋 $0.6l_{ab}$ 梁中钢筋 a 构造或分布钢筋 $15d$ 梁 $\geqslant 12d$ $\geqslant \frac{1}{2}B$ 构造或分布钢筋 B 构造钢筋	
2	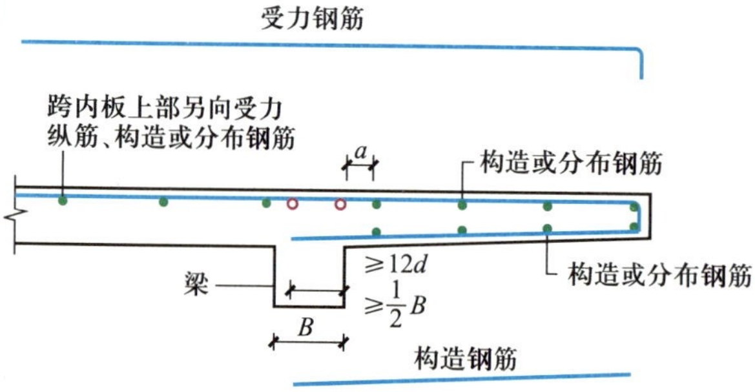 受力钢筋 跨内板上部另向受力纵筋、构造或分布钢筋 a 构造或分布钢筋 梁 $\geqslant 12d$ $\geqslant \frac{1}{2}B$ 构造或分布钢筋 B 构造钢筋	(1) 悬挑板上、下部均配置钢筋:受力钢筋放在板上部,构造钢筋放在板下部。 (2) 悬挑板下部构造钢筋锚入梁内的长度≥12d 且至少到梁中线。 (3) 悬挑板上部受力钢筋锚固见图示。 (4) 悬挑板也可以仅在上部配置受力钢筋,下面不配置构造钢筋。 (5) a 值:距梁边为 1/2 板筋间距
3	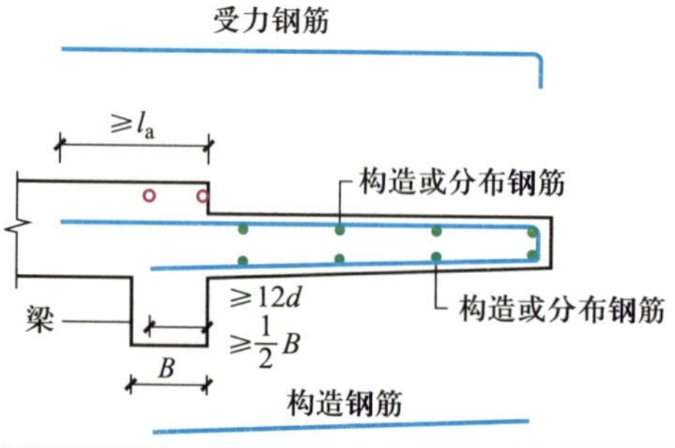 受力钢筋 $\geqslant l_a$ 构造或分布钢筋 梁 $\geqslant 12d$ $\geqslant \frac{1}{2}B$ 构造或分布钢筋 B 构造钢筋	

一、楼面板钢筋构造图识读

以图 5-5 4.470~11.670 板平法施工图(局部)及有梁楼盖板钢筋构造要求为依据，该局部楼面板钢筋构造图见表 5-10。

表 5-10　局部楼面板钢筋构造图

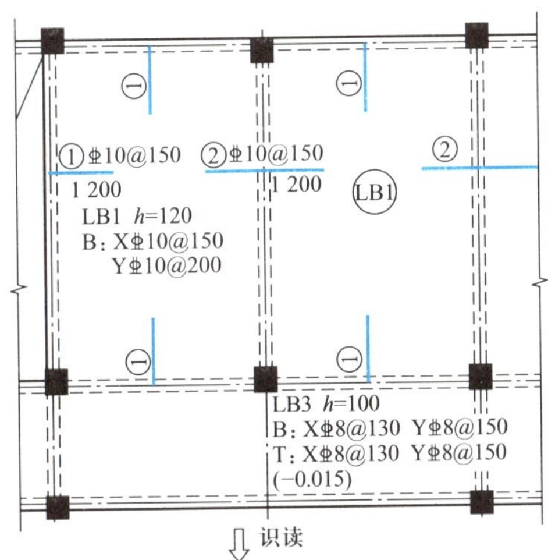

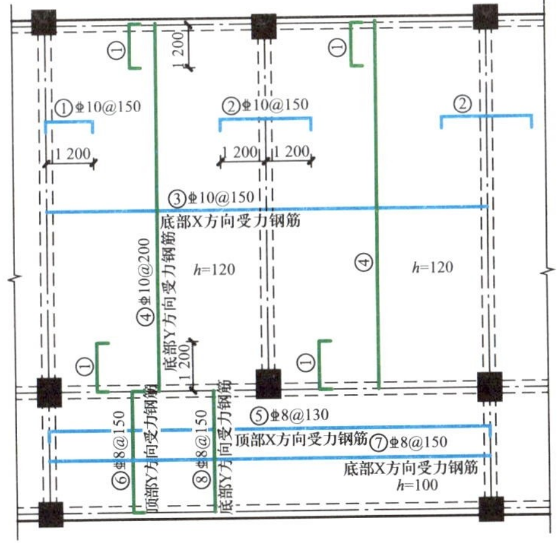

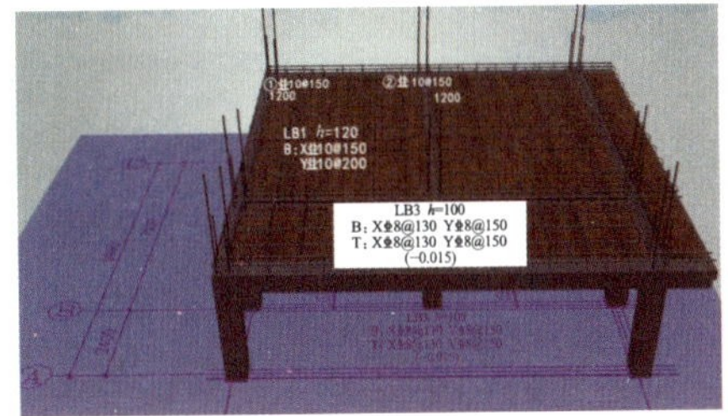
钢筋三维效果图

二、屋面板钢筋构造图识读

请同学们画出屋面板板块 WB1(图 5-10a)、WB3(图 5-10b)的钢筋构造图。

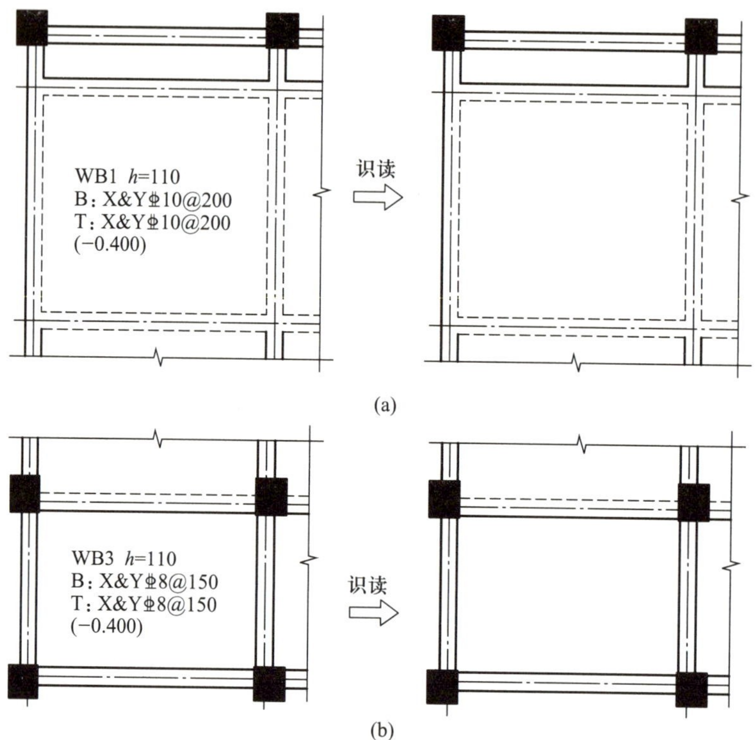

图 5-10　屋面板钢筋构造图

三、雨篷构造详图识读

雨篷构造详图如图 5-8 所示，其识读见表 5-11。

表 5-11　雨篷构造详图识读

雨篷构造详图	雨篷构造详图识读
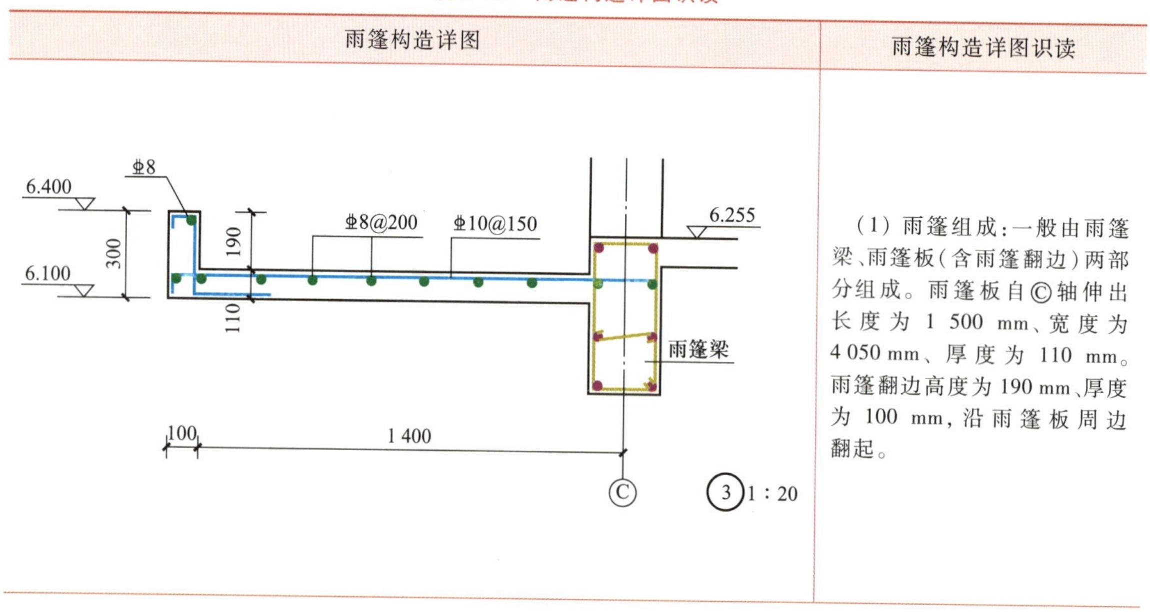	（1）雨篷组成：一般由雨篷梁、雨篷板（含雨篷翻边）两部分组成。雨篷板自Ⓒ轴伸出长度为 1 500 mm、宽度为 4 050 mm、厚度为 110 mm。雨篷翻边高度为 190 mm、厚度为 100 mm，沿雨篷板周边翻起。

续表

雨篷构造详图	雨篷构造详图识读
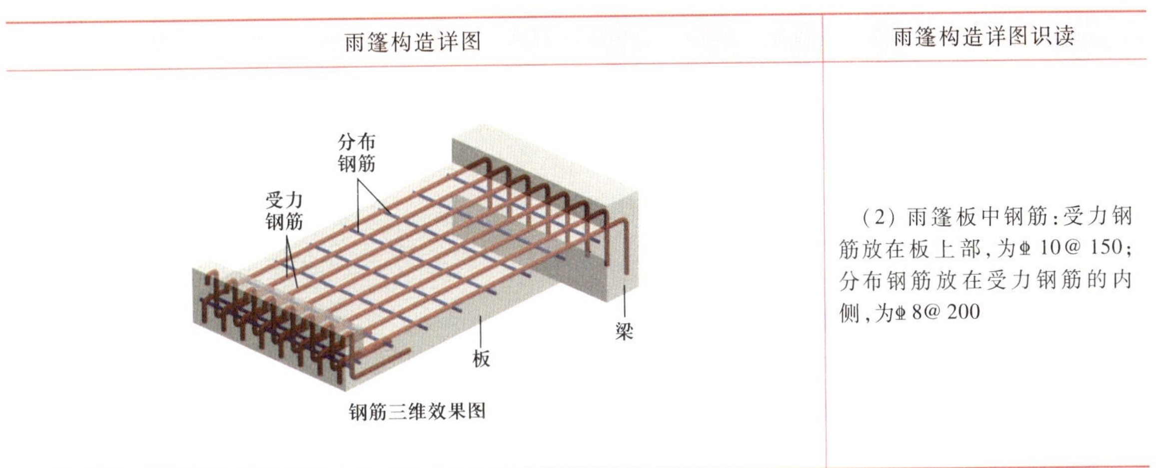钢筋三维效果图	(2) 雨篷板中钢筋:受力钢筋放在板上部,为ɸ 10@ 150;分布钢筋放在受力钢筋的内侧,为ɸ 8@ 200

任务 4　有梁楼盖板中钢筋的计算

1. 领悟有梁楼盖板中钢筋计算方法。

2. 能熟练画出图 5-11 4.470 板平法施工图(局部)中①~④号钢筋的简图,并计算出①~④号钢筋的单根长度、根数。

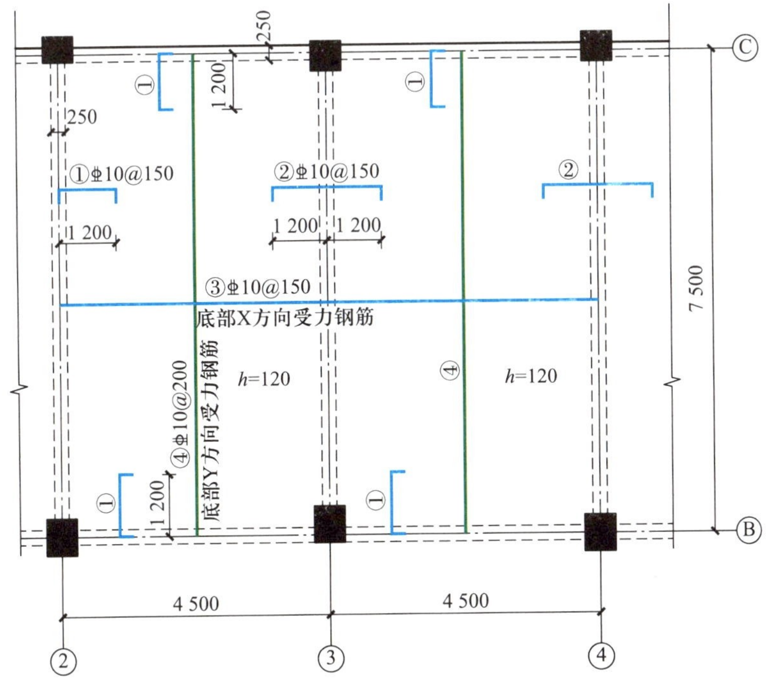

图 5-11　4.470 板平法施工图(局部)

板中钢筋的计算方法

板端支座为梁，板中钢筋的计算见表 5-12。

表 5-12 板中钢筋的计算

类型	板的配筋图	板中钢筋的计算
板下部贯通纵筋	h；$\geqslant 5d$，$\geqslant \frac{1}{2}B$；$\geqslant 5d$，$\geqslant \frac{1}{2}B$；B 净跨 l_n B	长度 l=净跨 l_n+左右伸入支座内的长度 max($B/2$,$5d$) 根数 $n=\dfrac{\text{净跨 } l_n-\text{板筋间距}}{\text{板筋间距}}+1$
板上部贯通纵筋	梁中角筋 $B-d'-c'$；$B-d'-c'$；$15d$；$15d$；B 净跨 l_n B	长度 l=水平长度+弯折长度 =净跨 l_n+2×($B-d'-c'$)+2×15d =净跨 l_n+2×($B-d'-c'$)+30d 根数 $n=\dfrac{\text{净跨 } l_n-\text{板筋间距}}{\text{板筋间距}}+1$
板上部非贯通纵筋	$B/2-d'-c'$ 向右伸出长度 $l_右$；梁中角筋；$15d$；$h-c$；B (a) 端支座负筋 $h-c$；h；向左伸出长度 $l_左$ 向右伸出长度 $l_右$ (b) 中间支座负筋	长度 l=水平长度+弯折长度 =伸出长度 $l_右$+($B/2-d'-c'$)+15d+$h-c$ 长度 l=水平长度+弯折长度 =伸出长度 $l_左$+伸出长度 $l_右$+2×($h-c$) 根数 $n=\dfrac{\text{净跨 } l_n-\text{板筋间距}}{\text{板筋间距}}+1$

注：表中 B 为梁宽度；d'为梁中角筋直径与箍筋直径之和；c'为梁的保护层厚度；h 为板厚度；c 为板的保护层厚度；d 为板中钢筋直径。一般情况下板上部贯通纵筋的端部直锚长度<l_a，需要向下弯折 15d。

一、板中钢筋的计算实例

图 5-12 为 4.470~11.670 板平法施工图（结施-11）的局部图，即②、③轴与Ⓑ、Ⓒ轴之间的现浇板块 LB1，该现浇板四周梁宽均为 250 mm，混凝土强度等级为 C25，板厚

$h=120$ mm，梁、板的保护层厚度 c'、c 分别为 25 mm、20 mm，梁中角筋直径 d_1 为 20 mm、箍筋直径 d_2 为 8 mm，该现浇板块 LB1 上部支座负筋和下部贯通纵筋的长度及根数具体计算见表 5-13。

板中钢筋的计算实例

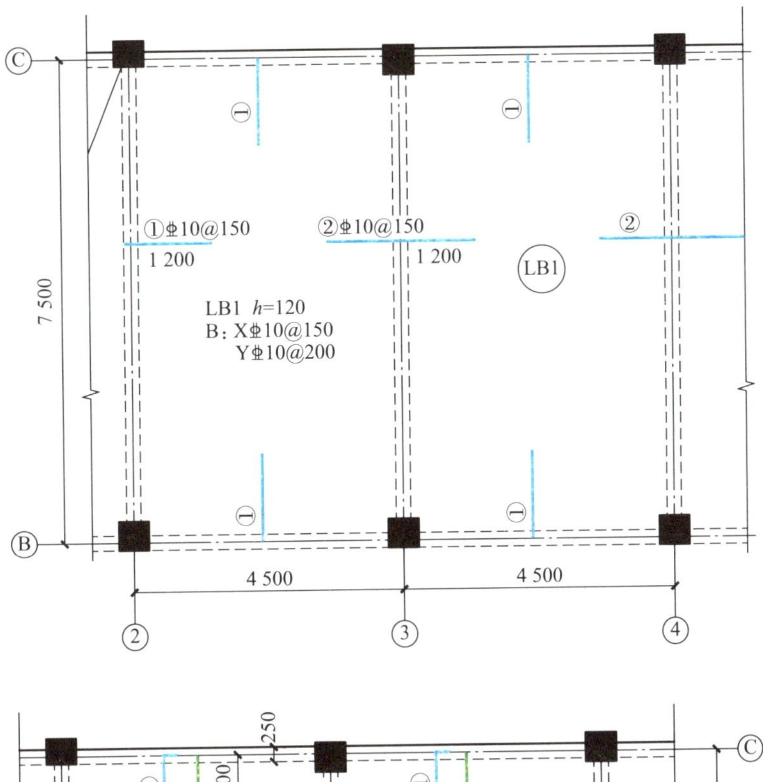

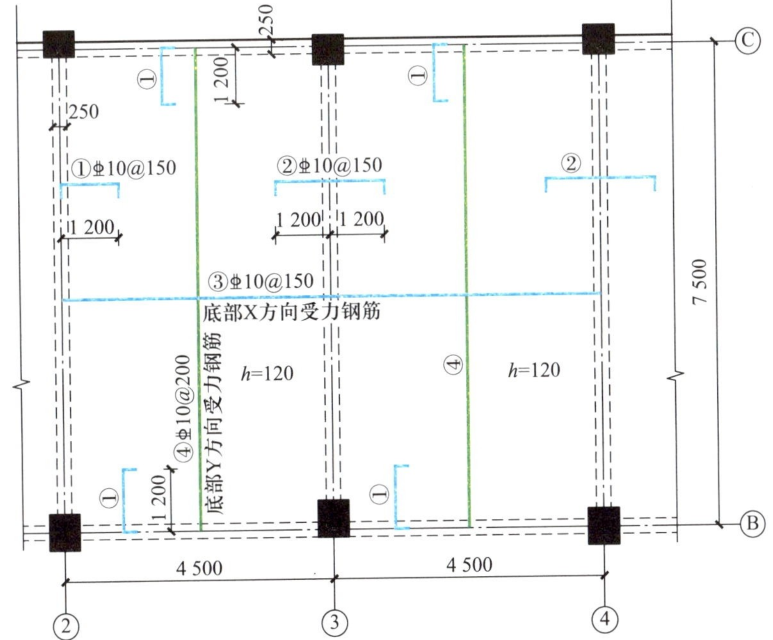

图 5-12　4.470～11.670 板平法施工图(局部)

表 5-13 板块 LB1 钢筋计算

<table>
<tr><th>钢筋名称</th><th colspan="2">钢筋计算式</th><th>简图</th></tr>
<tr><td rowspan="2">①号支座负筋
ф 10@ 150</td><td>单根长度</td><td>l = 伸出长度 $l_{右}+(B/2-d_1-d_2-c')+15d+h-c$
$=[1\ 200+(250/2-20-8-25)+15\times10+120-20]$ mm
$=(1\ 272+150+100)$ mm $=1\ 522$ mm</td><td rowspan="2">1 272
150 100</td></tr>
<tr><td>根数</td><td>② 轴 $n_1=\dfrac{净跨\ l_n-板筋间距}{板筋间距}+1$
$=\dfrac{(7\ 500-250-150)\ \text{mm}}{150\ \text{mm}}+1\approx48.33$
取 $n_1=49$
Ⓑ、Ⓒ轴 $n_2=\dfrac{(4\ 500-250-150)\ \text{mm}}{150\text{mm}}+1$
≈28.33 取 $n_2=29$
总根数 $n=n_1+4n_2=49+4\times29=165$</td></tr>
<tr><td rowspan="2">②号支座负筋
ф 10@ 150</td><td>单根长度</td><td>l = 伸出长度 $l_{左}$ + 伸出长度 $l_{右}+2\times(h-c)$
$=[1\ 200\times2+2\times(120-20)]$ mm $=2\ 600$ mm</td><td rowspan="2">2 400
100 100</td></tr>
<tr><td>根数</td><td>③、④轴总根数 $n=2n_1=2\times49=98$</td></tr>
<tr><td rowspan="2">③号钢筋
X ф 10@ 150</td><td>单根长度</td><td>l = 净跨 l_n + 左右伸入支座内的长度 $\max(B/2,5d)$
$=\left(4\ 500\times2-250+2\times250\times\dfrac{1}{2}\right)$ mm $=9\ 000$ mm</td><td rowspan="2">9 000</td></tr>
<tr><td>根数</td><td>$n=n_1=49$</td></tr>
<tr><td rowspan="2">④号钢筋
Y ф 10@ 200</td><td>单根长度</td><td>l = 净跨 l_n + 左右伸入支座内的长度 $\max(B/2,5d)$
$=\left(7\ 500-250+2\times250\times\dfrac{1}{2}\right)$ mm $=7\ 500$ mm</td><td rowspan="2">7 500</td></tr>
<tr><td>根数</td><td>$n_3=\dfrac{净跨\ l_n-板筋间距}{板筋间距}+1$
$=\dfrac{(4\ 500-250-200)\ \text{mm}}{200\ \text{mm}}+1=21.25$ 取 $n_3=22$
总根数 $n=2n_3=2\times22=44$</td></tr>
</table>

注：1. $\max(B/2,5d)=\max(250\ \text{mm}/2,5\times10\ \text{mm})=125$ mm。

2. 板中的分布钢筋未列入计算。

二、LB2板中钢筋的计算

图5-13所示LB2为某框架结构室内现浇板(局部),板四周为KL1,板四角为KZ1,混凝土强度等级为C25,试计算LB2中钢筋长度及根数(表5-14)。

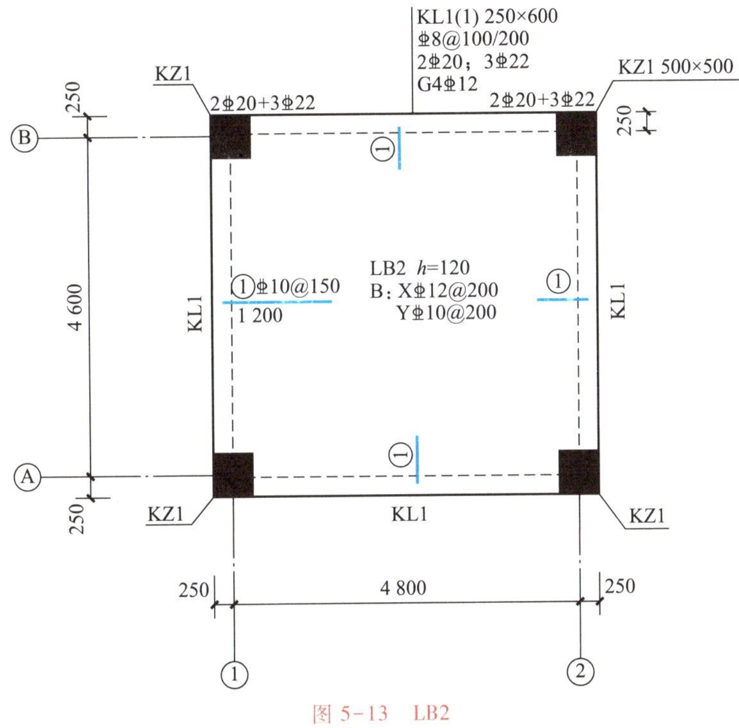

图5-13　LB2

表5-14　LB2钢筋计算

钢筋名称		钢筋计算式		钢筋简图
①号支座负筋		单根长度		
		根数		
板下部贯通纵筋	X方向	单根长度		
		根数		
	Y方向	单根长度		
		根数		

知识要点

现浇钢筋混凝土板常见的类别有单向板、双向板和悬挑板。板中配有受力钢筋和分布钢筋（构造钢筋），板的配筋形式有弯起式和分离式，分离式配筋形式又可分为单层双向配筋和双层双向配筋。

有梁楼盖板平法施工图包括楼面板和屋面板平法施工图，其平面标注主要有板块集中标注和板支座原位标注。板块集中标注的内容有必注项板块编号、板厚、贯通纵筋和选注项板面标高高差，板支座原位标注的内容有必注项板支座上部非贯通纵筋和悬挑板上部受力钢筋。

板中受力钢筋构造包括板下部贯通纵筋构造、板上部贯通纵筋构造和板支座上部非贯通纵筋（支座负筋）构造。

学习检测

一、单项选择

1. 对于四边支承的现浇板，当长边与短边之比（　　）时，应为双向板。

A. ≥1　　B. ≤2　　C. >2 且<3　　D. ≥3

2. 下列现浇板中，应为单向板的是（　　）。

A. 板式楼梯斜板　　B. 四边支承板　　C. 雨篷板　　D. 楼面板

3. 关于双向板，下列说法正确的是（　　）。

A. 长边配置受力钢筋，短边配置构造钢筋

B. 短边配置受力钢筋，长边配置构造钢筋

C. 长边、短边钢筋分别配置在内侧、外侧

D. 长边、短边钢筋分别配置在外侧、内侧

4. 关于板的双层双向配筋，下列说法正确的是（　　）。

A. 板下部或上部一个方向配筋　　B. 板下部或上部两个方向配筋

C. 板下部和上部一个方向配筋　　D. 板下部和上部两个方向配筋

5. 现浇板块编号“WB”表示（　　）。

A. 现浇板　　B. 屋面板　　C. 楼面板　　D. 悬挑板

6. 板块集中标注中的选注项是（　　）。

A. 板块编号　　B. 板厚　　C. 贯通纵筋　　D. 板面标高高差

7. 有梁楼盖板底部受力钢筋伸入支座（梁）内的长度为（　　）。

A. $\geq 5d$　　B. ≥梁宽/2

C. $\geq 5d$ 且≥梁宽/2　　D. 梁宽-梁保护层厚度

8. 有梁楼盖板中间支座（梁）负筋的弯折长度为（　　）。

A. 板厚 h-板保护层厚度　　B. $15d$

C. $10d$　　D. $5d$

9. 下列钢筋不属于板中配筋的是(　　)。

A. 受力钢筋　　B. 支座负筋　　C. 构造钢筋　　D. 架立钢筋

10. 关于板支座上部非贯通纵筋的标注,下列说法错误的是(　　)。

A. 应标注在配置相同跨的第一跨上

B. 支座负筋用粗实线表示,钢筋的长度为支座的边缘向跨内的伸出长度

C. 钢筋上方注写钢筋编号、配筋值、横向连续布置的跨数

D. 钢筋下方注写钢筋伸出长度

11. 某现浇板配筋为 B:X&Y Φ 14@ 200　T:X&Y Φ 16@ 200,其配置方式为(　　)。

A. 单层单向　　B. 单层双向　　C. 双层单向　　D. 双层双向

12. 板顶、板底的首、末根受力钢筋距梁边的起步距离为(　　)。

A. 50 mm　　B. 100 mm　　C. 1/2 板筋间距　　D. 板筋间距

13. 有梁楼盖板支座负筋在梁内的弯折长度为(　　)。

A. 20d　　B. 15d　　C. 10d　　D. 12d

14. 如图 5-14 所示,已知梁宽 250 mm,梁、板的保护层厚度分别为 25 mm、20 mm,下列关于板中钢筋长度计算错误的是(　　)。

A. X 方向  8 000　　B. Y 方向 7 000

C. ②号筋 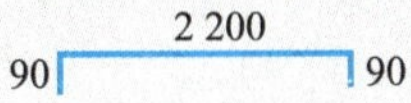 90 2 200 90　　D. ①号筋 150 1 100 90

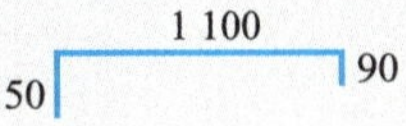

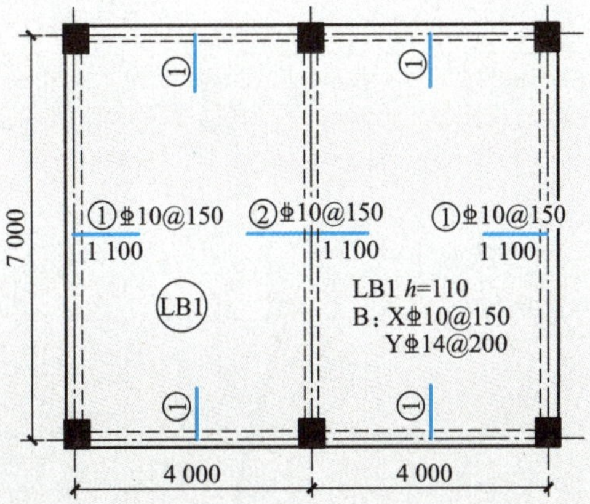

图 5-14　LB1 平法施工图

二、识图

1. 某现浇板平法施工图如图 5-15 所示,照图识读:

(1) 该现浇板为________板,板厚为________。板________部配筋为:________方向配置受力钢筋为________________、________方向配置受力钢筋为________________。

(2) ① 号支座负筋配筋为__________,自梁__________向板内伸出长度为__________。

② 号支座负筋配筋为________,自梁________向板内________伸出长度为________。

(3) Φ 16@ 200 指:钢筋种类为________、直径为________、间距为________。

(4) 画出该现浇板的钢筋构造图。

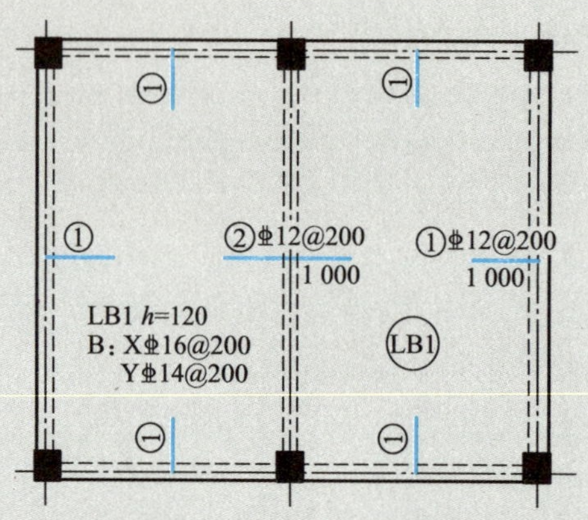

图 5-15 某现浇板平法施工图

2. 结施-11 中板平法施工图(局部)如图 5-16 所示,照图识读:

(1) 该现浇板为________板,其坡度为________,屋面檐沟板板面标高为________。

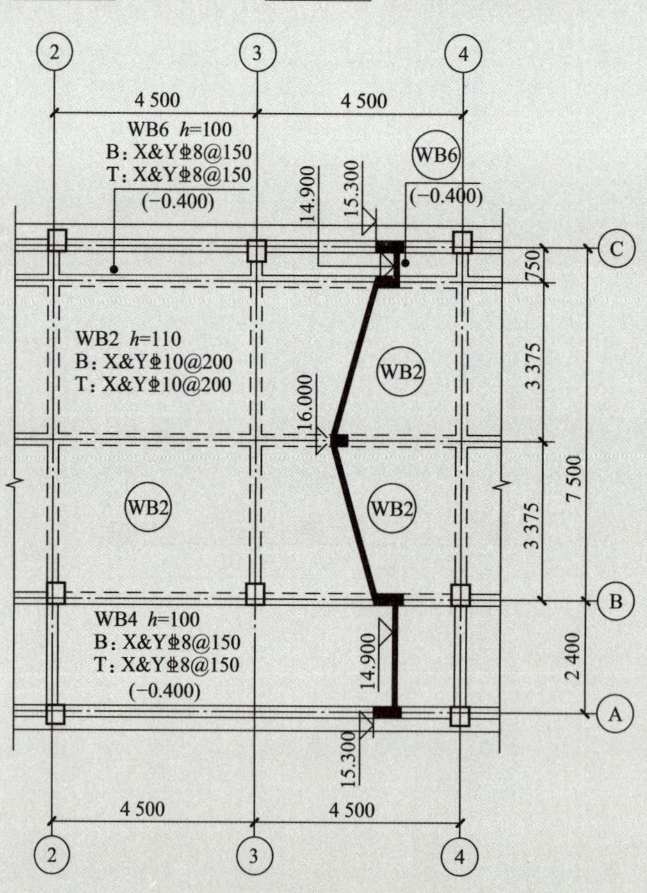

图 5-16 板平法施工图(局部)

(2) 屋面板板块分别是 WB6、WB2、WB4，其中 WB6 和 WB4 的板厚为________，板上部和下部配筋________，在________方向与________方向均为____________，其板面标高为________。WB2 的板厚为________，板上部和下部配筋________，在________方向与________方向均为______________，其板面标高为________。

三、计算

如图 5-17 所示，LB1 为某框架结构室内现浇楼面板，混凝土强度等级为 C25，试计算该板中钢筋长度及根数。

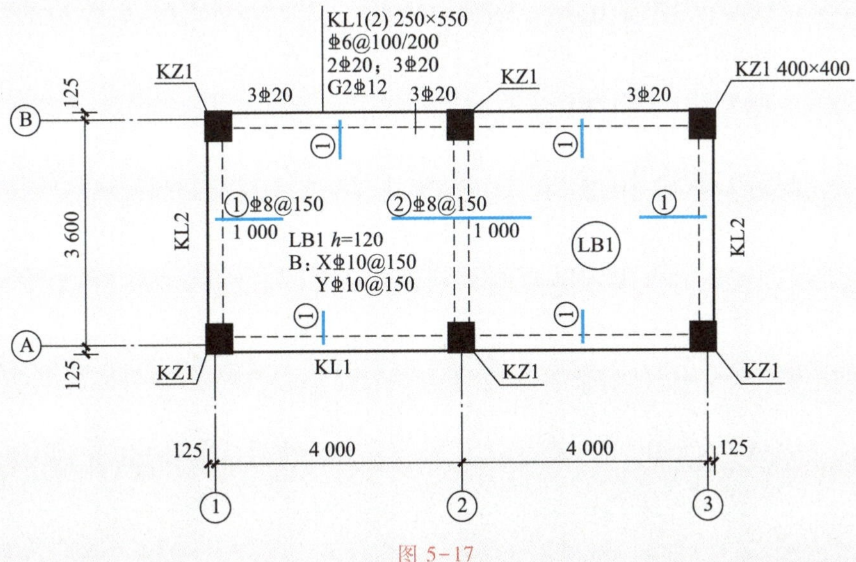

图 5-17

项目6 楼梯平法施工图的识读

导读

现浇钢筋混凝土楼梯按结构的受力方式可分为板式楼梯(图 6–1a)和梁式楼梯(图 6–1b)。本项目结合某框架结构行政楼的楼梯平法施工图，阐述板式楼梯平法施工图的制图规则和板式楼梯钢筋构造要求，使学生熟练掌握板式楼梯平法施工图的识读方法和识读要点。

(a) 板式楼梯

(b) 梁式楼梯

图 6–1 现浇钢筋混凝土楼梯

任务1 楼梯的类别及其构件组成

1. 说出楼梯的分类方法。
2. 知道板式楼梯的组成及梯板的配筋。

一、楼梯的分类

楼梯是建筑物垂直交通设施，联系上下交通通行和人员疏散。按照制作楼梯所用的材料可以将楼梯分成钢筋混凝土楼梯、钢楼梯、木楼梯和其他材料楼梯。钢筋混凝土楼梯结构刚度大，耐久性、耐火性好，造价低，且能满足各种尺寸要求，因此在工程中应用广泛，本项目主要介绍钢筋混凝土楼梯。

钢筋混凝土楼梯按照施工方法不同，又可分为现浇钢筋混凝土楼梯和预制钢筋混凝土楼梯。现浇钢筋混凝土楼梯的特点是整体性好、刚度大、尺寸灵活、形式多样、抗震性能好，且不需要大型起重设备，但施工工序多、工期较长。钢筋混凝土楼梯按照结构的受力方式可分为板式楼梯和梁式楼梯两大类。

板式楼梯由带踏步的梯板、平台梁、平台板组成，如图6-2所示。梯板相当于一块斜放的现浇板，搁置在两端的平台梁上面。板式楼梯的荷载由带踏步的梯板直接传递给平台梁，再由平台梁通过梯柱传至下部。板式楼梯受力简单、底面平整、梯板厚度随着梯段跨度增加而增加，一般适用于梯段跨度不太大的情况。

梁式楼梯的踏步板两侧设有斜梁，平台梁是斜梁的支座，如图6-3所示。梁式楼梯的荷载由梯板先传递到斜梁上，斜梁传递给平台梁，再由平台梁通过梯柱传至下部。梁式楼梯受力较板式楼梯复杂，施工难度大，但可以节省材料、减轻自重，适用于梯段跨度较大的楼梯。

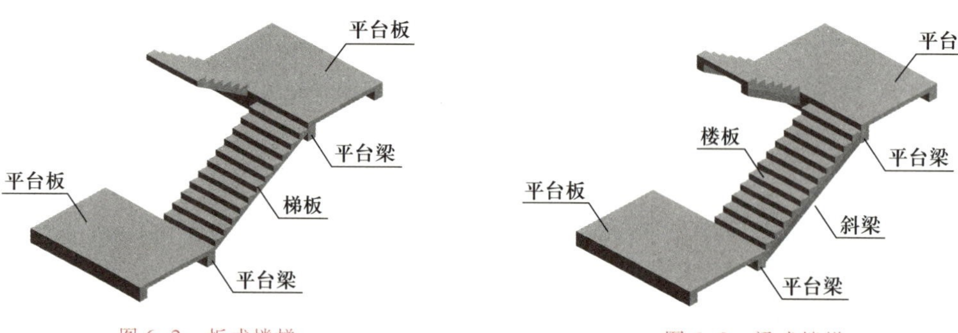

图6-2 板式楼梯　　图6-3 梁式楼梯

本项目所学习的楼梯平法识读内容都是板式楼梯，不涉及梁式楼梯。

二、板式楼梯梯板配筋

板式楼梯由带踏步的梯板、平台梁、平台板组成，平台梁和平台板的配筋参考项目

4 梁平法施工图的识读和项目 5 板平法施工图的识读，梯板为一块两端支承在平台梁上的单向板，板中配筋有受力钢筋和分布钢筋（构造钢筋），如图 6-4 所示。

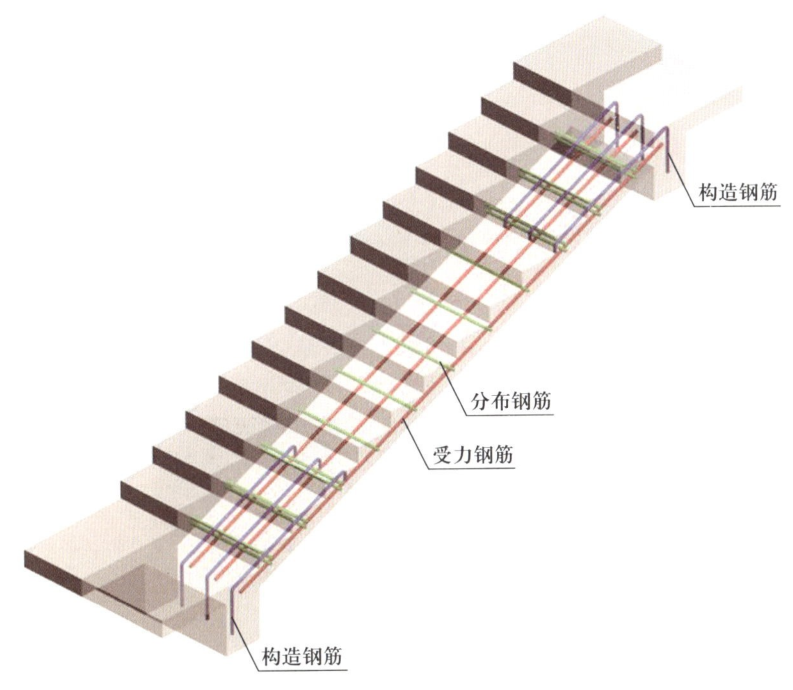

图 6-4　板式楼梯梯板配筋

一、楼梯的分类

根据制作楼梯所用材料的不同，请对表 6-1 中楼梯进行识别。

表 6-1　楼梯的分类

楼梯示例	楼梯分类	楼梯示例	楼梯分类

续表

楼梯示例	楼梯分类	楼梯示例	楼梯分类

二、板式楼梯的组成及梯板的钢筋识别

请分析表 6-2 中板式楼梯的组成及梯板的钢筋。

表 6-2 板式楼梯的组成及梯板的钢筋识别

板式楼梯示例	板式楼梯的组成 及梯板的钢筋识别
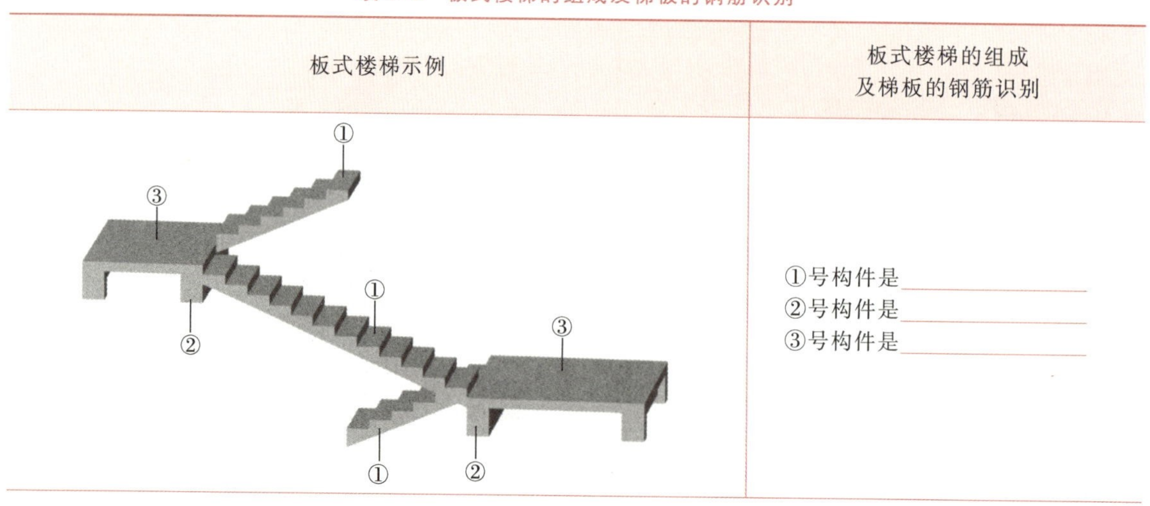	①号构件是______ ②号构件是______ ③号构件是______

续表

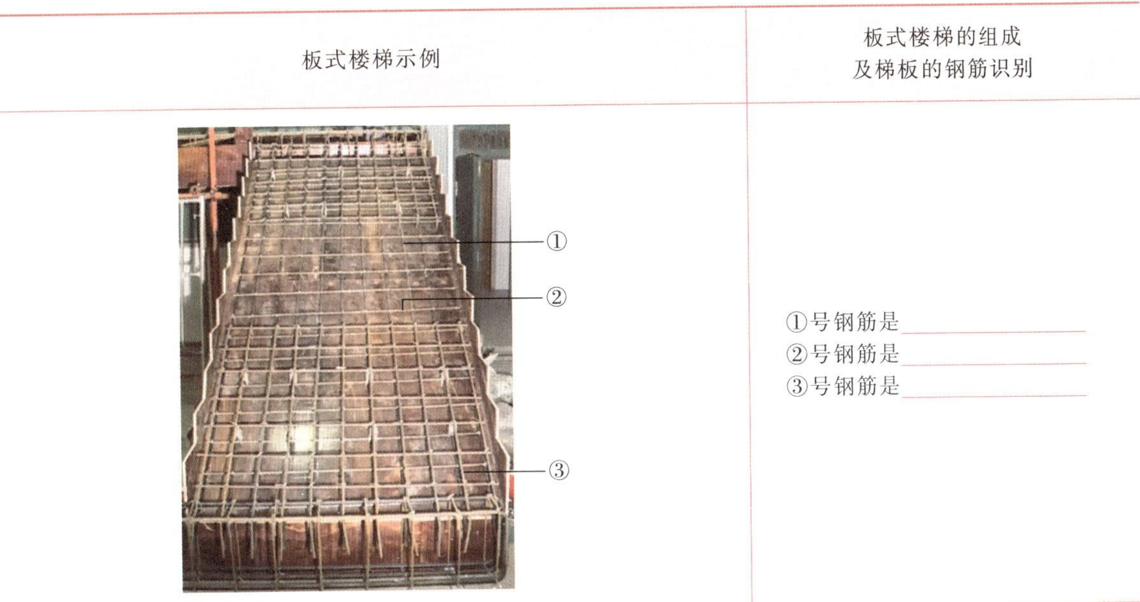

板式楼梯示例	板式楼梯的组成及梯板的钢筋识别
	①号钢筋是______ ②号钢筋是______ ③号钢筋是______

任务 2　板式楼梯平法施工图的识读

1. 知道现浇混凝土板式楼梯的制图规则。
2. 熟练识读图 6-5 混凝土板式楼梯平法施工图(局部)。

一、板式楼梯平法施工图的表示方法

混凝土板式楼梯的平面整体表示方法是指将楼梯构件的尺寸和配筋等,按照平面整体表示方法制图规则,直接表达在楼梯结构平面图上,再与楼梯标准构造详图结合,构成完整的楼梯结构设计。混凝土板式楼梯平法施工图(局部)如图 6-5 所示。

现浇混凝土板式楼梯梯板的平法注写方式有平面注写方式、剖面注写方式和列表注写方式。在实际施工图中,平面注写方式及剖面注写方式应用较多,本项目主要介绍平面注写方式及剖面注写方式。平台板、平台梁及梯柱的平法注写方式见本书前面介绍的梁、板、柱平法表示(《混凝土结构施工图平面整体表示方法制图规则和构造详图(现浇混凝土框架、剪力墙、梁、板)》16G101-1)。

板式楼梯的类型

二、板式楼梯的类型

(1) 板式楼梯根据梯板、平台梁、平台板的组成方式、适用范围,楼板的支承方式以及是否参与结构整体抗震计算可分为 12 种,其梯板代号、适用范围及特征详见表 6-3。

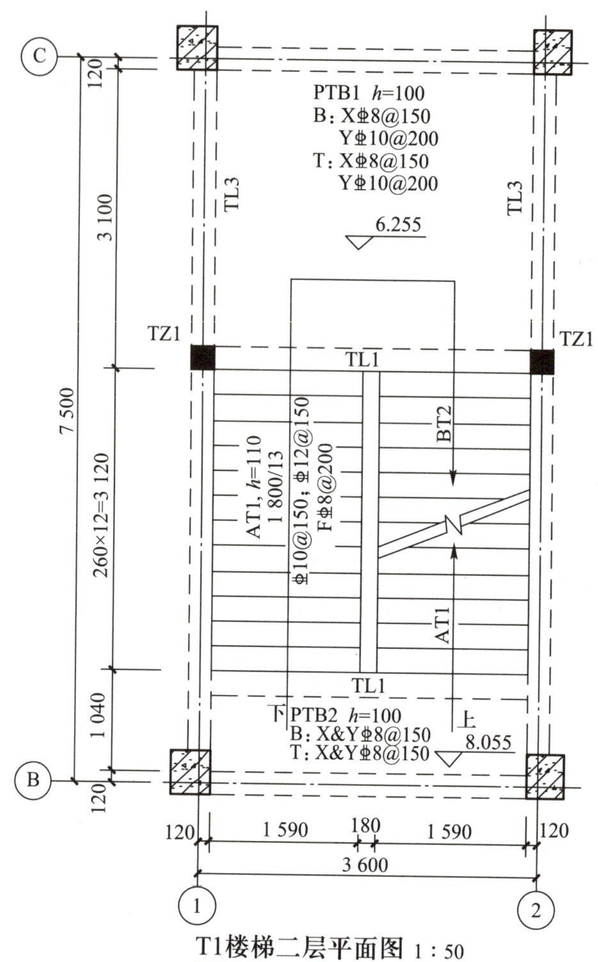

图 6-5 混凝土板式楼梯平法施工图(局部)

表 6-3 板式楼梯的梯板代号、适用范围及特征

梯板代号	适用范围		特征	
	抗震构造措施(是否参与结构整体抗震计算)	适用结构	图示	说明
AT	无(不参与)	剪力墙、砌体结构	踏步段；高端梯梁(梯板高端单边支座)；低端梯梁(梯板低端单边支座)；上；低端梯梁(梯板低端单边支座)；高端梯梁(梯板高端单边支座)	梯板全部由踏步段构成

续表

梯板代号	适用范围		特征	
	抗震构造措施（是否参与结构整体抗震计算）	适用结构	图示	说明
BT	无（不参与）	剪力墙、砌体结构	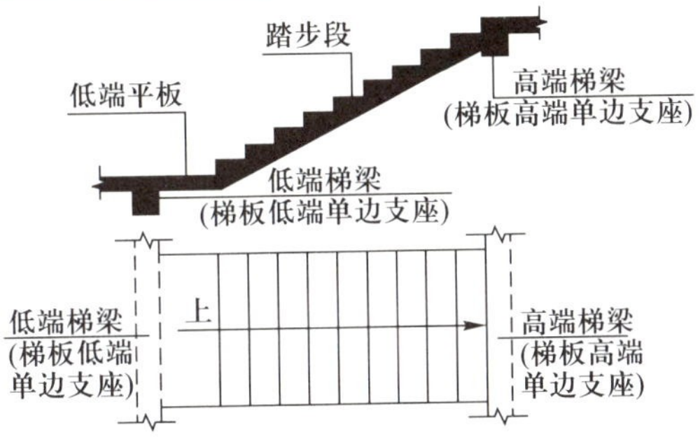 踏步段；低端平板；高端梯梁（梯板高端单边支座）；低端梯梁（梯板低端单边支座）；上；低端梯梁（梯板低端单边支座）；高端梯梁（梯板高端单边支座）	梯板由低端平板和踏步段构成
CT	无（不参与）	剪力墙、砌体结构	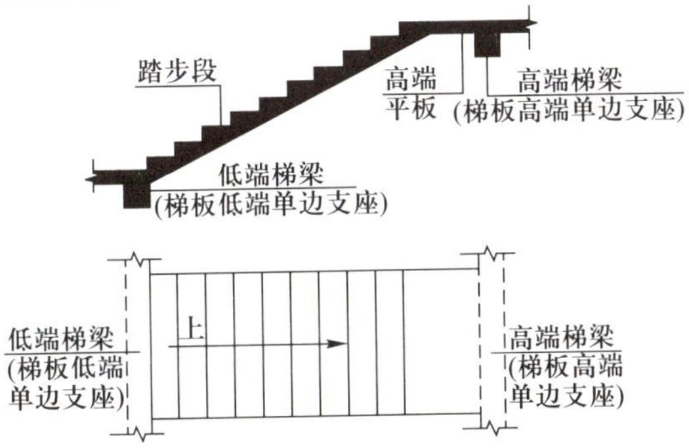 踏步段；高端平板；高端梯梁（梯板高端单边支座）；低端梯梁（梯板低端单边支座）；上；低端梯梁（梯板低端单边支座）；高端梯梁（梯板高端单边支座）	梯板由踏步段和高端平板构成
DT	无（不参与）	剪力墙、砌体结构	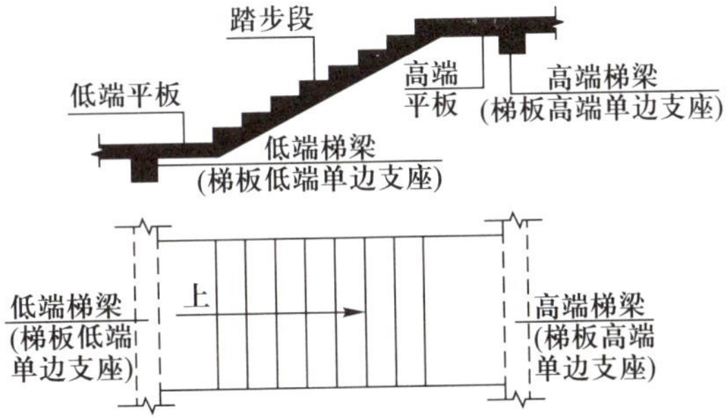 踏步段；低端平板；高端平板；高端梯梁（梯板高端单边支座）；低端梯梁（梯板低端单边支座）；上；低端梯梁（梯板低端单边支座）；高端梯梁（梯板高端单边支座）	梯板由低端平板、踏步段和高端平板构成
ET	无（不参与）	剪力墙、砌体结构	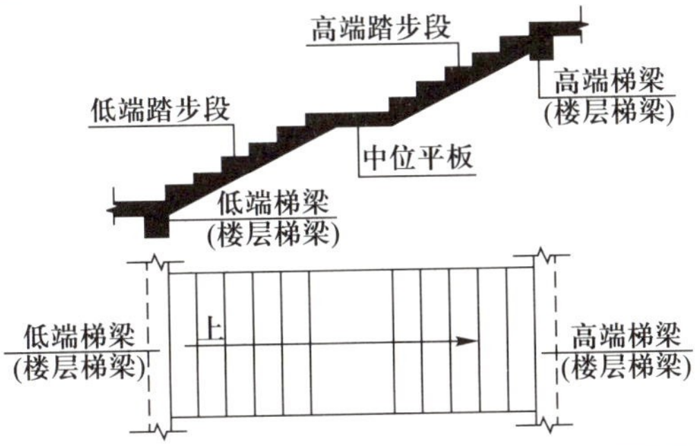 高端踏步段；低端踏步段；高端梯梁（楼层梯梁）；中位平板；低端梯梁（楼层梯梁）；上；低端梯梁（楼层梯梁）；高端梯梁（楼层梯梁）	梯板由低端踏步段、中位平板和高端踏步段构成

续表

梯板代号	适用范围		特征	
	抗震构造措施（是否参与结构整体抗震计算）	适用结构	图示	说明
FT	无（不参与）	剪力墙、砌体结构	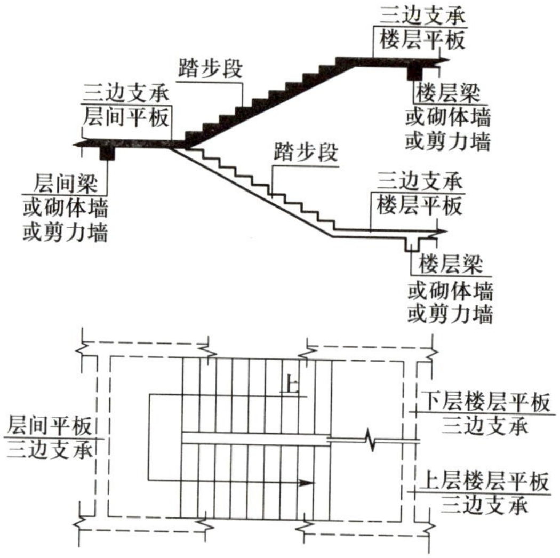 三边支承 楼层平板；踏步段；楼层梁或砌体墙或剪力墙；三边支承 层间平板；层间梁或砌体墙或剪力墙；踏步段；三边支承 楼层平板；楼层梁或砌体墙或剪力墙；上；层间平板三边支承；下层楼层平板三边支承；上层楼层平板三边支承	由层间平板、踏步段和楼层平板构成。 梯板一端的层间平板采用三边支承，另一端的楼层平板也采用三边支承
GT	无（不参与）	剪力墙、砌体结构	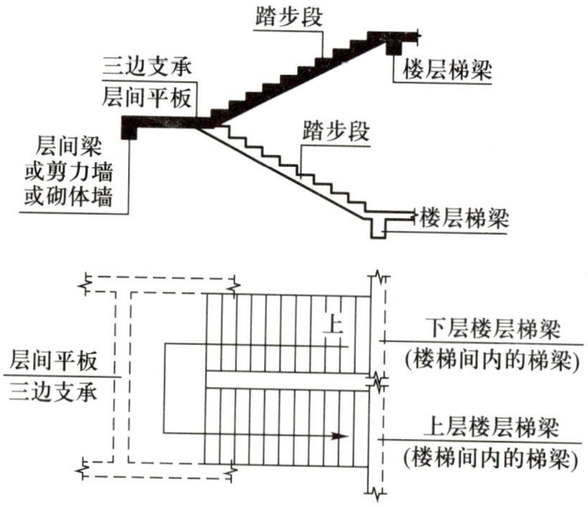 踏步段；三边支承 层间平板；楼层梯梁；层间梁或剪力墙或砌体墙；踏步段；楼层梯梁；上；层间平板三边支承；下层楼层梯梁（楼梯间内的梯梁）；上层楼层梯梁（楼梯间内的梯梁）	由层间平板、踏步段构成。 梯板一端的层间平板采用三边支承

续表

梯板代号	适用范围		特征	
	抗震构造措施（是否参与结构整体抗震计算）	适用结构	图示	说明
ATa	有（不参与）	框架结构、框剪结构中的框架部分	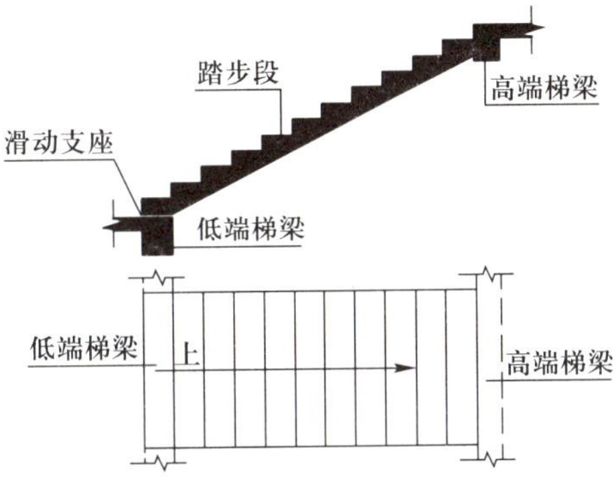 踏步段 高端梯梁 滑动支座 低端梯梁 低端梯梁 上 高端梯梁	梯板全部由踏步段构成，梯板高端支承在梯梁上，梯板低端带滑动支座支承在梯梁上
ATb	有（不参与）	框架结构、框剪结构中的框架部分	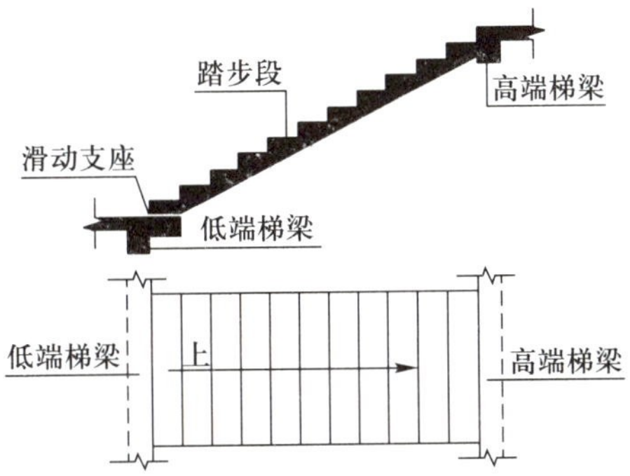 踏步段 高端梯梁 滑动支座 低端梯梁 低端梯梁 上 高端梯梁	梯板全部由踏步段构成，梯板高端支承在梯梁上，梯板低端带滑动支座支承在梯梁的挑板上
ATc	有（参与）	框架结构、框剪结构中的框架部分	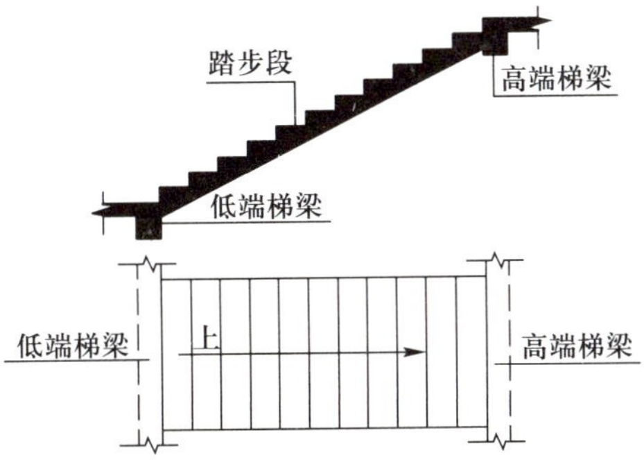 踏步段 高端梯梁 低端梯梁 低端梯梁 上 高端梯梁	梯板全部由踏步段构成，梯板两端均支承在梯梁上，楼梯参与结构整体抗震计算

续表

梯板代号	适用范围		特征	
	抗震构造措施（是否参与结构整体抗震计算）	适用结构	图示	说明
CTa	有 （不参与）	框架结构、框剪结构中的框架部分	高端平板 踏步段 高端梯梁 滑动支座 低端梯梁 低端梯梁 上 高端梯梁	梯板由踏步段和高端平板构成，梯板高端支承在梯梁上，梯板低端带滑动支座支承在梯梁上
CTb	有 （不参与）	框架结构、框剪结构中的框架部分	高端平板 踏步段 高端梯梁 滑动支座 低端梯梁 低端梯梁 上 高端梯梁	梯板由踏步段和高端平板构成，梯板高端支承在梯梁上，梯板低端带滑动支座支承在梯梁的挑板上

（2）楼梯编号由梯板代号和序号组成，如：AT1 表示 1 号 AT 型梯板。

三、板式楼梯的平面注写方式

楼梯集中标注

楼梯的平面注写方式是在楼梯平面布置图上以注写截面尺寸和配筋具体数值的方式来表达楼梯施工图，楼梯的平面注写方式包括集中标注和外围标注。

1. 集中标注

楼梯集中标注的内容有五项，包括梯板代号和序号、梯板厚度、踏步段总高度和踏步级数、梯板上部纵筋和下部纵筋、梯板分布钢筋。对于 ATc 型楼板，还需注明梯板两侧边缘构件的纵筋和箍筋。

楼梯外围标注

楼梯集中标注的内容与规则见表 6-4。

2. 外围标注

楼梯外围标注的内容包括楼梯间的平面尺寸、楼层结构标高（结构层楼面现浇板顶面标高）、层间结构标高（层间平台板顶面标高）、楼梯的上下方向、梯板的平面几何尺寸、平台板配筋、梯梁及梯柱配筋等，如图 6-6 所示。

表 6-4 楼梯集中标注的内容与规则

标注内容(数据项)	制图规则解读
梯板代号和序号	代号:AT～CTb 型(见表 6-3)
	序号:××加在梯板代号后面
梯板厚度	注写 h=×××,垂直于板面的厚度,单位为 mm
踏步段总高度/踏步级数	注写踏步段总的高度尺寸以及该踏步段踏步的级数,单位为 mm
上部纵筋;下部纵筋	梯板上部纵筋的级别、直径及间距;梯板下部纵筋的级别、直径及间距
梯板分布钢筋	注写梯板分布钢筋的级别、直径及间距

例 6-1:结施-13 T1 楼梯二层平面图中的 AT1

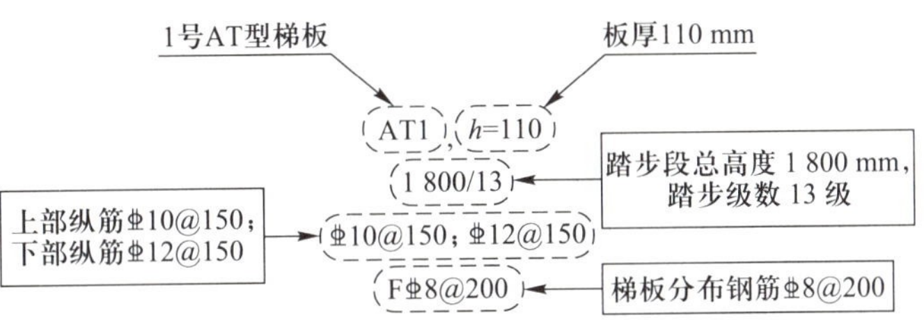

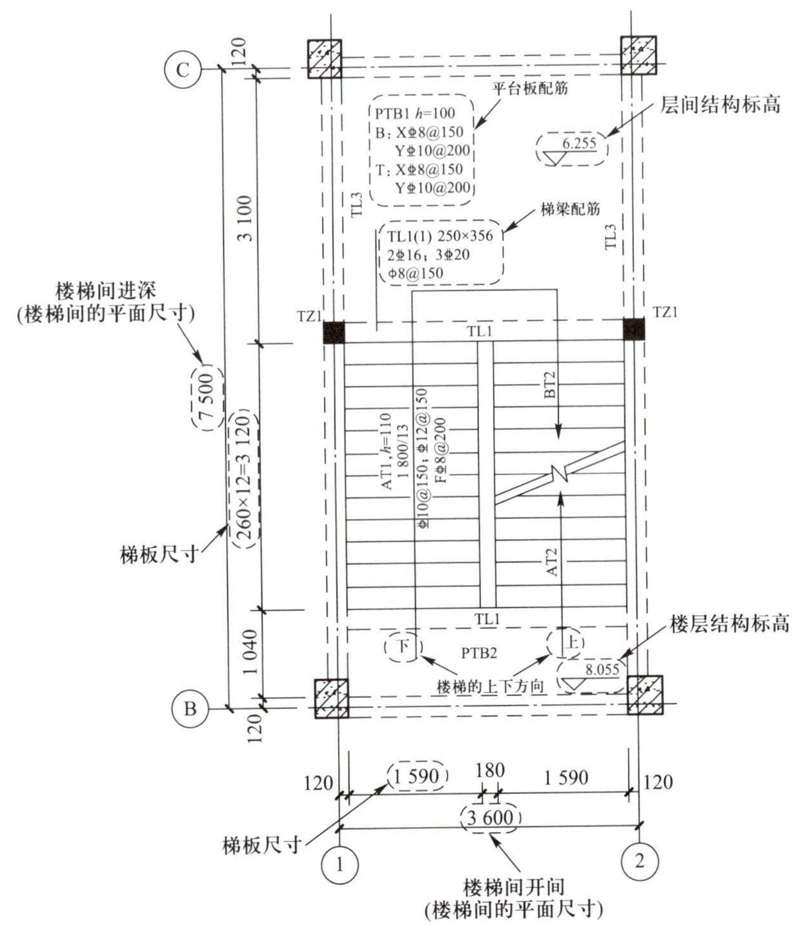

图 6-6 楼梯的外围标注

楼梯剖面注写方式

四、板式楼梯的剖面注写方式

楼梯的剖面注写方式是在楼梯平法施工图中绘制楼梯平面布置图和楼梯剖面图，标注方式分为平面标注和剖面标注。

（1）楼梯平面布置图的标注内容包括楼梯间的平面尺寸、楼层及层间结构标高、楼梯的上下方向、梯板的平面几何尺寸、梯板类型及编号、平台板配筋、梯梁及梯柱配筋等。

（2）楼梯剖面图的标注内容包括梯板集中标注、梯梁及梯柱编号、梯板水平及竖向尺寸、楼层及层间结构标高等，如图 6-7 所示。

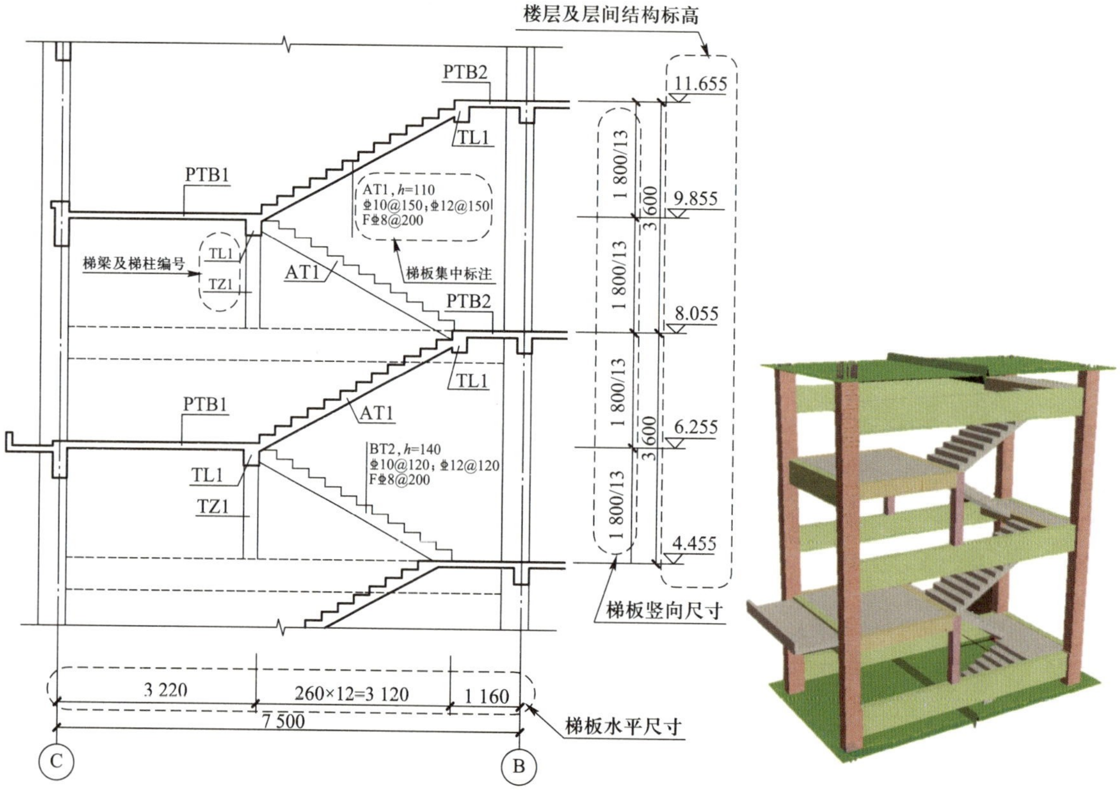

(a) 楼梯剖面图的标注

(b) 楼梯三维图

图 6-7 楼梯的剖面注写方式(剖面)

楼梯平法施工图识读

1. 楼梯平法施工图

以结施-13 T1 楼梯平法施工图(图 6-8)为例介绍。

2. 楼梯平法施工图识读

楼梯平法施工图的主要内容有五方面：

（1）图号、图名和比例。

（2）楼层结构标高、层间结构标高。

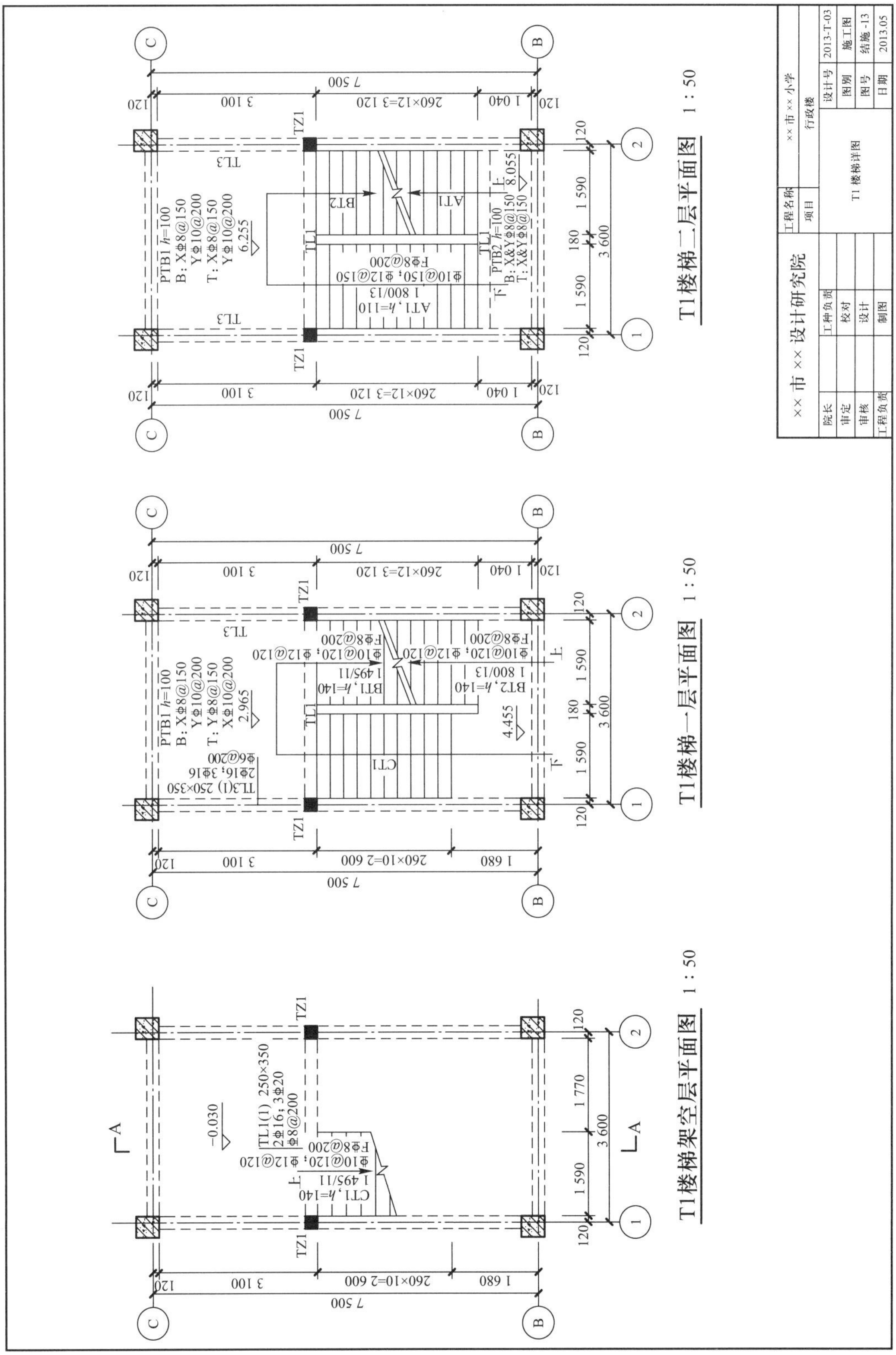

×× 市 ×× 设计研究院				工程名称	×× 市 ×× 小学	
				项目	行政楼	
院长		工种负责		T1 楼梯详图	设计号	2013-T-03
审定		校对			图别	施工图
审核		设计			图号	结施 -13
工程负责		制图			日期	2013.05

图 6-8　结施-13 T1 楼梯平法施工图

（3）楼梯间定位轴线及其编号、间距尺寸。

（4）楼梯平法标注：梯板编号、板厚、配筋以及平台板、梯梁、梯柱的尺寸配筋等。

（5）必要的设计详图和说明。

图纸识读要按一定的方法和步骤对这五方面的内容逐一识读，楼梯平法施工图识读见表6-5。

表6-5 楼梯平法施工图识读

识读步骤	主要内容识读	说明
标题栏	图号：结施-13 图名：T1 楼梯详图 比例：1∶50	因施工图大比例缩小后收入本书，故无法真实反映实际尺寸比例关系
楼层结构标高、层间结构标高	楼层结构标高是指结构层楼面现浇板顶面标高： 如T1楼梯二层平面图中PTB2的板顶面标高为8.055 m。 层间结构标高是层间平台板顶面标高： 如T1楼梯二层平面图中PTB1的板顶面标高为6.255 m	
楼梯间定位轴线及其编号、间距尺寸	水平定位轴线：①～②，楼梯间开间尺寸为3.6 m。竖向定位轴线：Ⓑ～Ⓒ，楼梯间进深尺寸为7.5 m	
楼梯平法标注	（1）T1楼梯一层平面图识读 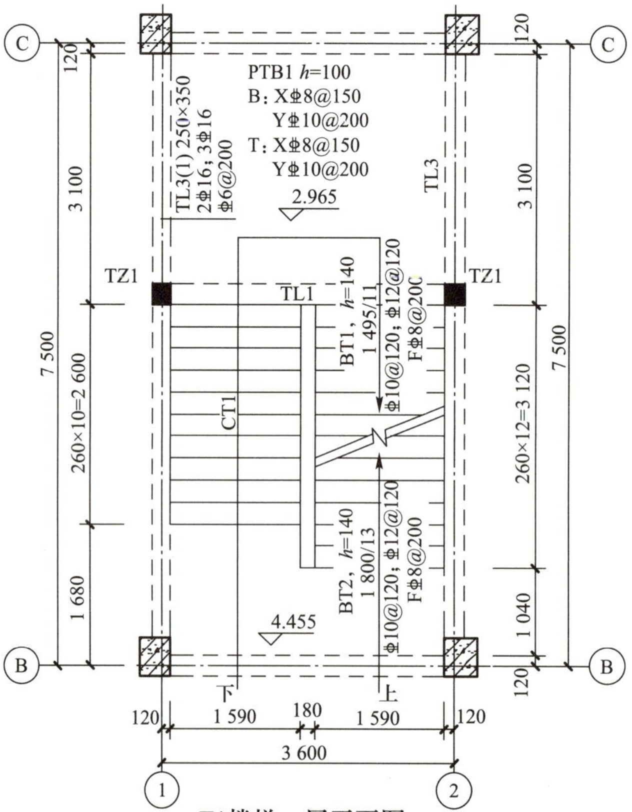 PTB1 *h*=100 B：XΦ8@150 YΦ10@200 T：XΦ8@150 YΦ10@200 TL3(1) 250×350 2Φ16；3Φ16 Φ6@200 TL3 2.965 TZ1　TL1　TZ1 BT1，*h*=140 1 495/11 Φ10@120；Φ12@120 FΦ8@200 CT1 BT2，*h*=140 1 800/13 Φ10@120；Φ12@120 FΦ8@200 4.455 下　上 120　3 100　260×10=2 600　1 680　7 500　120 120　3 100　260×12=3 120　1 040　7 500　120 120　1 590　180　1 590　120 3 600 Ⓒ　Ⓑ　①　② **T1楼梯一层平面图** 1∶50	

续表

识读步骤	主要内容识读	说明
楼梯平法标注	① 集中标注:1 号 BT 型梯板,板厚为 140 mm;踏步段总高度为 1 495 mm,踏步级数为 11;上部纵筋为ф 10@ 120,下部纵筋为ф 12@ 120;分布钢筋为ф 8@ 200。 2 号 BT 型梯板,板厚为 140 mm;踏步段总高度为 1 800 mm,踏步级数为 13;上部纵筋为ф 10@ 120,下部纵筋为ф 12@ 120;分布钢筋为ф 8@ 200。 ② 外围标注:楼梯间开间为 3 600 mm,进深为 7 500 mm;楼层结构标高为 4.455 m,层间结构标高为 2.965 m;BT1、BT2 梯板的宽度为 1 590 mm,BT2 平板长 1 040 mm,踏步段长 3 120 mm;PTB1、TL3 等配筋(略)。 (2) T1 楼梯二层平面图识读。 (3) T1 楼梯架空层平面图识读	详见例 6-1 及图 6-8。(作为学习检测)

任务 3 板式楼梯标准构造详图的识读

1. 知道现浇混凝土板式楼梯钢筋构造要求。
2. 熟练识读表 6-6 中 AT 型、表 6-7 中 BT 型楼梯标准构造详图。

AT~CTb 型板式楼梯钢筋构造共有 12 个标准构造详图,这里仅介绍 AT 型、BT 型与 ATa 型楼梯钢筋构造,其余详见《混凝土结构施工图平面整体表示方法制图规则和构造详图(现浇混凝土板式楼梯)》(16G101-2)。

一、AT 型梯板的钢筋构造

AT 型梯板的钢筋构造见表 6-6。

二、BT 型梯板的钢筋构造

BT 型梯板的钢筋构造见表 6-7。

三、ATa 型梯板的钢筋构造

ATa 型梯板的钢筋构造见表 6-8。

AT 型梯板的钢筋构造

表 6-6 AT 型梯板的钢筋构造

钢筋构造详图

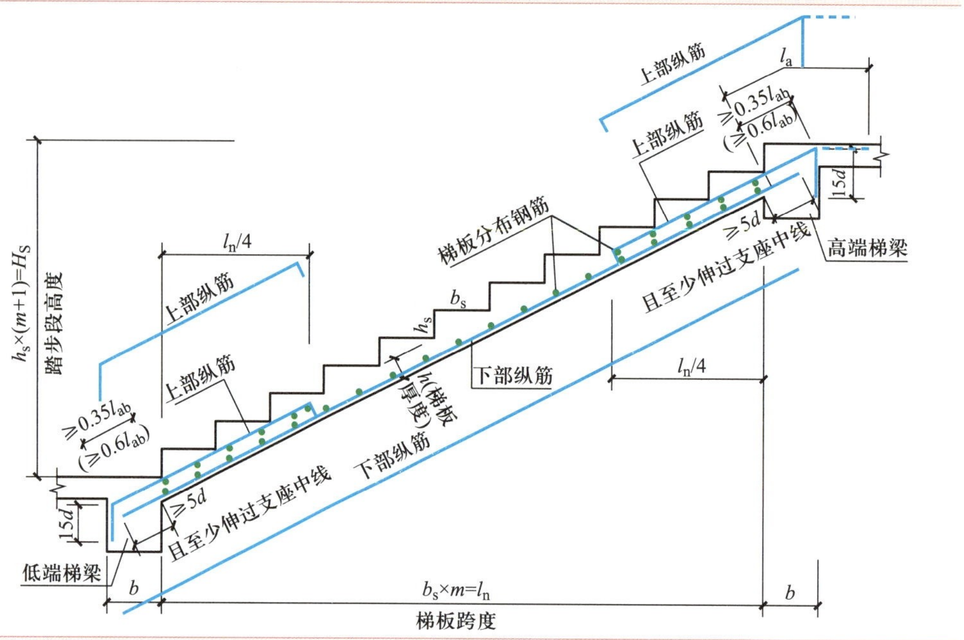

钢筋构造解读

（1）下部纵筋伸入支座（低端梯梁、高端梯梁）≥5d 且至少伸过支座中线。

（2）上部纵筋的延伸长度为净跨的 1/4。

（3）上部纵筋在支座内弯锚：

弯锚钢筋长度 = 平直段长度（伸至端支座对边且 ≥0.35l_{ab}）+ 弯钩段长度（15d）

——设计按铰接时；

弯锚钢筋长度 = 平直段长度（伸至端支座对边且 ≥0.6l_{ab}）+ 弯钩段长度（15d）

——充分利用钢筋抗拉强度时。

（4）上部纵筋有条件时可直接伸入平台板内锚固，从支座内边算起总锚固长度不小于 l_a

钢筋三维效果图

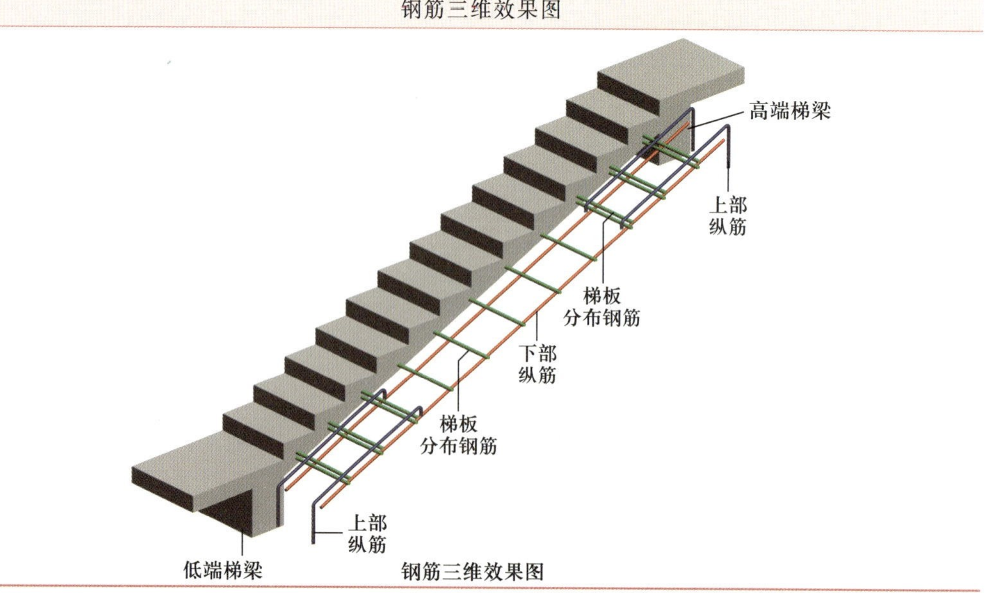

钢筋三维效果图

表 6-7　**BT 型梯板的钢筋构造**

BT 型梯板的钢筋构造

钢筋构造详图

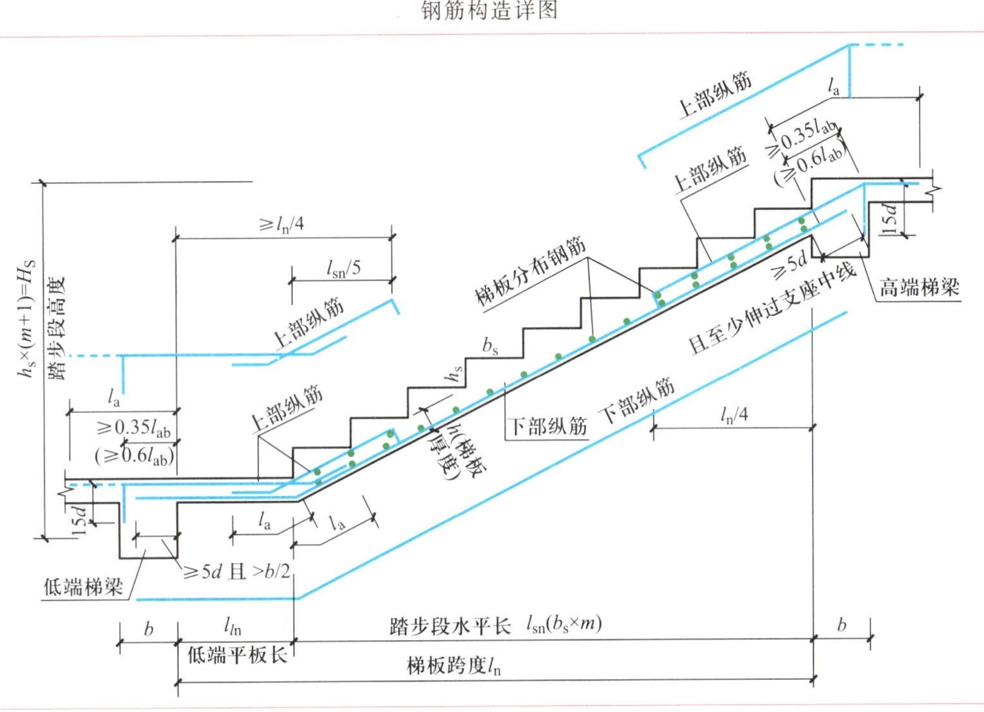

钢筋构造解读

（1）下部纵筋在平直段处直接弯折，伸入支座（低端梯梁、高端梯梁）≥5d 且至少伸过支座中线；
（2）高端梯梁处上部纵筋的构造同表 6-6 的 AT 型梯板；
（3）低端梯梁处上部纵筋的延伸长度≥l_n/4 且伸入踏步段 l_{sn}/5；
（4）低端梯梁处上部纵筋在平直段处断开通过，各自伸入一个锚固长度 l_a；
（5）低端梯梁处上部纵筋在支座的锚固构造同表 6-6 的 AT 型梯板；
（6）上部纵筋有条件时可直接伸入平台板内锚固，从支座内边算起总锚固长度不小于 l_a

钢筋三维效果图

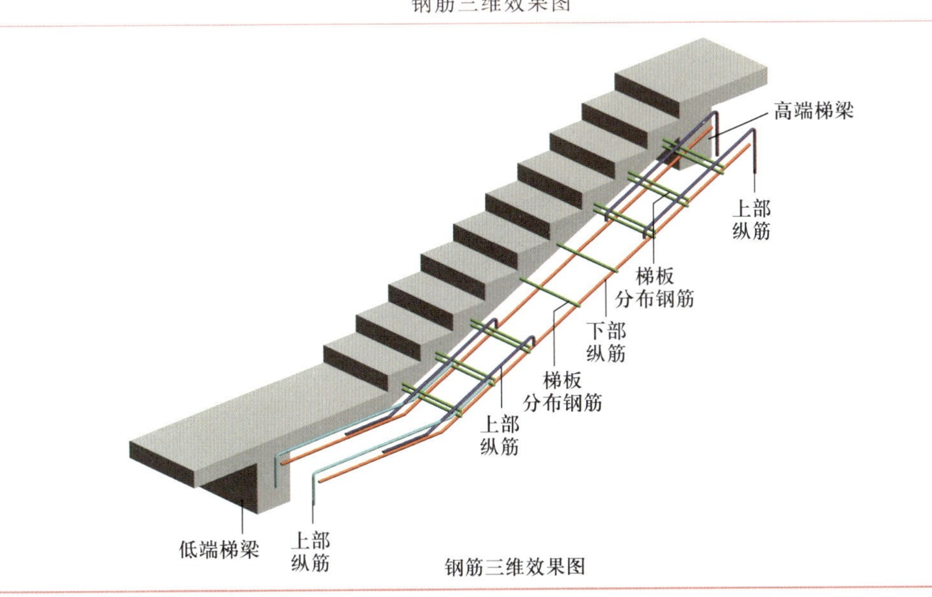

钢筋三维效果图

表 6-8 ATa 型梯板的钢筋构造

钢筋构造详图

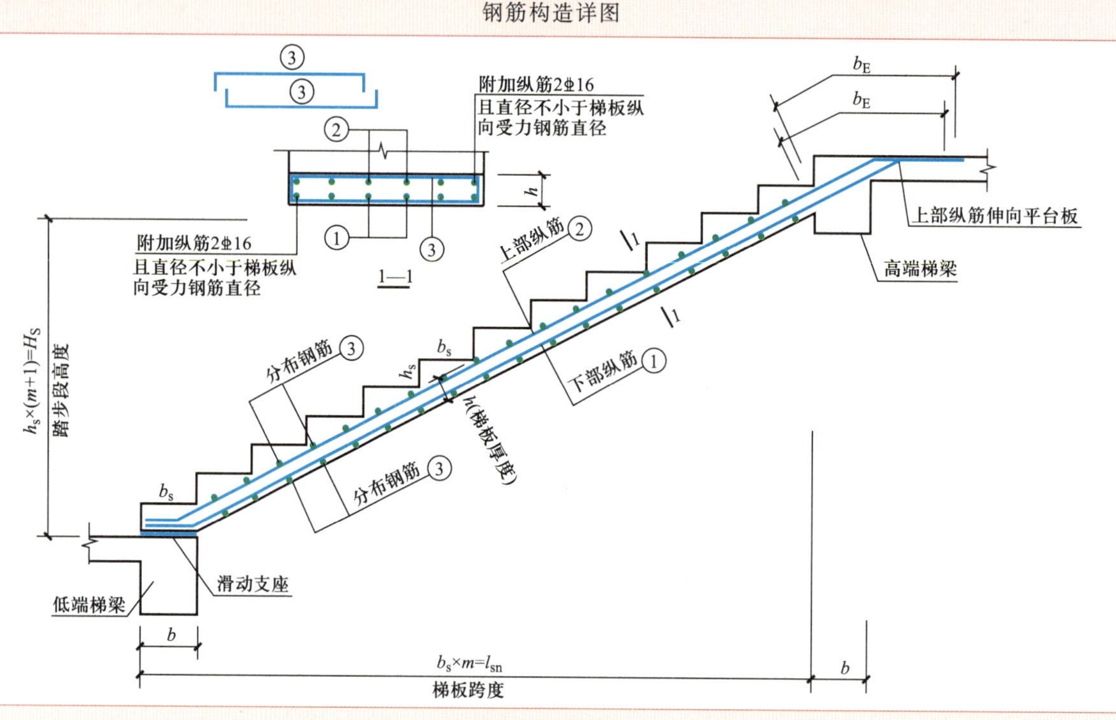

钢筋构造解读

(1) 上部纵筋、下部纵筋通长布置；
(2) 高端梯梁处上部纵筋、下部纵筋均伸入支座一个锚固长度 l_{aE}；
(3) 低端梯梁处布置滑动支座，上部纵筋、下部纵筋均伸至板端；
(4) 滑动支座可设置聚四氟乙烯垫板、塑料片或预埋钢板，构造做法详见图集 16G101-2；
(5) 分布钢筋布置在纵筋外侧，伸至板端后 90°弯折；
(6) 梯板每侧设置附加纵筋，每侧的附加纵筋为 2⌀16 且其直径不小于梯板纵向受力钢筋直径

三维钢筋效果图

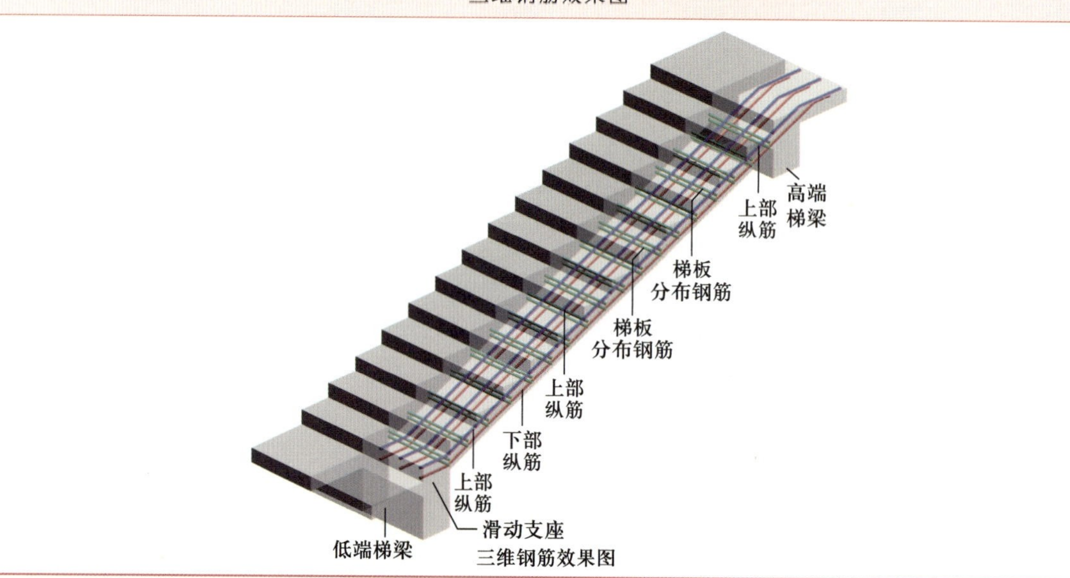

三维钢筋效果图

梯板配筋图的识读

以结施-13 中 T1 楼梯二层平面图及梯板钢筋构造要求为依据，识读 AT1 梯板的钢筋构造详图，见表 6-9。

表 6-9　AT1 梯板的钢筋构造详图

T1楼梯二层平面图 1：50

三维效果图

梯板　平台板 PTB2　柱　梯梁 TL1　梯板　平台板 PTB1　梯板　梯梁 TL1　柱

识读

AT1

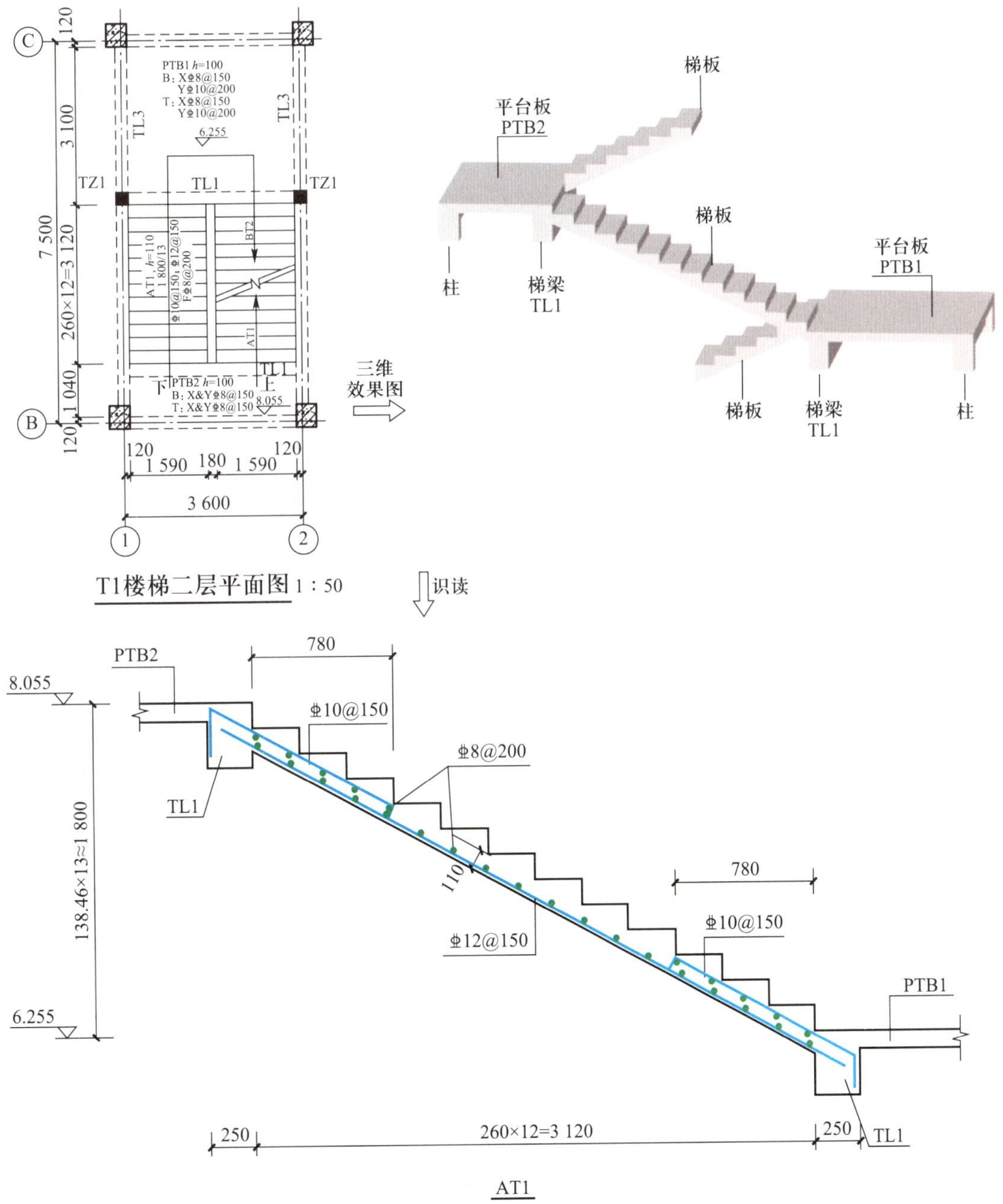

续表

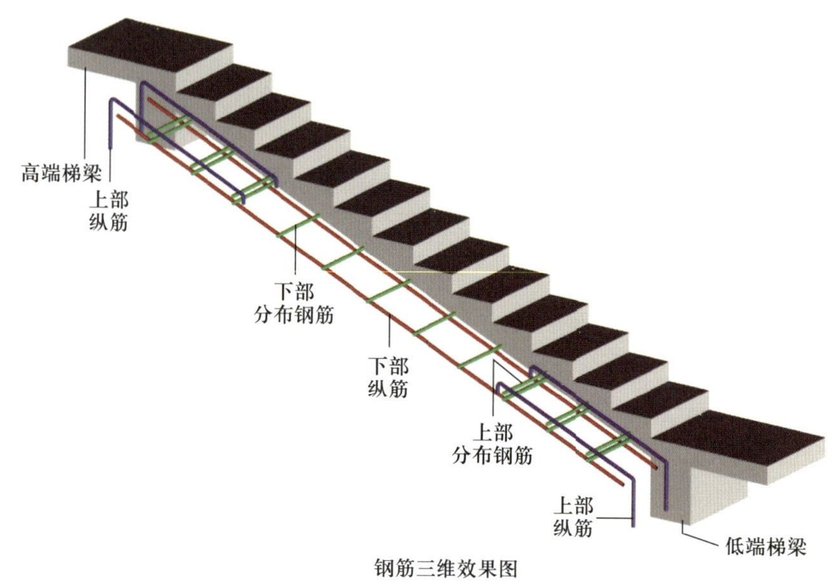

钢筋三维效果图

知识要点

现浇钢筋混凝土板式楼梯的平法施工图主要掌握平面注写方式，其平面注写方式主要有集中标注和外围标注，集中标注的内容有梯板代号和序号、梯板厚度、踏步段总高度和踏步级数、梯板上部纵筋和下部纵筋、梯板分布钢筋。外围标注的内容包括楼梯间的平面尺寸、楼层及层间结构标高、楼梯的上下方向、梯板的平面几何尺寸、平台板配筋、梯梁及梯柱配筋等。

梯板中钢筋的构造主要掌握梯板中主要钢筋的布置和锚固、折板钢筋的构造要求等。

学习检测

一、单项选择

1. 现浇板式楼梯中代号“DT”表示(　　)。
   A. 梯板由踏步段和高端平板构成
   B. 梯板由低端平板和踏步段构成
   C. 梯板由低端平板、踏步段和高端平板构成
   D. 梯板全部由踏步段构成
2. 楼梯集中标注的内容不包括(　　)。
   A. 梯板代号和序号　　B. 踏步段总高度和踏步级数
   C. 梯板上部纵筋和下部纵筋　　D. 梯板的平面几何尺寸
3. 楼梯平法施工图中，PTB 是指(　　)。
   A. 楼梯板　　B. 平台板　　C. 预制板　　D. 踏步板

4. 某楼梯集中标注处 F⌀8@200 表示(　　)。

A. 梯板下部纵筋⌀8@200

B. 梯板上部纵筋⌀8@200

C. 梯板分布钢筋⌀8@200

D. 平台梁钢筋⌀8@200

5. 梯板上部纵筋的延伸长度为净跨的(　　)。

A. 1/2　　B. 1/3　　C. 1/4　　D. 1/5

6. 某楼梯集中标注处 1 800/13 表示(　　)。

A. 踏步段宽度及踏步级数

B. 踏步段长度及踏步级数

C. 层间高度及踏步宽度

D. 踏步段总高度及踏步级数

7. 下面说法正确的是(　　)。

A. CT3, h=110 表示 3 号 CT 型梯板,板厚 110 mm

B. F⌀8@200 表示梯板上部纵筋⌀8@200

C. 1 800/13 表示踏步段宽度 1 800 mm 及踏步级数 13

D. PTB1 h=100 表示 1 号踏步板,板厚 100 mm

8. 下部纵筋伸入支座(　　)。

A. ≥10d 且至少伸过支座中线　　B. ≥15d

C. ≥5d　　D. ≥5d 且至少伸过支座中线

二、填空

1. 现浇钢筋混凝土楼梯按结构的受力方式可分为__________楼梯和__________楼梯。两种楼梯的主要区别在于__________形式不同。

2. 钢筋混凝土板式楼梯的平面表示方法是指将__________和__________等,按照平面整体表示方法制图规则,直接表达在__________上,再与__________结合,构成完整的楼梯结构设计。

3. 楼梯的平面注写方式是在楼梯平面布置图上注写__________和__________的方式来表达楼梯施工图,楼梯的平面注写方式包括__________和__________。

4. 楼梯的剖面注写方式是在楼梯平法施工图中绘制楼梯平面布置图和楼梯剖面图,标注方式分__________标注和__________标注。

5. 楼梯集中标注的内容有五项,包括__________、__________、____________________、____________________和__________。

6. 楼梯平面布置图的标注内容包括楼梯间的平面尺寸、楼层及层间结构标高、____________________、梯板的平面几何尺寸、__________、平台板配筋、梯梁及梯柱配筋等。

7. 楼梯剖面图的标注内容包括____________________、梯梁及梯柱编号、梯板水平及竖向尺寸、____________________等。

8. AT 型梯板伸入支座(低端梯梁、高端梯梁)≥__________且____________________。上部纵筋在支座内要__________,上部纵筋的延伸长度为净跨的__________。

9. BT型梯板下部纵筋在________处直接弯折，伸入支座（低端梯梁、高端梯梁）≥________且____________。低端梯梁处上部纵筋的延伸长度________且伸入踏步段________。高端梯梁处上部纵筋的构造与________型梯板相同。低端梯梁上部纵筋在平直段处________通过，各自伸入____________。低端梯梁处上部纵筋在支座的锚固构造与________型梯板相同。

三、识图

1. 结施-13中T1楼梯架空层平面图如图6-9所示，照图识读：

(1) 集中标注：梯板代号______，梯板厚度________，踏步段总高度________，踏步级数_______，梯板上部纵筋________，下部纵筋________，分布钢筋______。

(2) 外围标注：该楼梯间开间______，进深________，梯板宽度________，梯板踏步段水平长______，平板长________，楼层结构标高________。

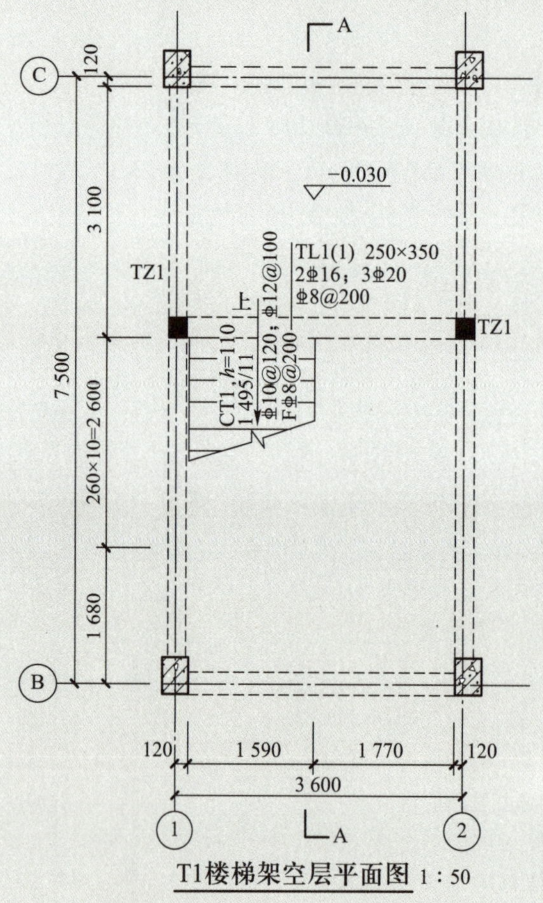

图6-9 T1楼梯架空层平面图

2. 某现浇板式楼梯平法施工图如图6-10所示，照图识读：

(1) 集中标注：梯板代号______，梯板厚度______，踏步段总高度____，踏步级数______，梯板上部纵筋________，下部纵筋________，分布钢筋______。

（2）外围标注：该楼梯间开间______，进深________，梯板宽度________，梯板踏步段水平长______，平板长________，楼层结构标高________，层间结构标高________。

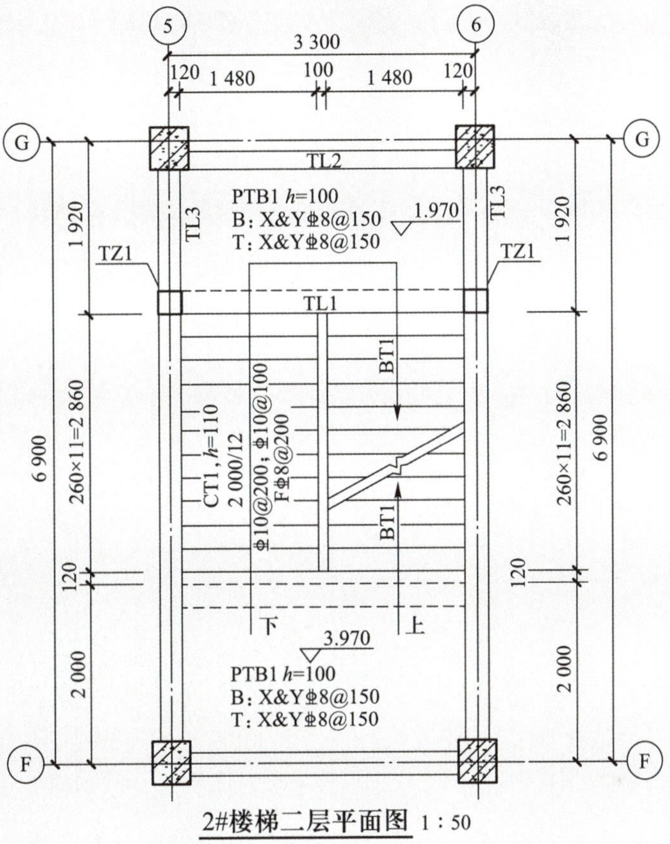

图 6-10　某现浇板式楼梯平法施工图

项目7 剪力墙平法施工图的识读

导读

剪力墙是既承受竖向荷载，又承受水平荷载的钢筋混凝土实体墙，如图 7–1 所示。本项目结合某框架–剪力墙结构住宅楼的剪力墙平法施工图，阐述剪力墙平法施工图的制图规则和钢筋构造要求，使学生熟练掌握剪力墙平法施工图的识读方法和识读要点。

图 7–1 剪力墙

任务 1 剪力墙及其构件组成

1. 说出剪力墙概念。
2. 知道剪力墙的构件组成。

一、剪力墙的概念

剪力墙结构是用钢筋混凝土墙体来代替框架结构中的梁和柱，能承担各类荷载引起的内力，并能有效控制结构的水平力，这种用钢筋混凝土墙板来承受竖向和水平荷载的结构称为剪力墙结构。其中承受竖向和水平荷载的钢筋混凝土墙体称为剪力墙。

剪力墙结构整体性好、刚度大，在水平荷载作用下侧向变形很小，抗震性能好（也称抗震墙）。墙体截面积大，承载力要求也比较容易满足，但结构自重较大，适用于建造各类高层房屋建筑。另外，剪力墙结构施工时可采用滑升模板及大模板等施工工艺，施工速度快，可缩短建设工期。剪力墙结构受楼板跨度的限制间距较小，平面布置不灵活。

二、剪力墙的组成

剪力墙就是一道钢筋混凝土墙，结构洞口将墙体分割为不同的墙肢，在剪力墙水平面内，墙肢中间区域应力较小，称为墙身；墙肢两端区域应力较大，需要加强，形成剪力墙的边缘构件，墙身与两端的边缘构件构成单独墙肢；相邻的不同的墙肢再通过连梁联系在一起，共同抵抗水平风荷载和地震作用。所以剪力墙不是一个单一的构件，而是由墙身、墙柱、墙梁共同组成，即一种墙身、两种墙柱、三种墙梁，简称“一墙、二柱、三梁”，如图 7-2 所示。

剪力墙的组成

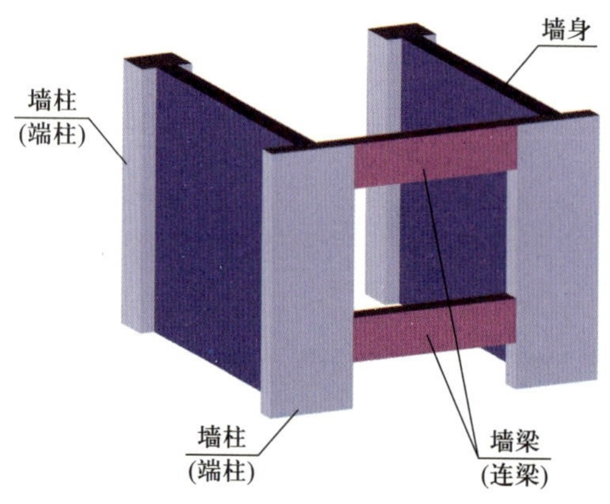

图 7-2 剪力墙构件

1. 剪力墙身

剪力墙身即为钢筋混凝土墙体，当墙厚不大于 400 mm 时，沿墙厚配置两排钢筋网；当墙厚大于 400 mm 且不大于 700 mm 时，需配置三排钢筋网；当墙厚大于 700 mm 时，配置四排钢筋网，如图 7-3 所示。

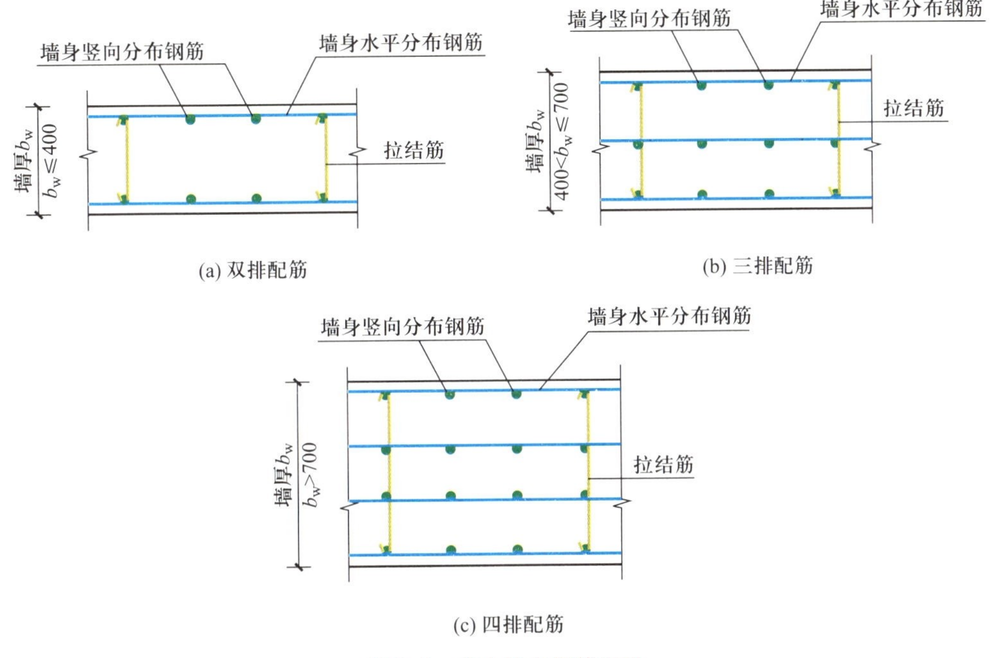

(a) 双排配筋　(b) 三排配筋　(c) 四排配筋

图 7-3　剪力墙身钢筋配置

剪力墙身钢筋由竖向分布钢筋、水平分布钢筋和拉结筋组成。墙身内外侧的竖向分布钢筋用于抵抗楼屋盖传递的沿竖向弯曲的平面外弯矩，协助混凝土抗压以提高结构构件的延性。水平分布钢筋用于抵抗剪力以及四周约束形成的沿水平向弯曲的平面外弯矩。竖向分布钢筋和水平分布钢筋一起形成剪力墙的一排钢筋网，内外侧的钢筋网通过拉结筋联系，以约束竖向分布钢筋在竖向压力下的横向变形，并形成钢筋骨架。

2. 剪力墙柱

剪力墙柱一般位于墙体的端部和转角处，称为边缘构件。在竖向受力方面，剪力墙底部区域弯矩、剪力较大，为提高单片墙体抵抗水平地震作用的能力，在底部一道范围内根据具体受力情况进行加强，形成底部加强区，该区域的边缘构件为约束边缘构件，约束边缘构件包括约束边缘暗柱、约束边缘端柱、约束边缘翼墙、约束边缘转角墙四种，如图 7-4 所示。剪力墙上部结构弯矩、剪力较小，墙肢边缘一般为构造边缘构件，构造边缘构件包括构造边缘暗柱、构造边缘端柱、构造边缘翼墙、构造边缘转角墙四种，如图 7-5所示。

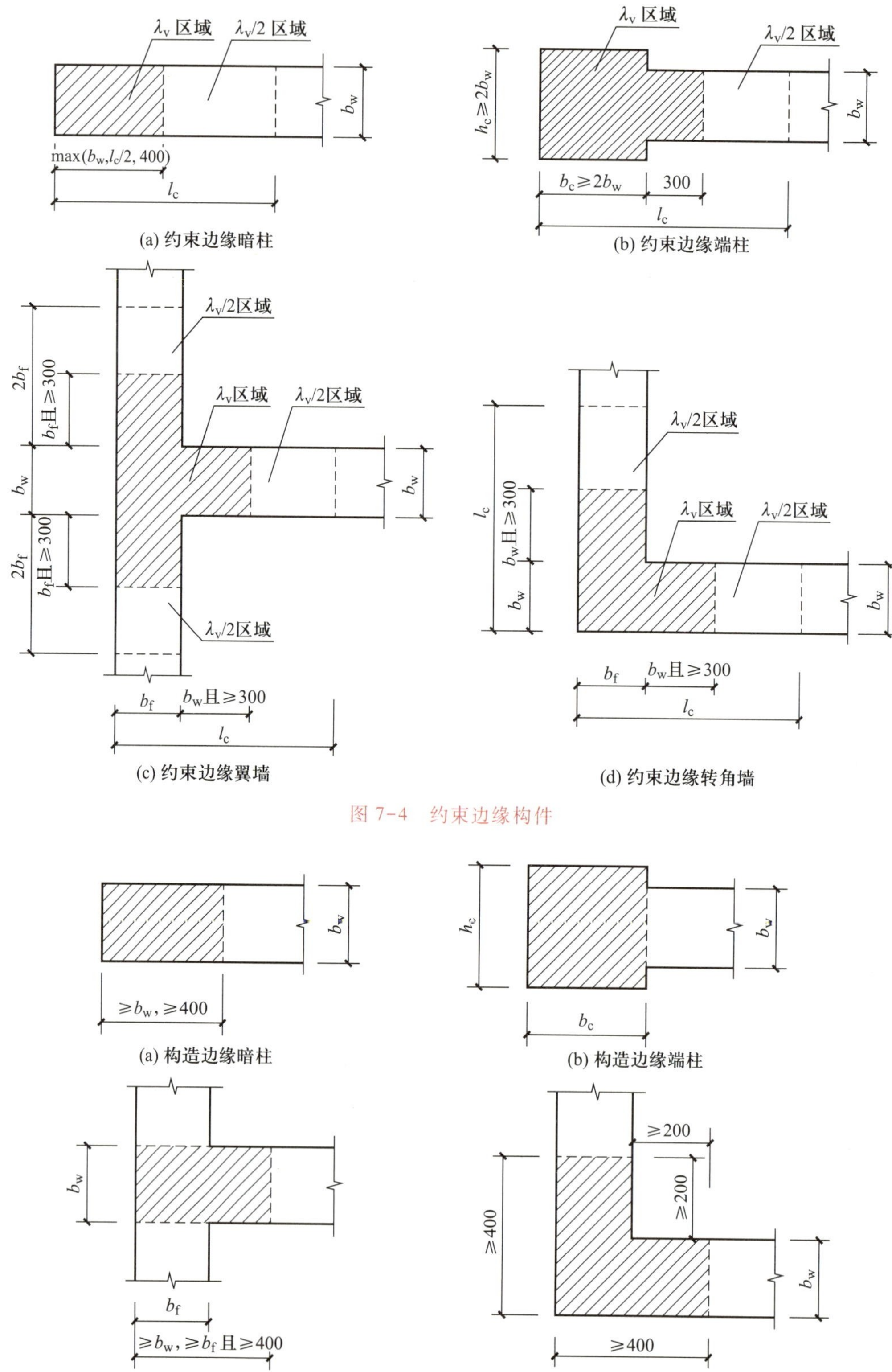

图 7-4 约束边缘构件

图 7-5 构造边缘构件

《高层建筑混凝土结构技术规程》(JGJ 3—2010)规定,对于抗震等级一、二级的剪力墙底部加强部位及其上一层的剪力墙肢,应设置约束边缘构件,其他部位和三、四级抗震的剪力墙应设置构造边缘构件。约束边缘构件对体积配箍率等要求更严,用在比较重要的、受力较大的结构部位;构造边缘构件要求松一些。对于约束边缘构件,除了阴影部分的核心部位需要表达具体的纵筋和箍筋的配筋以外,对于非阴影区的 $\lambda_v/2$ 区域(λ_v 为约束边缘构件配箍特征值),需注写拉结筋(或钢筋)的具体配筋。

剪力墙中的非边缘构件包括非边缘暗柱和扶壁柱。非边缘暗柱是位于墙身内、非墙肢边缘的、与墙身同厚的局部加强柱,主要承担楼屋盖传递的集中力和平面外弯矩。扶壁柱与非边缘暗柱的区别在于其截面尺寸较大,突出墙面。非边缘暗柱和扶壁柱如图 7-6 所示。

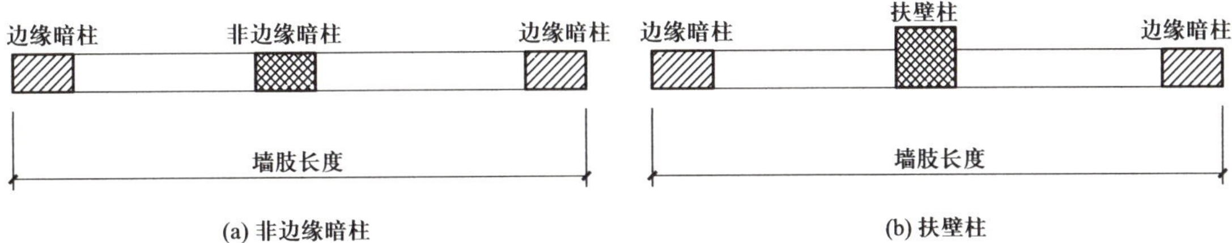

图 7-6 非边缘暗柱和扶壁柱

3. 剪力墙梁

剪力墙梁有连梁、暗梁和边框梁,如图 7-7 所示。连梁是在剪力墙结构或框架—剪力墙结构中,连接墙肢与墙肢,且跨高比小于 5 的梁。连梁联系两端墙肢,使两端的墙肢截面应力尽可能均匀,因此其刚度应适中。若跨高比太大,刚度太小,则形成框架梁,竖向弯曲变形会影响水平力的传递,无法协调两端墙肢以保证尽可能受力均匀。若跨高比太小,刚度太大,则无法满足强墙肢弱连梁的抗震要求。

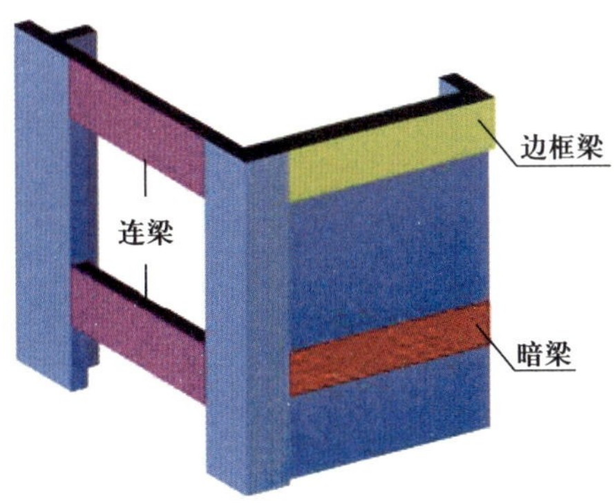

图 7-7 剪力墙梁

暗梁与暗柱有一些共性,它们都是隐藏在墙身内部的构件,一般设置在楼板以下部位,梁宽同墙厚,隐藏在剪力墙内。边框梁的梁宽大于墙厚,突出墙面。

一、剪力墙构件识别

请分析表 7-1 中剪力墙构件的类型

表 7-1　剪力墙构件的分类

剪力墙构件示例	构件识别
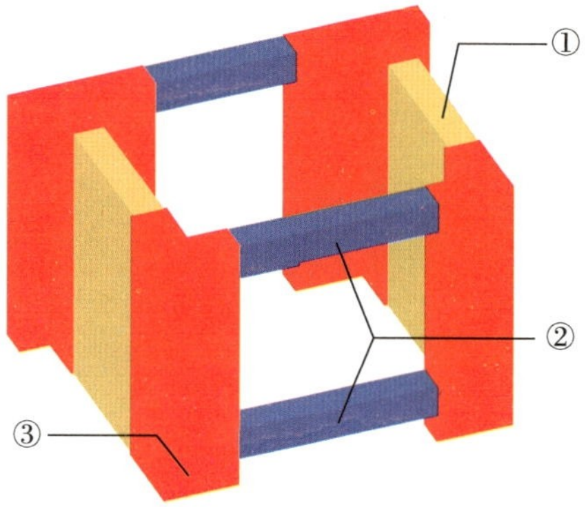 ① ② ③	①号构件是______。 ②号构件是______。 ③号构件是______
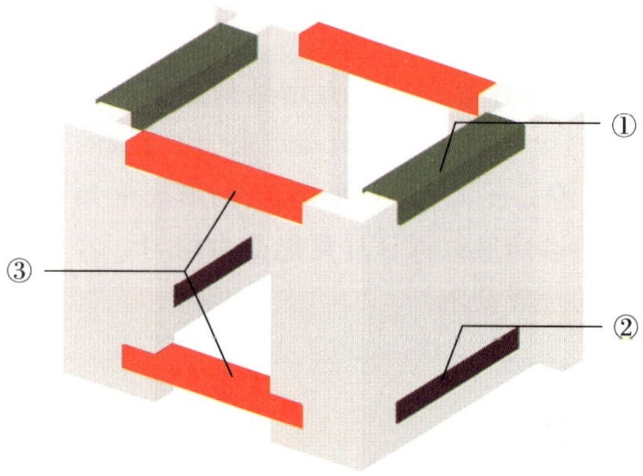 ① ② ③	①号构件是______。 ②号构件是______。 ③号构件是______
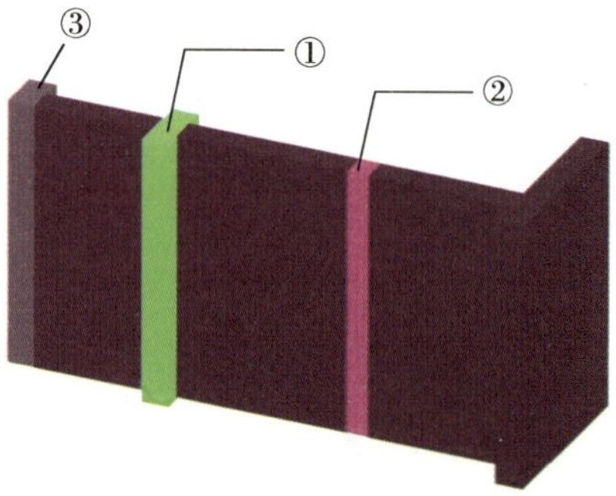 ③ ① ②	①号构件是______。 ②号构件是______。 ③号构件是______

二、剪力墙身钢筋识别

请分析表 7-2 中剪力墙身的钢筋组成。

表 7-2　剪力墙身钢筋类别

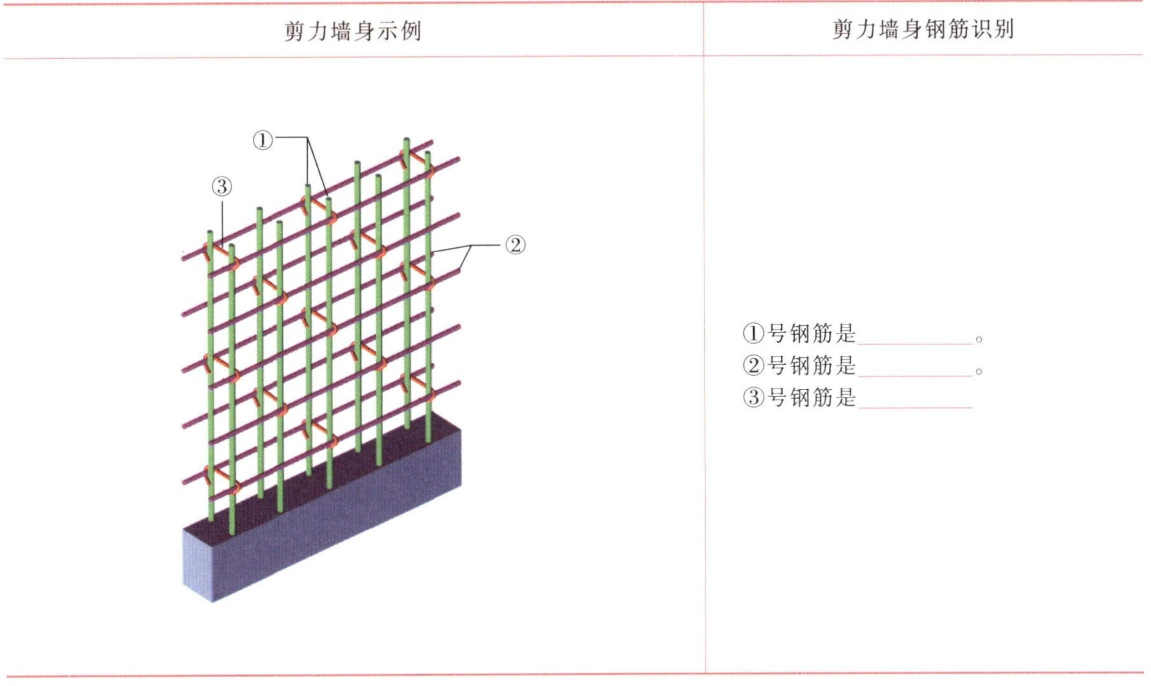

剪力墙身示例	剪力墙身钢筋识别
① ② ③	①号钢筋是__________。 ②号钢筋是__________。 ③号钢筋是__________

任务 2　剪力墙平法施工图的识读

1. 知道剪力墙平法施工图的制图规则。
2. 熟练识读图 7-8 所示的剪力墙平法施工图。

一、剪力墙的平面表达方式

在剪力墙平面布置图上采用列表注写方式或截面注写方式表达剪力墙尺寸、配筋等相关信息，就是剪力墙的平法施工图，如图 7-8 所示。剪力墙平面布置图可采用适当的比例单独绘制，也可与柱或梁平面布置图合并绘制。当剪力墙较复杂或采用截面注写方式时，应按标准层分别绘制剪力墙平面布置图。

剪力墙的平面表达方式

1. 列表注写方式

剪力墙的列表注写方式是分别在剪力墙柱表、剪力墙身表和剪力墙梁表中，对应于

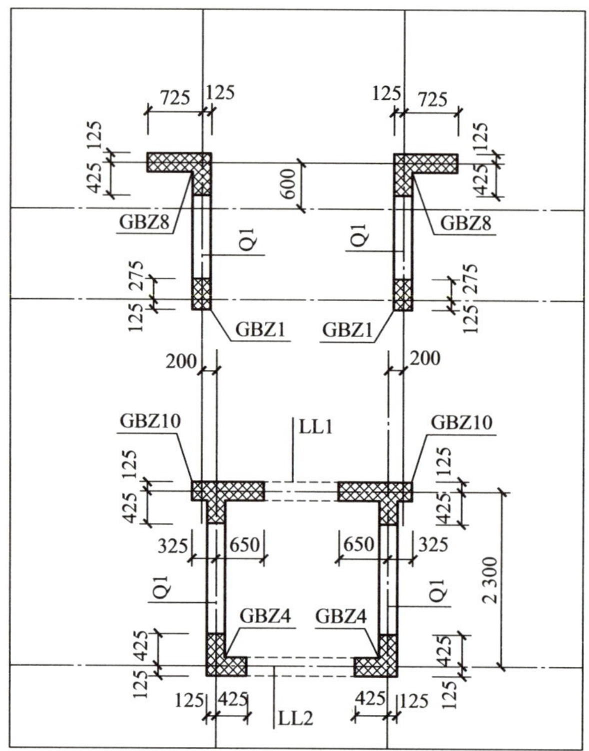

图 7-8 剪力墙平法施工图

剪力墙平面布置图上的编号,用绘制截面配筋图并注写几何尺寸与配筋具体数值的方式,来表达剪力墙平法施工图,见表 7-3。剪力墙列表注写方式的识读方法就是剪力墙平面布置图与墙身表、墙柱表和墙梁表对照阅读,如图 7-9 所示。

表 7-3 剪力墙列表注写方式

剪力墙平面布置图	列表
墙柱编号	墙柱表:对应剪力墙平面布置图上的墙柱编号,在表中绘制截面配筋图并注写几何尺寸与配筋具体数值
墙身编号	墙身表:对应剪力墙平面布置图上的墙身编号,在表中注写几何尺寸与配筋具体数值
墙梁编号	墙梁表:对应剪力墙平面布置图上的墙梁编号,在表中注写几何尺寸与配筋具体数值

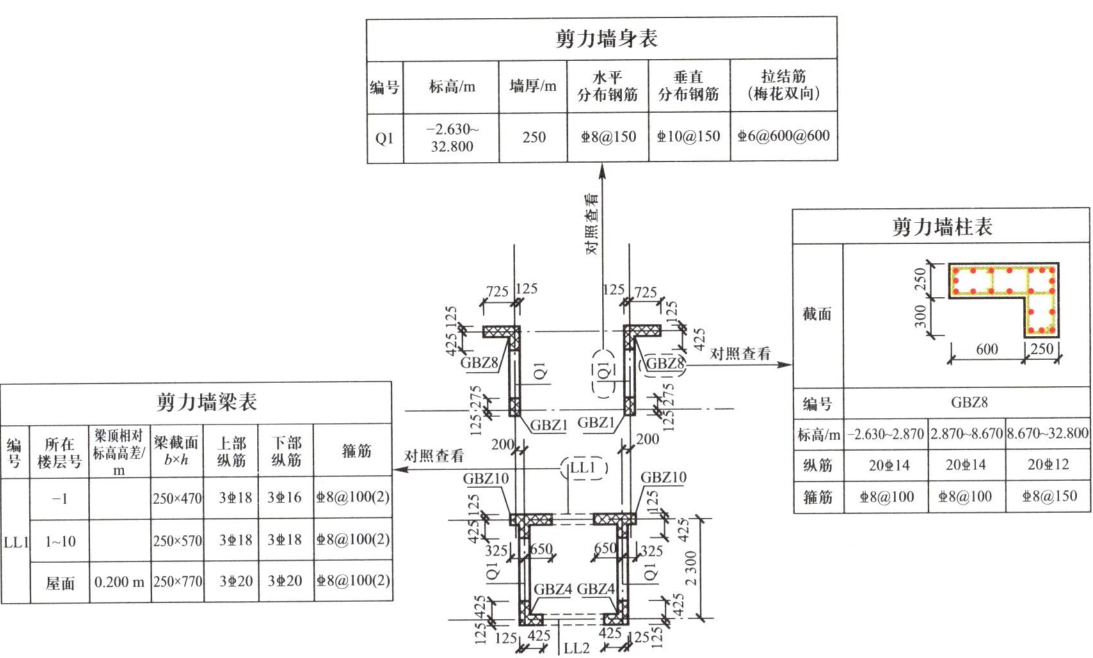

剪力墙身表

编号	标高/m	墙厚/m	水平分布钢筋	垂直分布钢筋	拉结筋（梅花双向）
Q1	−2.630~32.800	250	⌀8@150	⌀10@150	⌀6@600@600

剪力墙梁表

编号	所在楼层号	梁顶相对标高高差/m	梁截面 $b\times h$	上部纵筋	下部纵筋	箍筋
LL1	−1		250×470	3⌀18	3⌀16	⌀8@100(2)
	1~10		250×570	3⌀18	3⌀18	⌀8@100(2)
	屋面	0.200 m	250×770	3⌀20	3⌀20	⌀8@100(2)

剪力墙柱表

截面			
编号	GBZ8		
标高/m	−2.630~2.870	2.870~8.670	8.670~32.800
纵筋	20⌀14	20⌀14	20⌀12
箍筋	⌀8@100	⌀8@100	⌀8@150

图 7-9 剪力墙列表注写方式识读

2. 截面注写方式

剪力墙的截面注写方式是在分标准层绘制的剪力墙平面布置图上，以直接在墙柱、墙身、墙梁上注写截面尺寸和配筋具体数值的方式来表达剪力墙平法施工图，如图 7-10 所示。

二、剪力墙平法施工图识读

剪力墙列表注写方式识读

在剪力墙平法施工图识读中，列表注写方式和截面注写方式所表达的数据项是相同的，下面以列表注写方式为例分析这些数据项在具体识读时的内容和要点。

1. 结构层楼面标高和结构层高的识读

结构层楼面标高和结构层高的识读同梁、柱的识读方法。在剪力墙平法施工图识读中，要注意的是，对于一、二级抗震设计的剪力墙结构，有一个“底部加强部位”，这个“底部加强部位”在结构层楼面标高和结构层高表中体现，如图 7-11 所示。

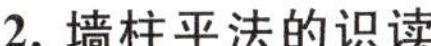

2. 墙柱平法的识读

剪力墙柱表中所表达的内容包括墙柱编号、配筋图和几何尺寸、各段墙柱的起止标高以及各墙段的纵筋和箍筋，具体内容与规则见表 7-4。

3. 墙梁平法的识读

剪力墙梁表中所表达的内容包括墙梁编号、墙梁所在的楼层号、墙梁顶面标高高差、墙梁截面尺寸和墙梁具体配筋数值，具体内容与规则见表 7-5。

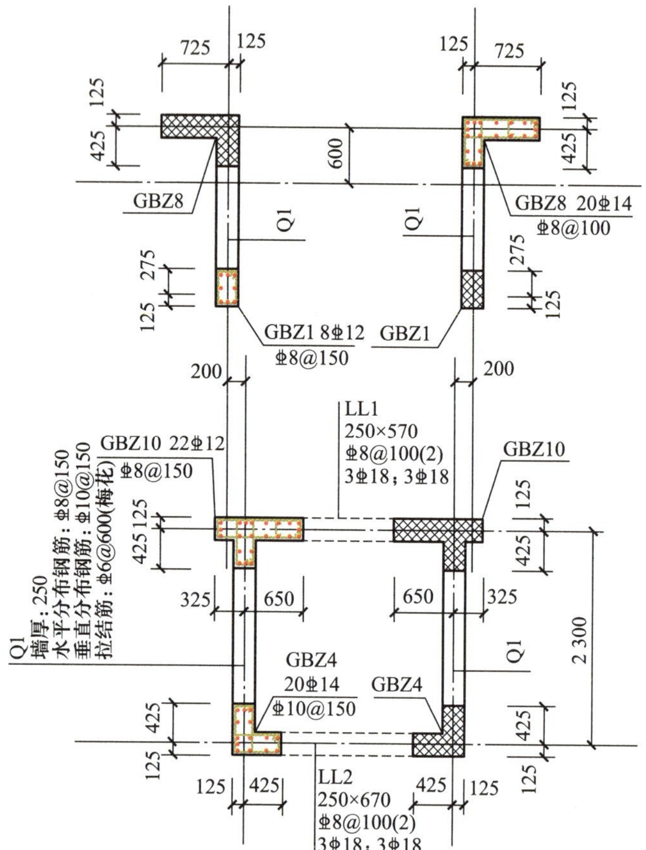

图 7-10 剪力墙截面注写方式识读

层号	标高/m	层高/m
楼梯屋面	32.800	
屋面	29.000	3.800
10	26.070	2.930
9	23.170	2.900
8	20.270	2.900
7	17.370	2.900
6	14.470	2.900
5	11.570	2.900
4	8.670	2.900
3	5.770	2.900
2	2.870	2.900
1	−0.030	2.900
地下室	−2.630	2.600

约束边缘构件布置在底部加强部位及其上一层墙肢

底部加强部位

结构层楼面标高
结构层高

图 7-11 剪力墙结构层高表

表 7-4　墙柱平法的识读

标注内容	制图规则解读
墙柱编号	代号:YBZ——约束边缘构件,GBZ——构造边缘构件, AZ——非边缘暗柱,FBZ——扶壁柱
	序号:××加在墙柱代号后面,用数字表示墙柱的顺序编号
配筋图和几何尺寸	在图中表达墙柱的钢筋布置图以及墙柱的宽度和高度方向几何尺寸
起止标高	表达一段墙柱的起止标高,一般自墙柱根部往上以变截面位置或截面未改变但配筋发生变化处为界分段注写
纵筋和箍筋	标注墙柱的全部纵筋级别、根数及直径,以及箍筋级别、直径与间距,箍筋的具体形式见配筋图

例 7-1:剪力墙构造边缘构件 GBZ3 的识读

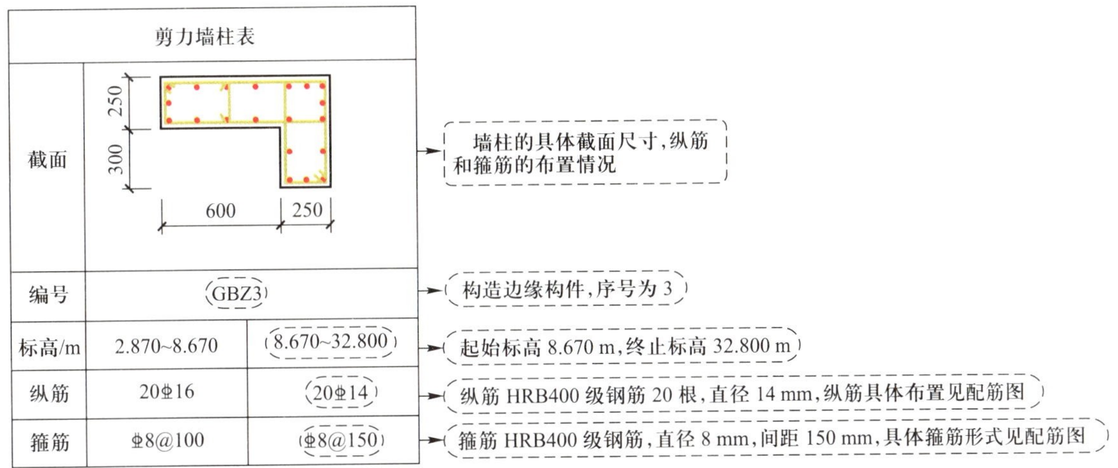

表 7-5　墙梁平法的识读

标注内容	制图规则解读
墙梁编号	代号:LL——连梁,AL——暗梁,BKL——边框梁, LL(JC)——连梁(对角暗撑配筋), LL(JX)——连梁(交叉斜筋配筋), LL(DX)——连梁(集中对角斜筋配筋)
	序号:××加在墙梁代号后面,用数字表示墙梁的顺序编号
墙梁所在的楼层号	指墙梁位于哪一结构层的层号
顶面标高高差	指相对于墙梁所在的结构层楼面标高的高差值,高于结构层为正值,低于结构层为负值,无高差时不标注
截面尺寸	用“b(梁宽)×h(梁高)”表示

续表

标注内容	制图规则解读
配筋	上部纵筋:标注墙梁上部纵筋级别、根数及直径。 下部纵筋:标注墙梁下部纵筋级别、根数及直径。 箍筋:标注墙梁箍筋级别、直径、间距及肢数。 侧面纵筋:当墙身水平分布钢筋满足墙梁侧面纵筋的要求时,表中不注,按墙身水平分布钢筋配置;当不满足时,应在表中补充注明梁侧面纵筋的具体数值

例 7-2:剪力墙连梁 LL2 的识读

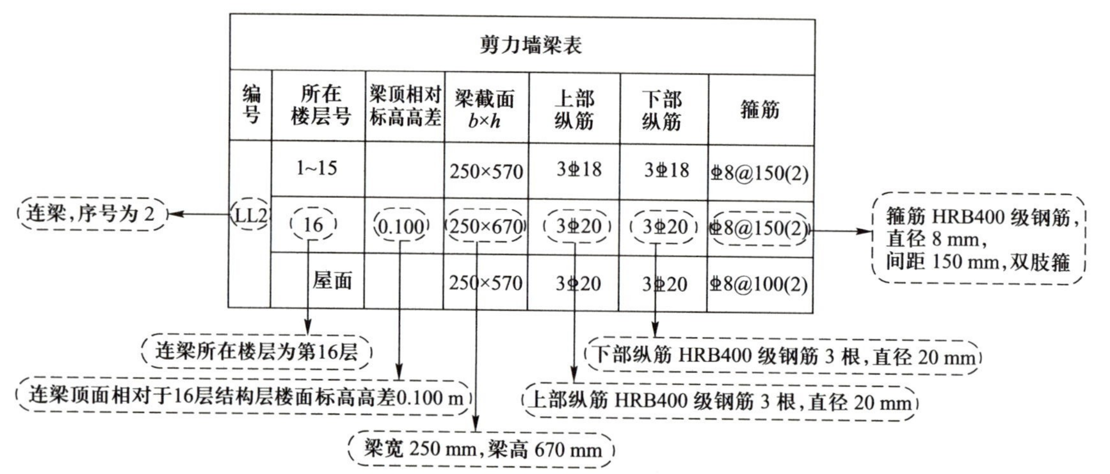

剪力墙梁表

编号	所在楼层号	梁顶相对标高高差	梁截面 $b\times h$	上部纵筋	下部纵筋	箍筋
LL2	1~15		250×570	3Φ18	3Φ18	Φ8@150(2)
	16	0.100	250×670	3Φ20	3Φ20	Φ8@150(2)
	屋面		250×570	3Φ20	3Φ20	Φ8@100(2)

4. 墙身平法的识读

剪力墙身表中所表达的内容包括墙身编号、墙身厚度、各段墙身的起止标高、墙身的具体配筋数值,具体内容与规则见表 7-6。

表 7-6 墙身平法的识读

标注内容	制图规则解读
墙身编号	代号:Q——剪力墙身
	序号:××加在墙身代号后面,用数字表示墙身的顺序编号
	(×排):墙身所配置的水平与竖向分布钢筋的排数,当排数为 2 时可不注
墙身厚度	表达墙身的厚度尺寸
起止标高	表达一段墙身的起止标高,一般自墙身根部往上以变截面位置或截面未改变但配筋发生变化处为界分段注写
水平分布钢筋、竖向分布钢筋及拉结筋	水平分布钢筋:标注墙身水平分布钢筋级别、根数及直径。 竖向分布钢筋:标注墙身竖向分布钢筋级别、根数及直径。 拉结筋:标注墙身拉结筋级别、直径及间距,同时注明拉结筋的布置方式"双向"或"梅花双向"

续表

标注内容	制图规则解读

例 7-3:剪力墙身 Q1 识读

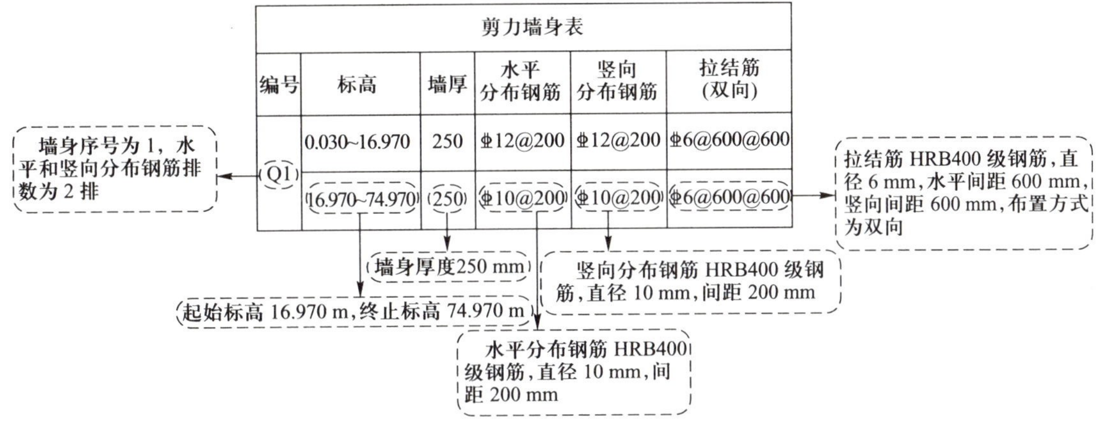

5. 剪力墙洞口平法的识读

剪力墙上如开有洞口，那么在剪力墙上应对洞口进行加强处理。无论采用列表注写方式还是截面注写方式，剪力墙洞口均可在剪力墙平面布置图上原位表达。

剪力墙洞口的具体表示方法包括在剪力墙平面布置图上绘制洞口示意图，标注洞口中心的平面定位尺寸，以及在洞口中心位置引注，引注的内容包括洞口编号、洞口几何尺寸、洞口中心相对标高、洞口每边补强钢筋，具体内容与规则见表 7-7。

表 7-7　剪力墙洞口平法的识读

标注内容	识读解读
洞口编号	代号:JD——矩形洞口 YD——圆形洞口
	序号:××加在洞口代号后面，用数字表示洞口的顺序编号
洞口几何尺寸	矩形洞口:b(洞宽)×h(洞高) 圆形洞口:D(直径)
洞口中心相对标高	洞口中心相对于结构层楼面的高度，高于结构层楼面为正值，低于结构层楼面为负值
洞口每边补强钢筋	矩形洞口宽度、高度均不大于 800 时:标注洞口每边补强钢筋的具体数值;当洞宽、洞高方向补强钢筋不一致时，分别注写洞宽、洞高方向的补强钢筋，以“/”分隔。 其余:见 16G101-1 图集

续表

标注内容	识读解读
例 7-4:剪力墙洞口 JD1 识读	

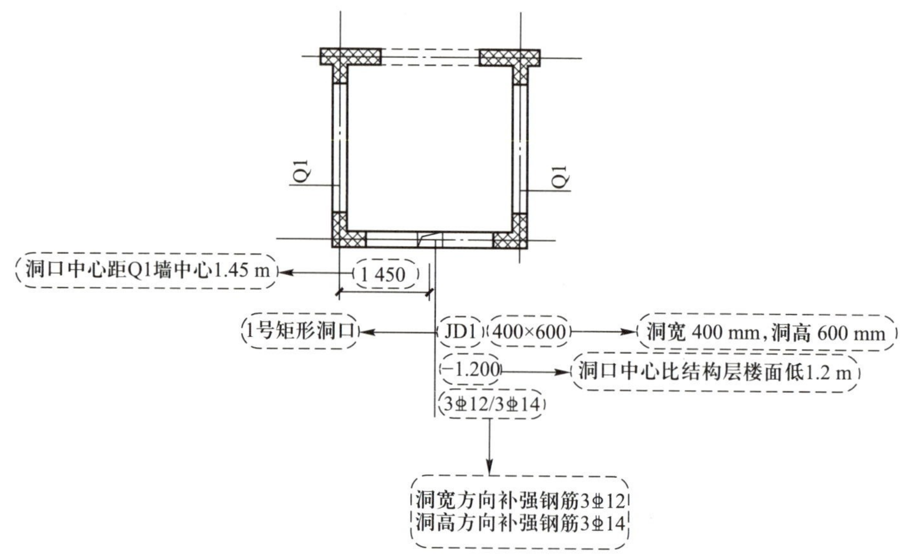

剪力墙平法施工图的识读

以 2.870~26.070 墙柱平法施工图(图 7-12)及剪力墙柱表、剪力墙身表和剪力墙梁表(图 7-13)为例进行识读。

剪力墙平法施工图识读实例

剪力墙平法施工图的主要内容有七个方面:

(1) 图名、图号和比例。

(2) 结构层楼面标高、结构层高与层号。

(3) 定位轴线及其编号、间距尺寸。

(4) 墙柱:墙柱编号、尺寸、配筋和起止标高。

(5) 墙梁:墙梁编号、所在的楼层号、墙梁顶面标高高差、尺寸及配筋。

(6) 墙身:墙身编号、尺寸、各段墙身的起止标高和配筋。

(7) 其他必要的详图和说明。

剪力墙平法施工图识读中,上述(1)、(2)、(3)分析点内容与梁、板、柱的识读部分相似。这里以剪力墙列表注写方式为例分析剪力墙的平面布置图与墙柱、墙梁、墙身的识读。在剪力墙列表注写方式施工图的识读中,应将剪力墙的平面布置图与墙柱表、墙梁表、墙身表对照识读,本任务具体识读见表 7-8。

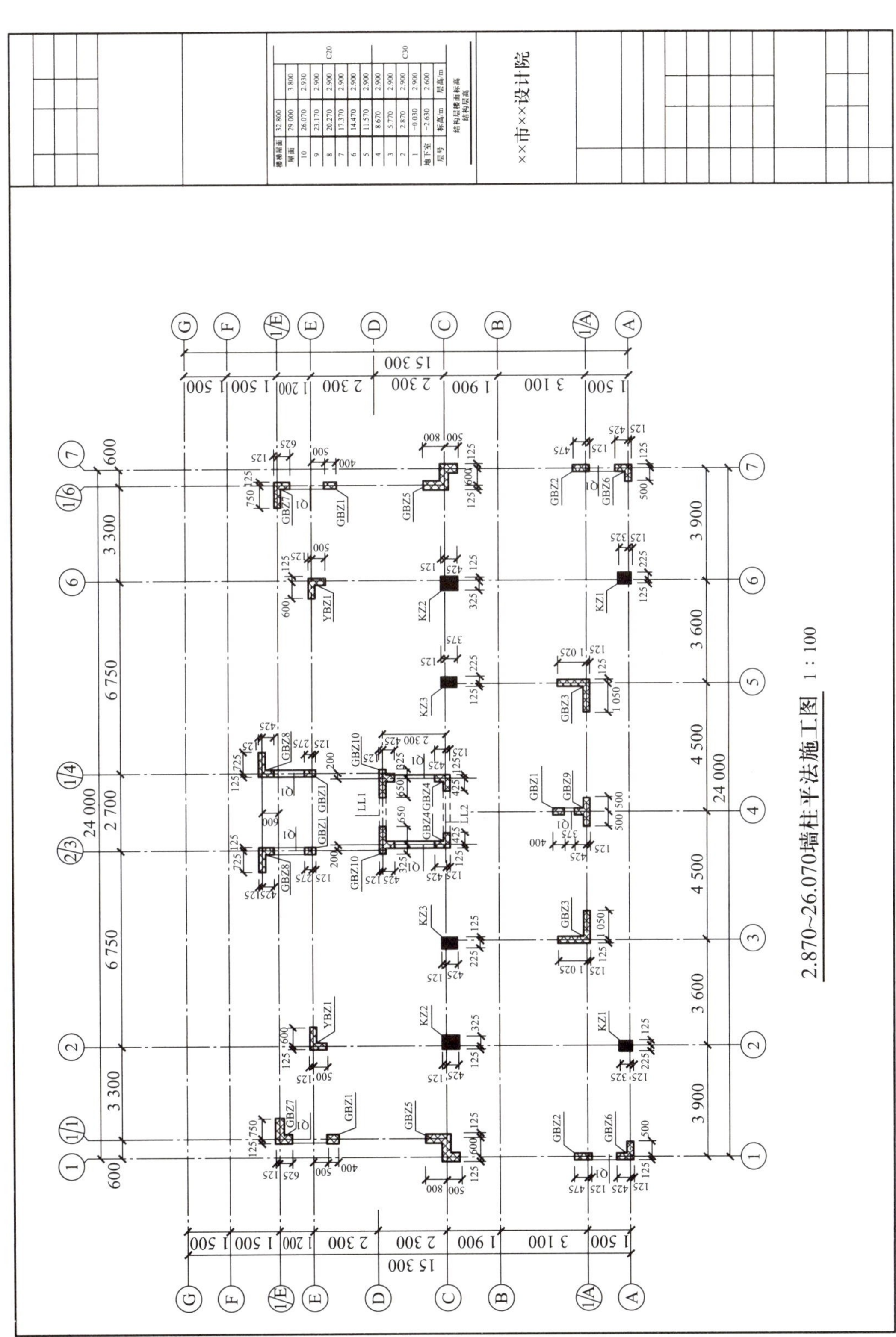

图 7-12　2.870～26.070 墙柱平法施工图

剪力墙柱表

截面	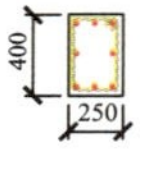 400, 250		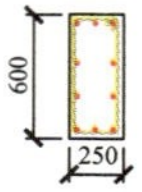 600, 250	
编号	GBZ1		GBZ2	
标高/m	−2.630~8.670	8.670~32.800	−2.630~8.670	8.670~29.000
纵筋	8⏀14	8⏀12	10⏀14	10⏀12
箍筋	⏀8@100	⏀8@150	⏀8@100	⏀8@150

截面	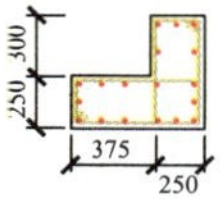 300, 250, 375, 250		
编号	GBZ6		
标高/m	−2.630~2.870	2.870~8.670	8.670~29.000
纵筋	18⏀14	18⏀12	18⏀12
箍筋	⏀10@150	⏀10@150	⏀6@150

截面	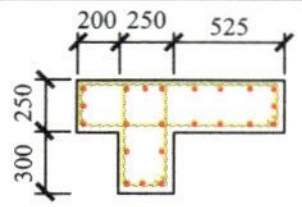 200, 250, 525, 250, 300	
编号	GBZ10	
标高	−2.630~8.670	8.670~32.800
纵筋	22⏀12	22⏀12
箍筋	⏀8@100	⏀8@150

截面	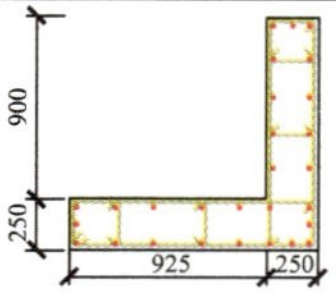 900, 250, 925, 250		
编号	GBZ3		
标高/m	−2.630~2.870	2.870~8.670	8.670~29.000
纵筋	28⏀14	28⏀12	28⏀12
箍筋	⏀10@150	⏀10@150	⏀8@150

截面	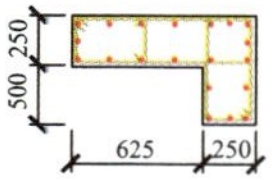 250, 500, 625, 250		
编号	GBZ7		
标高/m	−2.630~2.870	2.870~8.670	8.670~29.000
纵筋	28⏀14	20⏀14	20⏀12
箍筋	⏀10@150	⏀10@150	⏀6@150

截面	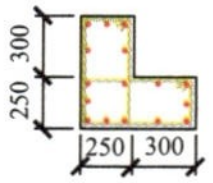 300, 250, 250, 300		
编号	GBZ4		
标高/m	−2.630~2.870	2.870~8.670	8.670~32.800
纵筋	16⏀14	16⏀12	16⏀12
箍筋	⏀10@150	⏀10@150	⏀8@150

截面	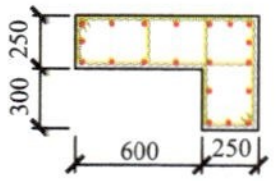 250, 300, 600, 250		
编号	GBZ8		
标高/m	−2.630~2.870	2.870~8.670	8.670~32.800
纵筋	20⏀14	20⏀14	20⏀12
箍筋	⏀8@100	⏀8@100	⏀8@150

截面	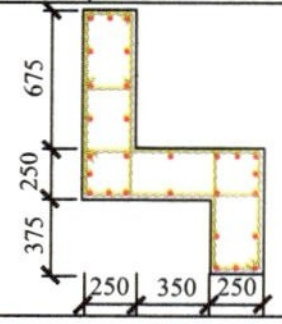 675, 250, 375, 250, 350, 250		
编号	GBZ5		
标高/m	−2.630~2.870	2.870~8.670	8.670~29.000
纵筋	28⏀14	28⏀12	28⏀12
箍筋	⏀10@150	⏀10@150	⏀8@150

截面	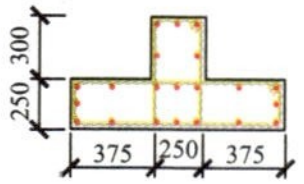 300, 250, 375, 250, 375		
编号	GBZ9		
标高/m	−2.630~2.870	2.870~8.670	8.670~29.000
纵筋	21⏀14	21⏀12	21⏀12
箍筋	⏀10@150	⏀10@150	⏀8@150

剪力墙身表

编号	标高/mm	墙厚/mm	水平分布钢筋	竖向分布钢筋	拉结筋（梅花双向）
Q1	−2.630~32.800	250	⏀8@150	⏀10@150	⏀6@600@600

剪力墙梁表

编号	所在楼层号	梁顶相对标高高差/m	梁截面 $b\times h$	上部纵筋	下部纵筋	箍筋
LL1	−1		250×470	3⏀18	3⏀16	⏀8@100(2)
	1~10		250×570	3⏀18	3⏀18	⏀8@100(2)
	层面	0.200	250×770	3⏀20	3⏀20	⏀8@100(2)
LL2	−1		250×470	3⏀18	3⏀18	⏀8@100(2)
	1~10		250×670	3⏀18	3⏀18	⏀8@100(2)
	层面		250×670	3⏀20	3⏀20	⏀8@100(2)

××市××设计院

图7-13 剪力墙柱表、剪力墙身表和剪力墙梁表

表 7-8　剪力墙平法施工图识读

<table>
<tr><th>识读要点</th><th>图纸表述</th><th>识读说明</th></tr>
<tr><td>剪力墙平面布置图</td><td> 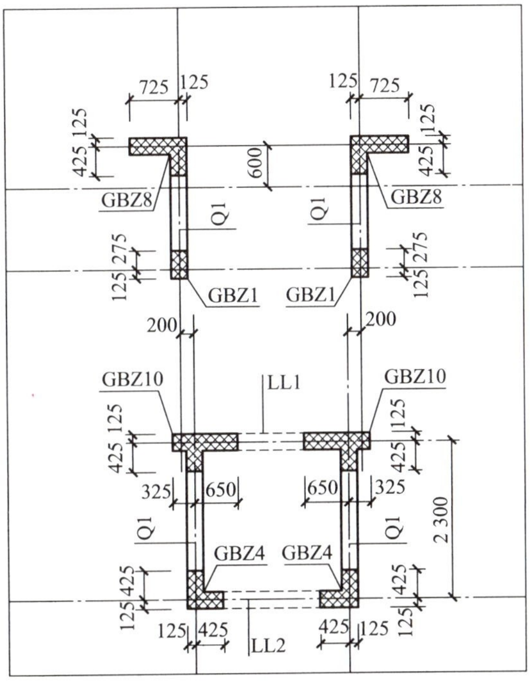2.870~26.070墙柱平法施工图(局部) 1∶100</td><td>(1) 剪力墙平面布置图中标题栏、层高表、定位轴线等识读同梁、板部分。
(2) 墙身编号识读:剪力墙身编号 Q1,几何尺寸及配筋见墙身表。
(3) 墙梁编号识读:墙梁编号 LL1、LL2,几何尺寸及配筋见墙梁表。
(4) 墙柱编号识读:剪力墙构造边缘构件编号 GBZ1、GBZ4、GBZ8、GBZ10,且在平面布置图中表达了上述构造边缘构件的定位尺寸,具体的几何尺寸及配筋见墙柱表</td></tr>
<tr><td>墙身表</td><td>剪力墙身表
<table><tr><th>编号</th><th>标高/m</th><th>墙厚/mm</th><th>水平分布钢筋</th><th>竖向分布钢筋</th><th>拉结筋(梅花双向)</th></tr><tr><td>Q1</td><td>−2.630~32.800</td><td>250</td><td>ϕ8@150</td><td>ϕ10@150</td><td>ϕ6@600@600</td></tr></table></td><td>对应平面布置图,剪力墙身 Q1 在 2.870~26.070 m标高范围内的厚度为 250 mm;水平分布钢筋为 ϕ8@150,竖向分布钢筋为 ϕ10@150,分两排布置;拉结筋为 ϕ6,水平方向间距 600 mm,竖向间距 600 mm,梅花形布置</td></tr>
</table>

续表

<table>
<tr><th>识读要点</th><th>图纸表述</th><th>识读说明</th></tr>
<tr><td>墙梁表</td><td>
<table>
<tr><th colspan="7">剪力墙梁表</th></tr>
<tr><th>编号</th><th>所在楼层号</th><th>梁顶相对标高高差/m</th><th>梁截面
b×h</th><th>上部纵筋</th><th>下部纵筋</th><th>箍筋</th></tr>
<tr><td rowspan="3">LL1</td><td>-1</td><td></td><td>250×470</td><td>3Φ18</td><td>3Φ16</td><td>Φ8@100(2)</td></tr>
<tr><td>1~10</td><td></td><td>250×570</td><td>3Φ18</td><td>3Φ18</td><td>Φ8@100(2)</td></tr>
<tr><td>屋面</td><td>0.200</td><td>250×770</td><td>3Φ20</td><td>3Φ20</td><td>Φ8@100(2)</td></tr>
<tr><td rowspan="3">LL2</td><td>-1</td><td></td><td>250×470</td><td>3Φ18</td><td>3Φ18</td><td>Φ8@100(2)</td></tr>
<tr><td>1~10</td><td></td><td>250×670</td><td>3Φ18</td><td>3Φ18</td><td>Φ8@100(2)</td></tr>
<tr><td>屋面</td><td></td><td>250×670</td><td>3Φ20</td><td>3Φ20</td><td>Φ8@100(2)</td></tr>
</table>
</td><td>(1)对应平面布置图,连梁LL1在2~10层(2.870~26.070 m),梁宽250 mm,梁高570 mm;连梁上部纵筋为3Φ18,下部纵筋为3Φ18;箍筋为Φ8@100,双肢箍;梁顶与结构层楼面标高相平;梁侧面纵筋为墙身水平分布钢筋Φ8@150。
(2)平面图中的LL2识读方法同上</td></tr>
<tr><td>墙柱表</td><td>
<table>
<tr><td>截面</td><td colspan="2"> 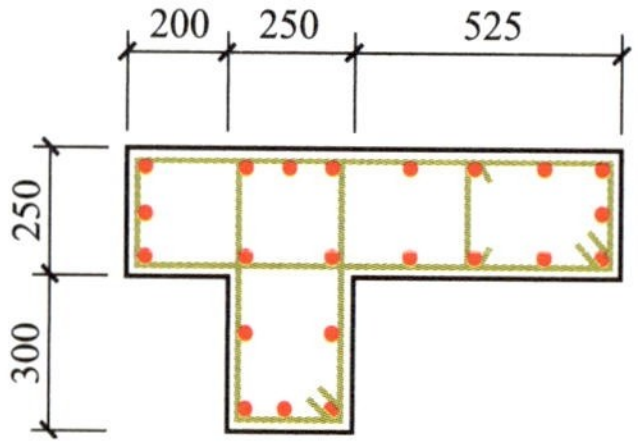200 250 525
250 300</td></tr>
<tr><td>编号</td><td colspan="2">GBZ10</td></tr>
<tr><td>标高/m</td><td>-2.630~8.670</td><td>8.670~32.800</td></tr>
<tr><td>纵筋</td><td>22Φ12</td><td>22Φ12</td></tr>
<tr><td>箍筋</td><td>Φ8@100</td><td>Φ8@150</td></tr>
</table>
</td><td>(1)构造边缘构件GBZ10几何尺寸如左图所示,对应平面布置图在2.870~8.670 m标高范围内纵筋为22Φ12,箍筋为Φ8@100;在8.670~26.070 m标高范围内纵筋为22Φ12,箍筋为Φ8@150。
(2)平面布置图中的GBZ1、GBZ4、GBZ8识读方法同上</td></tr>
</table>

任务 3　剪力墙标准构造详图的识读

1. 知道剪力墙的钢筋构造要求。
2. 熟练识读剪力墙墙身、连梁的标准构造详图。

由于剪力墙柱钢筋构造同框架柱，下面主要介绍剪力墙身与墙梁的钢筋构造要求。

一、剪力墙身钢筋构造

1. 剪力墙身钢筋种类

剪力墙身钢筋包括水平分布钢筋、竖向分布钢筋及拉结筋，如图 7-14 所示。

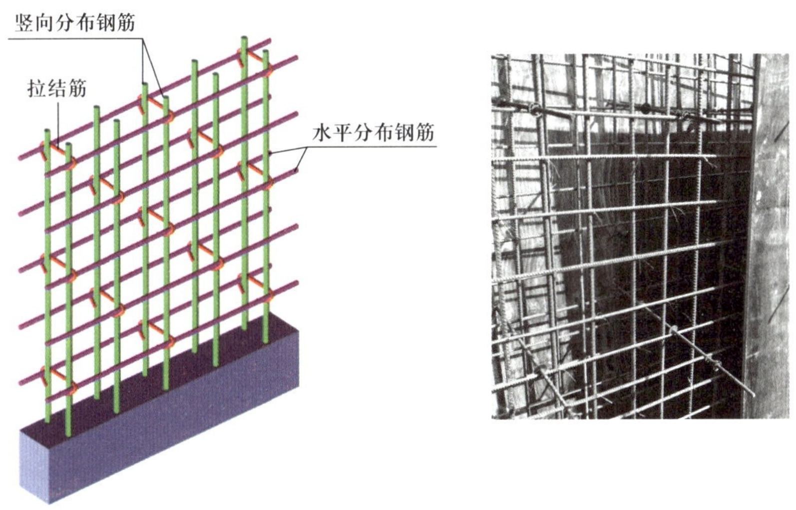

图 7-14　剪力墙身钢筋

2. 墙身水平分布钢筋的构造

墙身水平分布钢筋的构造

（1）墙身水平分布钢筋在端部的构造

墙身水平分布钢筋在端部的锚固分为端部无暗柱、端部有暗柱及端部为端柱三种情况，见表 7-9。

表 7-9　墙身水平分布钢筋在端部的构造

类型	钢筋构造图	构造要求解读
端部无暗柱	墙身水平分布钢筋 拉结筋 10d 10d 双列拉结筋 墙身竖向分布钢筋	（1）墙身水平分布钢筋伸至端部并弯折 10d。 （2）端部拉结筋双列布置

续表

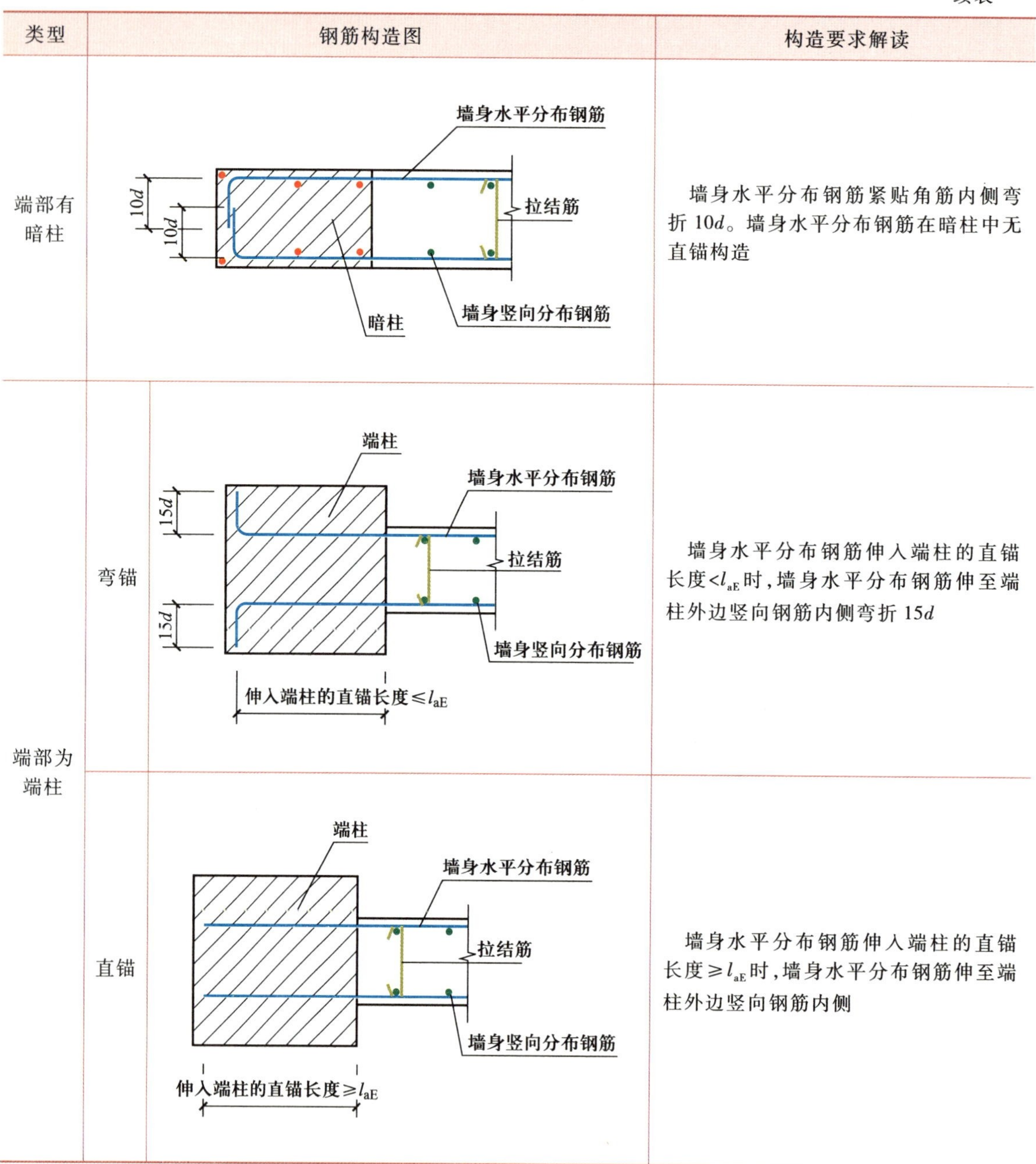

类型		钢筋构造图	构造要求解读
端部有暗柱			墙身水平分布钢筋紧贴角筋内侧弯折 10d。墙身水平分布钢筋在暗柱中无直锚构造
端部为端柱	弯锚		墙身水平分布钢筋伸入端柱的直锚长度<l_{aE}时，墙身水平分布钢筋伸至端柱外边竖向钢筋内侧弯折 15d
	直锚		墙身水平分布钢筋伸入端柱的直锚长度≥l_{aE}时，墙身水平分布钢筋伸至端柱外边竖向钢筋内侧

（2）墙身水平分布钢筋在转角处的构造

墙身水平分布钢筋在转角处的锚固分为转角处为暗柱及转角处为端柱两种情况，见表 7-10。

（3）墙身水平分布钢筋在变截面处的构造

墙身水平分布钢筋在变截面处的构造见表 7-11。

表 7-10　墙身水平分布钢筋在转角处的构造

类型		钢筋构造图	构造要求解读
转角处为暗柱	转角墙（水平分布钢筋在转角两侧搭接）	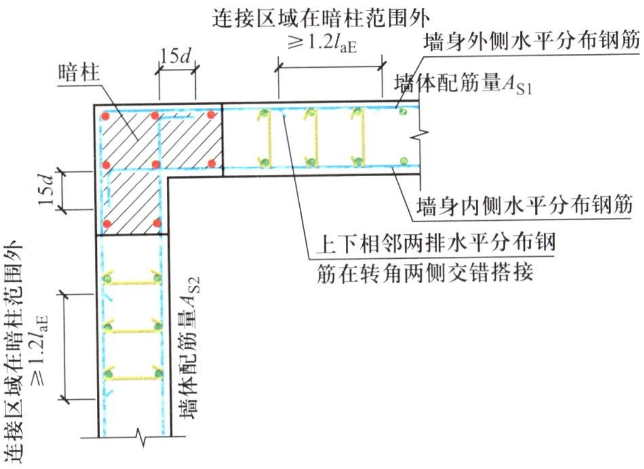	（1）墙体配筋量 $A_{S1}=A_{S2}$。 （2）墙身外侧水平分布钢筋连续通过转角，且在暗柱范围外搭接长度≥$1.2l_{aE}$，上下相邻的两排水平分布钢筋要在转角两侧交错搭接。 （3）墙身内侧水平分布钢筋伸至外边竖向钢筋内侧弯折 15d
	转角墙（水平分布钢筋在转角处搭接）	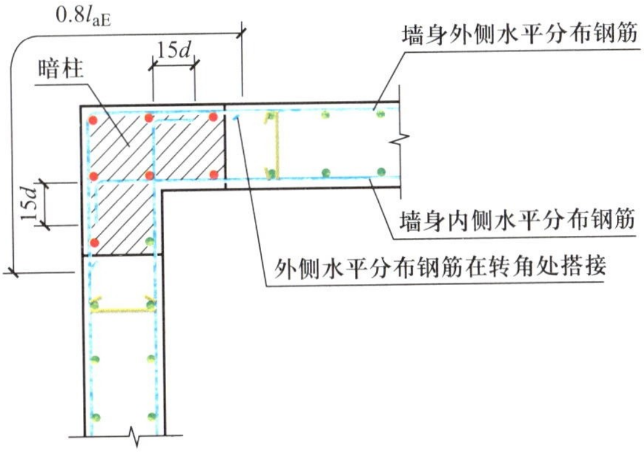	（1）墙身外侧水平分布钢筋在转角处搭接，搭接长度为弯折后 $0.8l_{aE}$。 （2）墙身内侧水平分布钢筋伸至外边竖向钢筋内侧弯折 15d
	翼墙	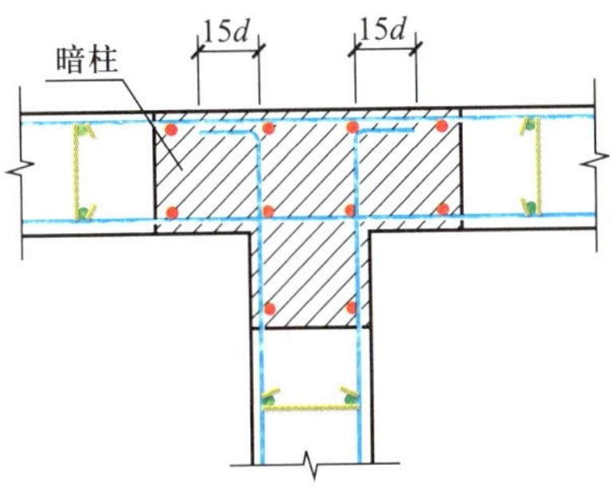	墙身水平分布钢筋伸至对边竖向钢筋内侧弯折 15d

续表

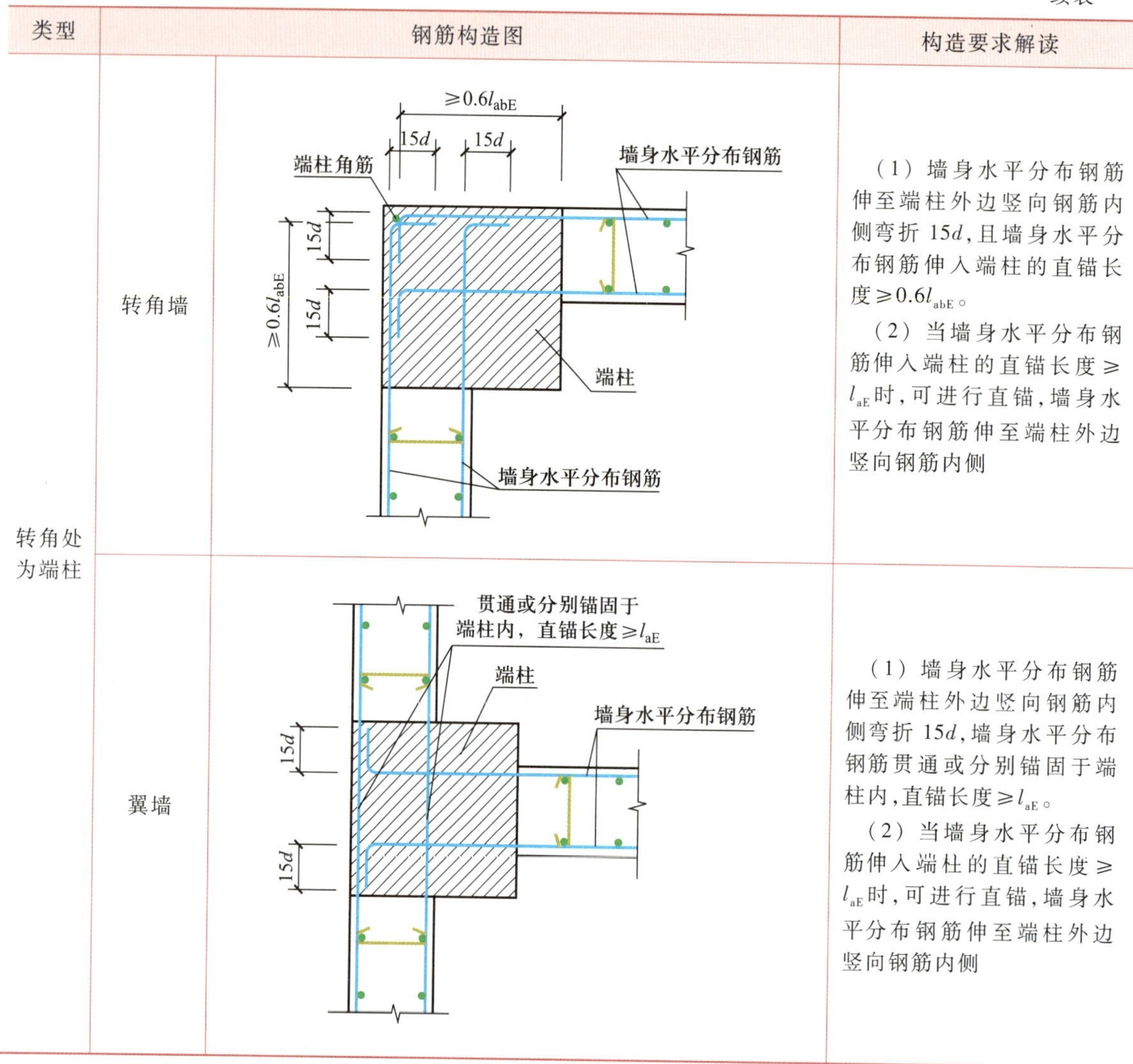

类型		钢筋构造图	构造要求解读
转角处为端柱	转角墙		（1）墙身水平分布钢筋伸至端柱外边竖向钢筋内侧弯折 15d，且墙身水平分布钢筋伸入端柱的直锚长度≥0.6l_{abE}。 （2）当墙身水平分布钢筋伸入端柱的直锚长度≥l_{aE}时，可进行直锚，墙身水平分布钢筋伸至端柱外边竖向钢筋内侧
	翼墙		（1）墙身水平分布钢筋伸至端柱外边竖向钢筋内侧弯折 15d，墙身水平分布钢筋贯通或分别锚固于端柱内，直锚长度≥l_{aE}。 （2）当墙身水平分布钢筋伸入端柱的直锚长度≥l_{aE}时，可进行直锚，墙身水平分布钢筋伸至端柱外边竖向钢筋内侧

表 7-11 墙身水平分布钢筋在变截面处的构造

类型		钢筋构造图	构造要求解读
水平变截面处构造	钢筋断开连接	1.2l_{aE} b_{w1} ≥15d b_{w2} b_{w1}≥b_{w2}	（1）薄墙肢钢筋伸入厚墙肢内长度从变截面处起为 1.2l_{aE}。 （2）厚墙肢钢筋伸至对边竖向钢筋内侧并弯折 15d

续表

类型		钢筋构造图	构造要求解读
水平变截面处构造	钢筋自然弯折		厚墙肢自然弯折伸入薄墙肢内

3. 墙身竖向分布钢筋的构造

墙身竖向分布钢筋的构造

(1) 墙身竖向分布钢筋在基础顶面及楼板顶面的连接构造

墙身竖向分布钢筋在基础顶面及楼板顶面的连接分搭接、机械连接及焊接，见表 7-12。

表 7-12　墙身竖向分布钢筋在基础顶面及楼板顶面的连接构造

类型		钢筋构造图	构造要求解读
搭接	一、二级抗震等级剪力墙底部加强部位		(1) 相邻墙身竖向分布钢筋应错开搭接，错开距离不小于 500 mm。 (2) 钢筋搭接长度不小于 $1.2l_{aE}$。 (3) 连接区位置可从基础顶面或楼板顶面算起
	一、二级抗震等级剪力墙非底部加强部位或三、四级抗震等级剪力墙		(1) 墙身竖向分布钢筋可在同一部位搭接。 (2) 钢筋搭接长度为 $1.2l_{aE}$。 (3) 连接区位置可从基础顶面或楼板顶面算起

续表

类型	钢筋构造图	构造要求解读
机械连接	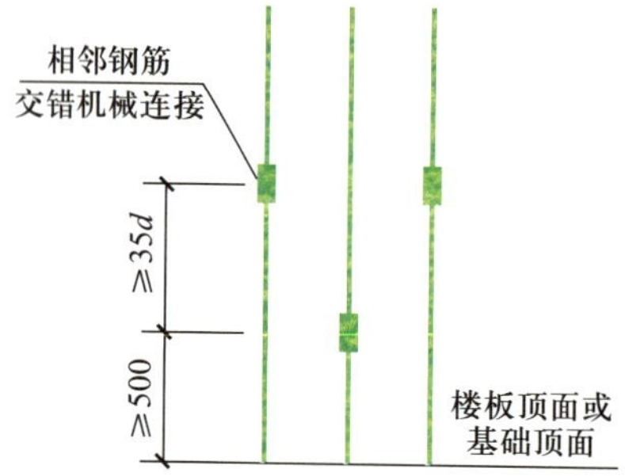	（1）相邻墙身竖向分布钢筋应错开连接，错开距离不小于 35d。 （2）基础顶面或楼板顶面以上非连接区高度不小于 500 mm
焊接	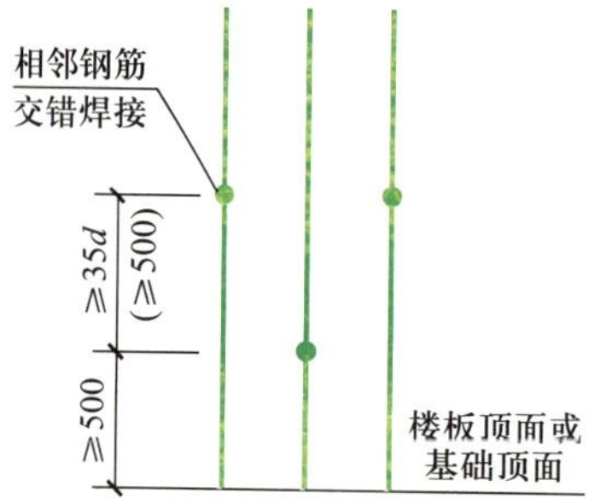	（1）相邻墙身竖向分布钢筋应错开焊接，错开距离为 35d、500 mm 的较大值。 （2）基础顶面或楼板顶面以上非连接区高度不小于 500 mm

注：剪力墙身竖向分布钢筋在基础中的构造参考柱在基础中的构造要求，此处略。

（2）墙身竖向分布钢筋在顶部的构造

墙身竖向分布钢筋在顶部的构造分顶部为屋面板或楼板与顶部为边框梁两种情况，见表 7-13。

表 7-13 墙身竖向分布钢筋在顶部的构造

类型		钢筋构造图	构造要求解读
顶部为屋面板或楼板	边跨	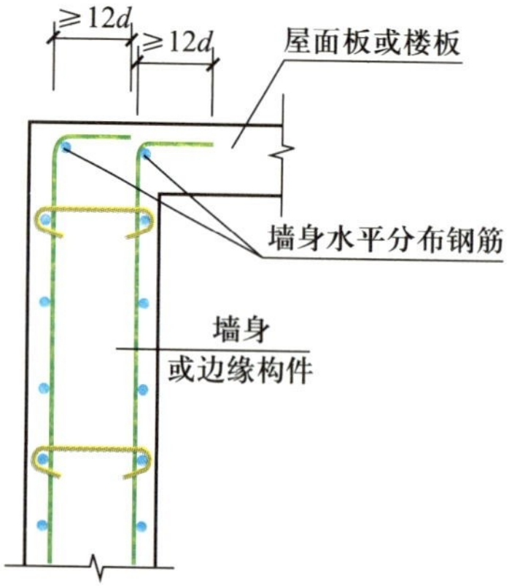	墙身竖向分布钢筋伸至端部并向板内弯折 12d

续表

类型		钢筋构造图	构造要求解读
顶部为屋面板或楼板	中间跨	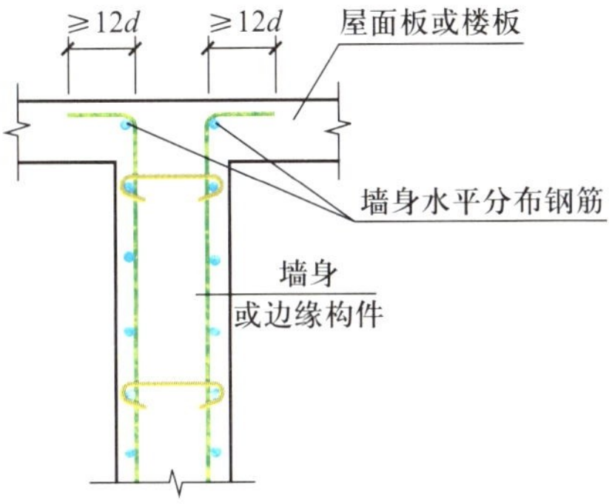	墙身竖向分布钢筋伸至端部并左右弯折12*d*
顶部为边框梁	梁高度满足直锚要求时	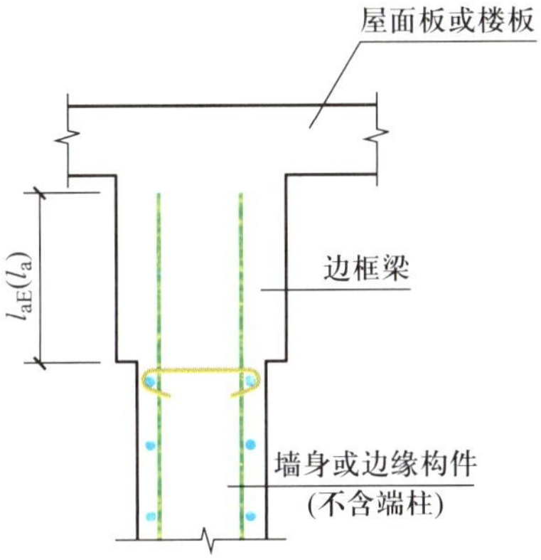	墙身竖向分布钢筋伸至边框梁内长度从梁底计算为一个抗震锚固长度 l_{aE}
	梁高度不满足直锚要求时	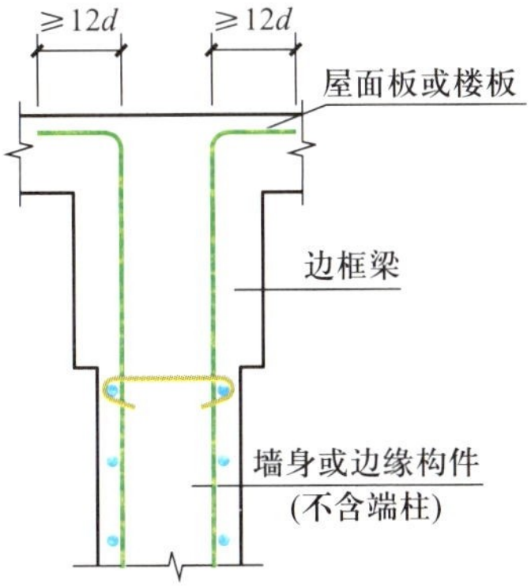	墙身竖向分布钢筋伸至边框梁顶并左右弯折12*d*。

（3）墙身竖向分布钢筋在变截面处的构造

墙身竖向分布钢筋在变截面处的构造分为墙厚度的差值 Δ≤30 和 Δ>30 两种情况，见表 7-14。

表 7-14 墙身竖向分布钢筋在变截面处的构造

类型	钢筋构造图	构造要求解读
Δ≤30	Δ　Δ　Δ≤30　楼板　≥6Δ　墙身水平分布钢筋　墙身或边缘构件	（1）墙身竖向分布钢筋在变截面处斜弯通过，不需要断开。 （2）起弯点位置为楼面下≥6Δ
Δ>30	≥12d　楼板　$1.2l_{aE}$　墙身水平分布钢筋　墙身或边缘构件	（1）上部墙身竖向分布钢筋锚入楼层面以下 $1.2l_{aE}$。 （2）下部墙身竖向分布钢筋伸至楼面并弯折 12d

注：剪力墙边跨处墙身变截面钢筋构造参考中间跨变截面构造，此处略。

4. 墙身拉结筋的构造

墙身拉结筋的布置方式分为双向布置和梅花双向布置两种，见表 7-15。

剪力墙梁钢筋构造

二、剪力墙梁钢筋构造

剪力墙梁分连梁、暗梁及边框梁，此处主要介绍常见连梁的钢筋构造。

1. 剪力墙连梁钢筋种类

剪力墙连梁钢筋包括上部纵筋、下部纵筋、箍筋及侧面纵筋，如图 7-15 所示。

表 7-15　墙身拉结筋的构造

类型	钢筋构造图	构造要求解读
双向 拉结筋	竖向分布钢筋 拉结筋 水平分布钢筋	（1）竖向分布钢筋间距 $a \leqslant 200$ mm，水平分布钢筋间距 $b \leqslant 200$ mm。 （2）双向布置的拉结筋要求拉结筋的竖向间距为 $3b$，水平方向间距为 $3a$
梅花双向 拉结筋	竖向分布钢筋 拉结筋 水平分布钢筋	（1）竖向分布钢筋间距 $a \leqslant 150$ mm，水平分布钢筋间距 $b \leqslant 150$ mm。 （2）双向布置的拉结筋要求拉结筋的竖向间距为 $4b$，水平方向间距为 $4a$

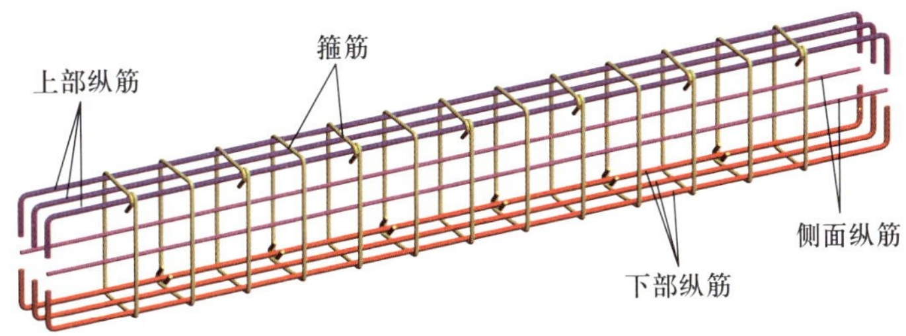

图 7-15　剪力墙连梁钢筋

2. 剪力墙连梁钢筋的构造

剪力墙连梁上部纵筋、下部纵筋及侧面纵筋在楼层和顶层的构造要求基本相同，箍筋在楼层和顶层的构造要求有所不同，顶层箍筋的配置更为严格，在构造识读中应注意。具体构造要求见表 7-16。

表 7-16　剪力墙连梁钢筋的构造

类型	钢筋构造图	构造要求解读
楼层及顶层连梁	直径同跨中，间距150 上部纵筋 墙顶LL 直径同跨中，间距150 侧面纵筋 15d 15d 伸至墙外侧纵筋内侧后弯折 100 50 箍筋 下部纵筋 50 100 l_{aE} 且≥600 上部纵筋 楼层LL 侧面纵筋 15d 15d 伸至墙外侧纵筋内侧后弯折 50 箍筋 下部纵筋 50 l_{aE} 且≥600 <l_{aE} 或<600	1. 楼层连梁 （1）连梁端部墙肢 < l_{aE} 或< 600 mm时，上部纵筋及下部纵筋伸至墙外侧纵筋内侧后弯折，弯钩段长度 15d。 （2）连梁端部墙肢 ≥ l_{aE} 且≥ 600 mm时，上部纵筋及下部纵筋伸入墙内 l_{aE} 且≥600 mm。 （3）连梁箍筋起步距离50 mm，在连梁内按箍筋间距均匀布置（注：连梁内箍筋无加密区与非加密区之分）。 （4）连梁侧面纵筋为墙身水平分布钢筋。 2. 顶层连梁 （1）连梁上部纵筋、下部纵筋及侧面纵筋构造要求均同楼层连梁。 （2）连梁在墙肢内也需要配置箍筋，箍筋直径同跨中箍筋，间距为 150 mm。其余同楼层连梁

一、剪力墙身构造图的识读

以 2.870~26.070 墙柱平法施工图（图 7-12）、剪力墙柱表、剪力墙身表和剪力墙梁表（图 7-13）为例，⑭轴剪力墙 Q1 的钢筋构造见表 7-17。

表 7-17　剪力墙 Q1 的钢筋构造

Q1 施工图

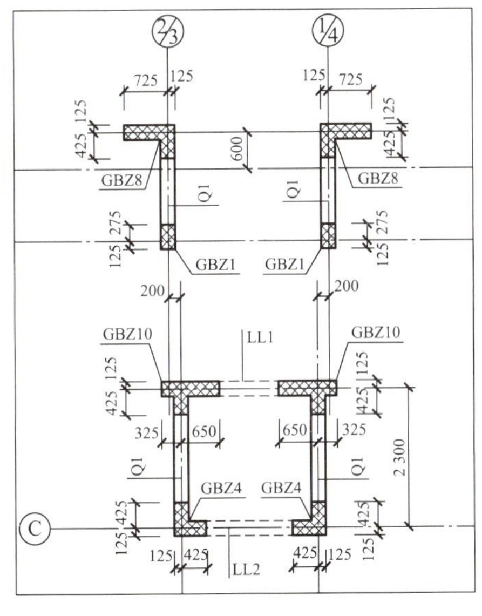

剪力墙身表					
编号	标高/m	墙高/mm	水平分布钢筋	竖向分布钢筋	拉结筋(梅花双向)
Q1	−2.630~32.800	250	ϕ8@150	ϕ10@150	ϕ6@600@600

2.870~26.070墙柱平法施工图(局部)

Q1 配筋图

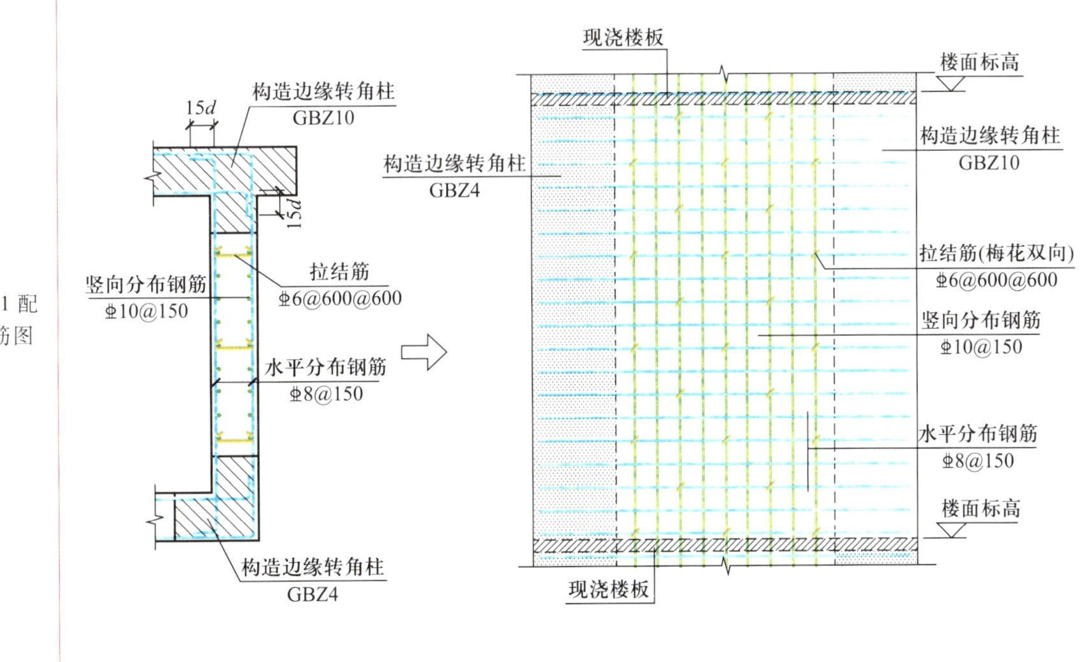

续表

三维效果图

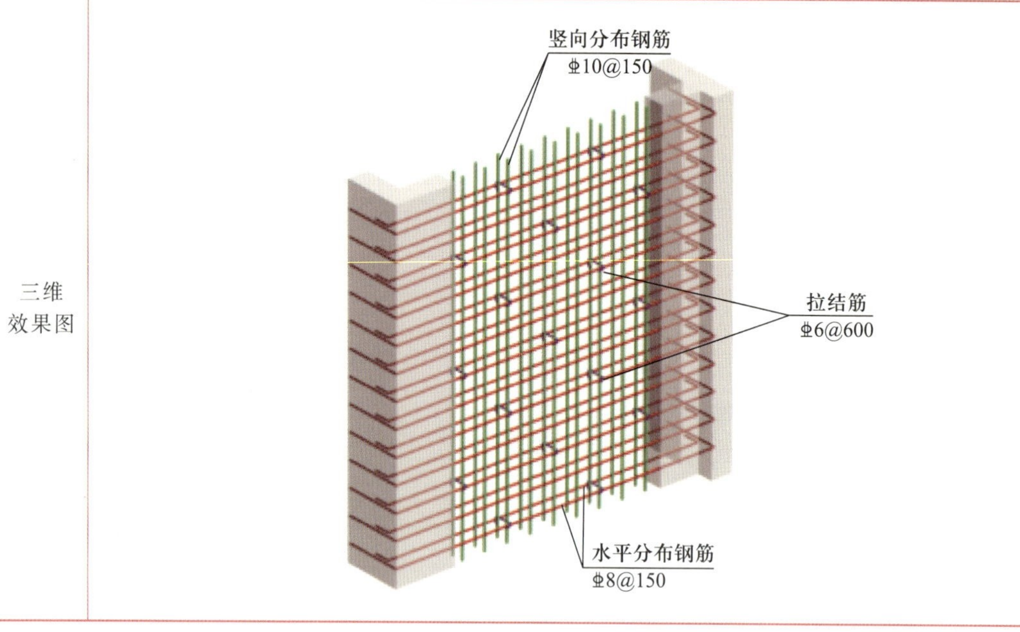

二、剪力墙连梁构造图识读

以2.870~26.070墙柱平法施工图(图7-12)、剪力墙柱表、剪力墙身表和剪力墙梁表(图7-13)为例，结合剪力墙梁构造要求，剪力墙LL2的钢筋构造见表7-18。

表7-18 剪力墙LL2的钢筋构造

LL2施工图

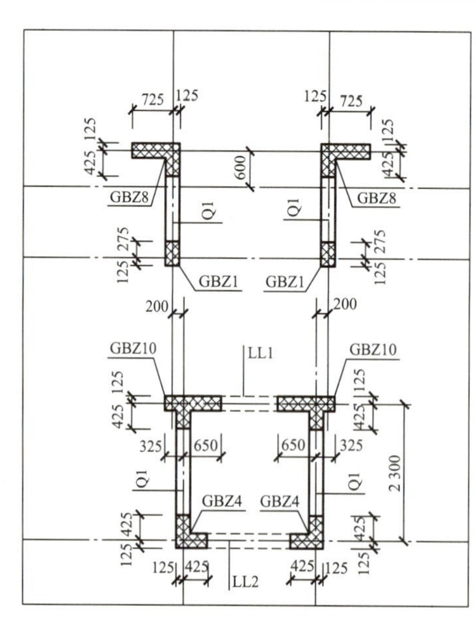

2.870~26.070墙柱平法施工图(局部)

剪力墙梁表

编号	所在楼层号	梁顶相对标高高差	梁截面 $b\times h$	上部纵筋	下部纵筋	箍筋
LL1	−1		250×470	3Φ18	3Φ16	Φ8@100(2)
	1~10		250×570	3Φ18	3Φ18	Φ8@100(2)
	屋面	0.200	250×770	3Φ20	3Φ20	Φ8@100(2)
LL2	−1		250×470	3Φ18	3Φ18	Φ8@100(2)
	1~10		250×670	3Φ18	3Φ18	Φ8@100(2)
	屋面		250×670	3Φ20	3Φ20	Φ8@100(2)

续表

LL2
配筋图

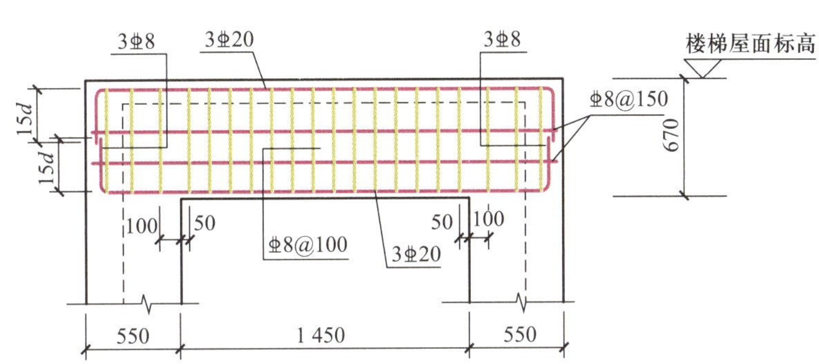

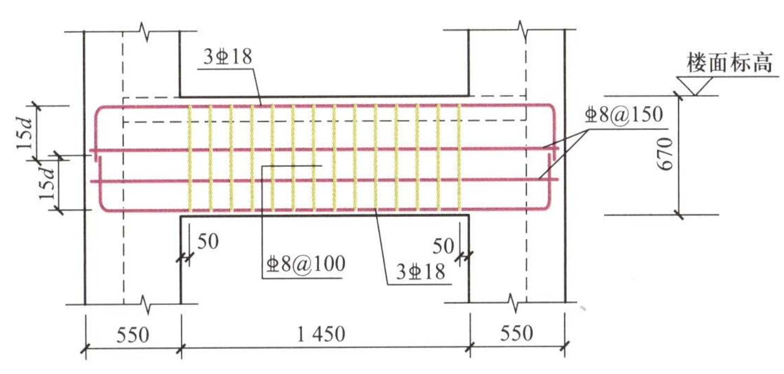

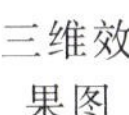
三维效
果图

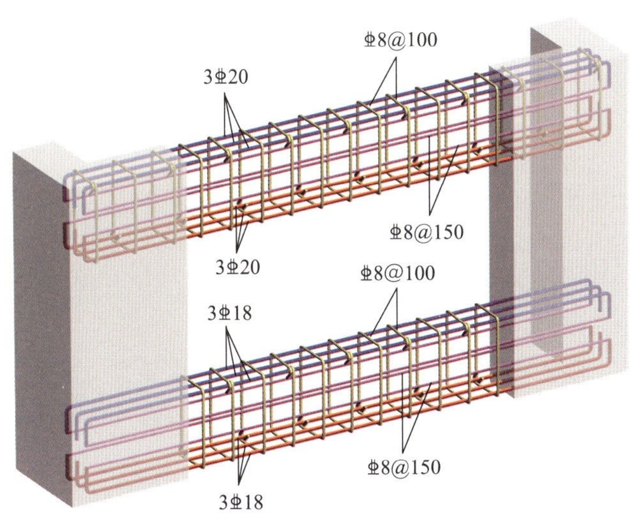

知识要点

剪力墙平法施工图的表示方法分列表注写方式和截面注写方式，本项目以列表注写方式通过工程实例介绍了剪力墙身、墙梁及墙柱平面整体表示方法的识读要点。墙柱的识读内容主要为墙柱编号、墙柱的起止标高、配筋图和几何尺寸、纵筋和箍筋的识读；墙身识读内容包括墙身编号、墙身厚度、起止标高、水平分布钢筋、竖向分布钢筋及拉结筋的识读；墙梁的识读内容为墙梁编号、墙梁所在的楼层号、截面尺寸、上部纵筋、下部纵筋、箍筋、侧面纵筋以及梁顶面标高高差的识读。

剪力墙的钢筋构造分为墙身、墙梁及墙柱的钢筋构造，本项目主要分析了剪力墙身的水平分布钢筋、竖向分布钢筋及拉结筋的构造要求，剪力墙中常用连梁的上部纵筋、下部纵筋及箍筋的构造要求。

学习检测

一、单项选择

1. 下列属于剪力墙构件的是(　　)。

A. 井字梁　　B. 墙梁　　C. 框架柱　　D. 梁

2. 剪力墙构件 YBZ 表示(　　)。

A. 构造柱　　B. 约束边缘柱

C. 约束边缘构件　　D. 构造边缘柱

3. 下列钢筋不属于剪力墙身钢筋的是(　　)。

A. 箍筋　　B. 竖向分布钢筋

C. 拉结筋　　D. 水平分布钢筋

4. 下列编号不属于剪力墙梁编号的是(　　)。

A. BKL　　B. JZL　　C. AL　　D. LL

5. 剪力墙竖向分布钢筋在顶部屋面板应伸至板顶并弯折(　　)。

A. $10d$　　B. $12d$

C. 150 mm　　D. 300 mm

6. 剪力墙顶层连梁在墙体内的箍筋直径和间距，下列说法正确的是(　　)。

A. 直径同跨中，间距同跨中　　B. 直径同跨中，间距 150 mm

C. 直径按设计，间距 100 mm　　D. 直径按设计，间距按设计

7. 下列说法不正确的是(　　)。

A. AZ 表示剪力墙暗柱　　B. Q 表示剪力墙身

C. FBZ 表示剪力墙扶壁柱　　D. LL 表示剪力墙连梁

8. 下列说法不正确的是(　　)。

A. 剪力墙柱按有没有突出墙面分为暗柱和端柱

B. 剪力墙暗梁宽度同墙厚，隐藏在墙身内

C. 剪力墙柱按受力和抗震角度分为约束柱和构造柱

D. 剪力墙柱按受力和抗震角度分为约束边缘构件和构造边缘构件

9. 剪力墙端部为暗柱时，水平分布钢筋伸至暗柱外边弯折长度为(　　)。

A. 150 mm　　B. 250 mm　　C. 10d　　D. 15d

10. 剪力墙平法施工图的表示方法有(　　)。

A. 平面注写方式和列表注写方式　　B. 列表注写方式和截面注写方式

C. 集中注写方式和原位注写方式　　D. 平面注写方式和截面注写方式

二、填空

1. 剪力墙是既承受________荷载，又承受________荷载的钢筋混凝土实体墙。

2. 剪力墙由________、________、________共同组成，简称“________、________、________”。

3. 剪力墙平面布置图采用________注写方式或________注写方式表达剪力墙________、________等相关信息。

4. 剪力墙的列表注写方式是分别在剪力________表、剪力________表和剪力________表中，对应于剪力墙平面布置图上的________，用绘制截面________图并注写________与________具体数值的方式，来表达剪力墙平法施工图。

5. 剪力墙身钢筋包括________钢筋、________钢筋及________。

6. 剪力墙梁分________梁、________梁及________梁。

7. 剪力墙连梁钢筋包括________纵筋、________纵筋、________及________纵筋。

三、识图

1. 识读如图 7-16 所示剪力墙柱平法施工图，并填空。

截面	250 300 250 320		
编号	GBZ6		
标高/m	−2.630~2.870	2.870~8.670	8.670~31.900
纵筋	16⌀16	16⌀14	16⌀12
箍筋	⌀8@100	⌀8@100	⌀8@150

图 7-16　剪力墙柱平法施工图

墙柱名称________；−2.630~2.870 标高范围内墙柱的全部纵筋为________，箍筋为________；2.870~8.670 标高范围内墙柱的全部纵筋为________，箍筋为________。

2. 识读如图 7-17 所示剪力墙梁平法施工图，并填空。

______号______梁；5 层的梁高______，梁宽______，上部纵筋为______，下部纵筋为______，箍筋为______，梁侧面纵筋为______。图中 0.300 表示____________。

剪力墙梁表						
编号	所在楼层号	梁顶相对标高高差/m	梁截面 $b \times h$	上部纵筋	下部纵筋	箍筋
LL3	−1		250×500	3⌀16	3⌀16	⌀8@150(2)
	1~9	0.300	250×800	3⌀18	3⌀18	⌀8@150(2)
	屋面		250×600	3⌀22	3⌀22	⌀8@100(2)

图 7-17 剪力墙梁平法施工图

3. 识读如图 7-18 所示剪力墙身平法施工图，并填空。

剪力墙身表					
编号	标高	墙厚	水平分布钢筋	竖向分布钢筋	拉结筋(梅花双向)
Q3	−0.030~9.870	250	⌀10@150	⌀10@150	⌀6@600@600
	9.870~32.570	250	⌀8@150	⌀8@150	⌀6@600@600

图 7-18 剪力墙身平法施工图

−0.030~9.870 标高范围内剪力墙厚度______，水平分布钢筋为______，竖向分布钢筋为______；拉结筋直径______，水平方向间距______，竖向间距______，拉结筋的布置方式______________。

4. 识读如图 7-19 所示剪力墙洞口平法施工图，并填空。

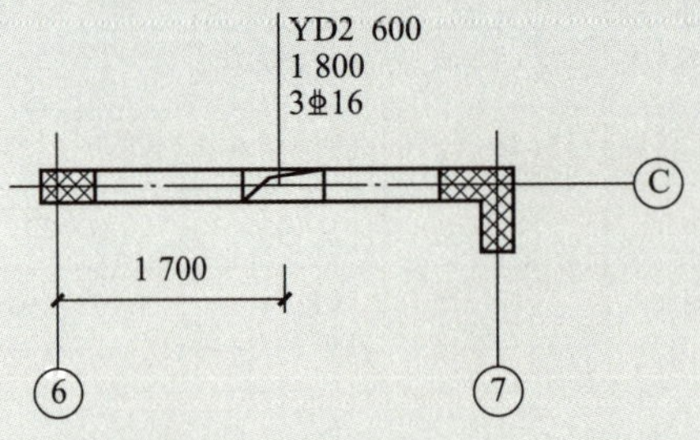

图 7-19 剪力墙洞口平法施工图

剪力墙洞口为____号____形洞口，洞口尺寸____。

图中集中标注处 1 800 表示______________________。

图中集中标注处 3⌀16 表示______________________。

图中原位标注处 1 700 表示______________________。

项目8 装配式混凝土结构施工图的简单识读

导读

装配式混凝土建筑是将标准化设计、工厂化生产的混凝土预制构件，在施工现场进行装配建造而成的建筑，具有节约资源能源、减少施工污染、提升生产效率和工程质量等优点，目前因产量与技术等原因存在着成本高、二次现浇工程量大等缺点。

装配式混凝土结构施工图主要包括装配式结构专项说明，预制剪力墙、预制板、预制柱、预制梁、预制楼梯、预制阳台和其他预制构件的施工图。本项目以装配式叠合楼板施工图的简单识读为例，使学生初步熟悉装配式混凝土结构施工图的识读。

叠合楼盖是以工厂预制的普通叠合楼板(图 8–1a)作为天然模板，在工地安装到位后，在其上部叠合层内绑扎钢筋(图 8–1b)，再进行二次浇筑混凝土形成的装配整体式叠合楼盖。

(a) 普通叠合楼板

(b) 叠合层绑扎钢筋

图 8-1 叠合楼盖

任务 装配式叠合楼板施工图的识读

1. 说出普通叠合楼板的一般规定。
2. 知道普通叠合楼板的分类和拼接。
3. 识读图 8-2 所示的预制叠合楼板施工图(局部)。

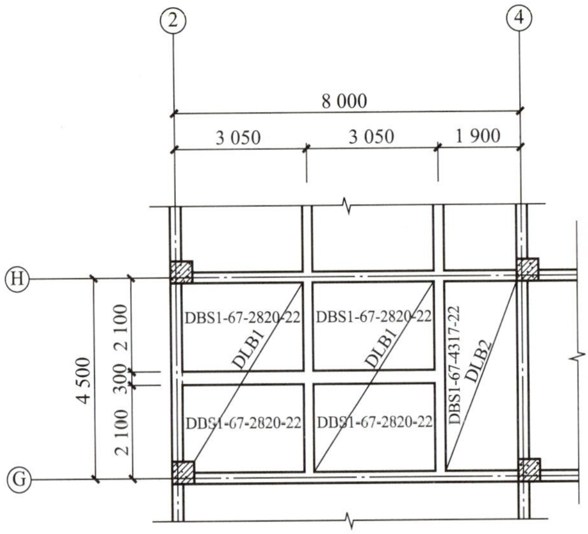

(a) 预制叠合楼板底板平面布置图

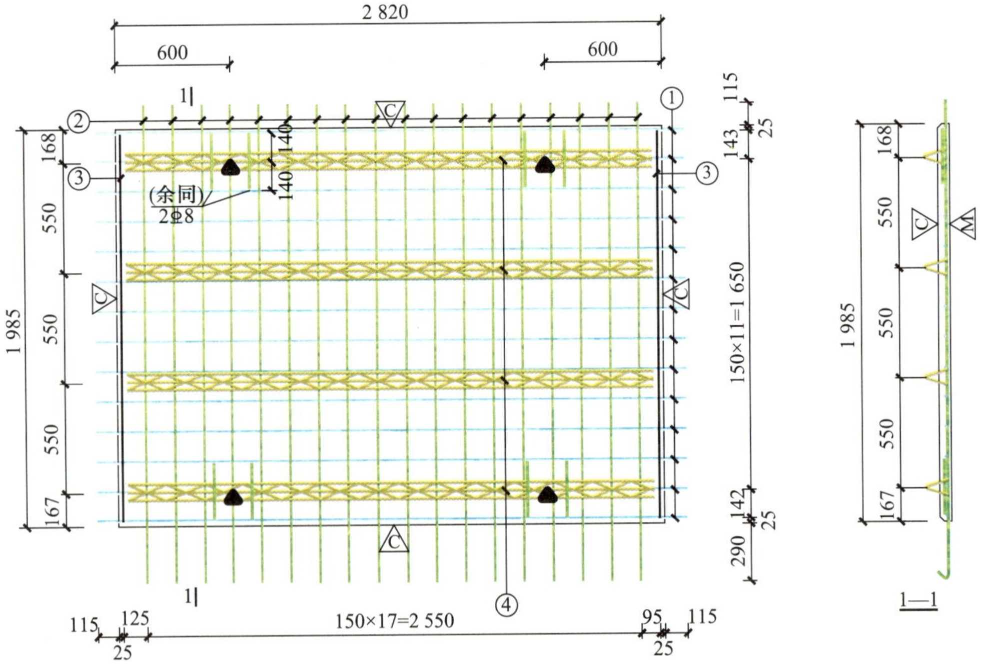

(b) 叠合楼板底板施工图

图 8-2 预制叠合楼板施工图(局部)

装配式混凝土建筑是指将构成建筑物的墙、板、楼梯、柱、梁、阳台等构件在工厂预制好，装运到施工现场，利用塔式起重机吊装到设计位置，如同搭“积木”一样，把预制构件通过节点连接搭建成为一个整体的建筑物。

装配式建筑简介

一、普通叠合楼板的一般规定

普通叠合楼板包括预制底板和后浇混凝土叠合板。普通叠合楼板适用于框架结构、框架—剪力墙结构、剪力墙结构、筒体结构等结构体系的预制建筑，也可用于钢结构建筑。

1. 截面尺寸

普通叠合楼板按现行行业标准《装配式混凝土结构技术规程》(JGJ 1—2014)的规定可做到 6 m 长，宽度一般不超过运输限宽，可做到 3.5 m，如果在工地预制，可以做到更宽。

《桁架钢筋混凝土叠合板(60 mm 厚底板)》(15G366-1)图集规定：通常普通叠合楼板预制底板厚度为 60 mm，后浇混凝土叠合板的厚度为 70 mm、80 mm、90 mm 三种。跨度大于 3 m 且小于 6 m 的叠合板，宜采用钢筋混凝土桁架钢筋叠合板；跨度大于 6 m 的叠合板，宜采用预应力混凝土叠合板；板厚大于 180 mm 的叠合板，宜采用预应力混凝土空心板。叠合板底板模板图如图 8-3 所示。

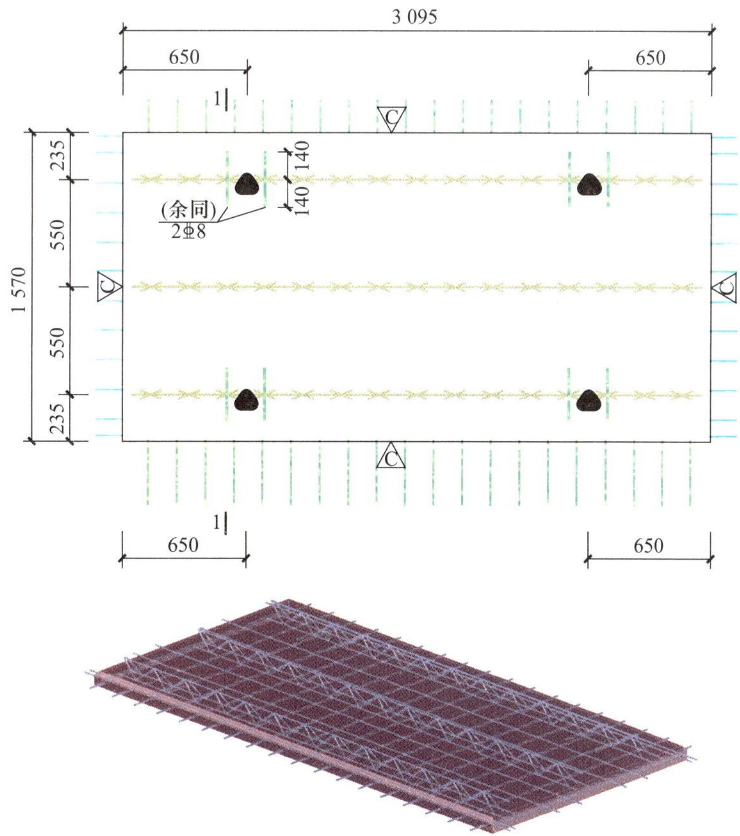

图 8-3　叠合板底板模板图

2. 钢筋

底板钢筋及钢筋桁架的上弦、下弦钢筋采用 HRB400 级钢筋，钢筋桁架腹杆钢筋采用 HPB300 级钢筋。

（1）横向受力钢筋

图 8-4 中①号钢筋为横向受力钢筋。钢筋间距根据计算确定，底板最外侧两根钢筋间距应不大于中间钢筋间距，最外侧横向受力钢筋距底板边缘 25 mm。预制底板内的横向受力钢筋宜从板端伸出并锚入支撑梁或墙的后浇混凝土中，锚固长度不应小于 $5d$（d 为横向受力钢筋直径），且宜伸过支座中心线。

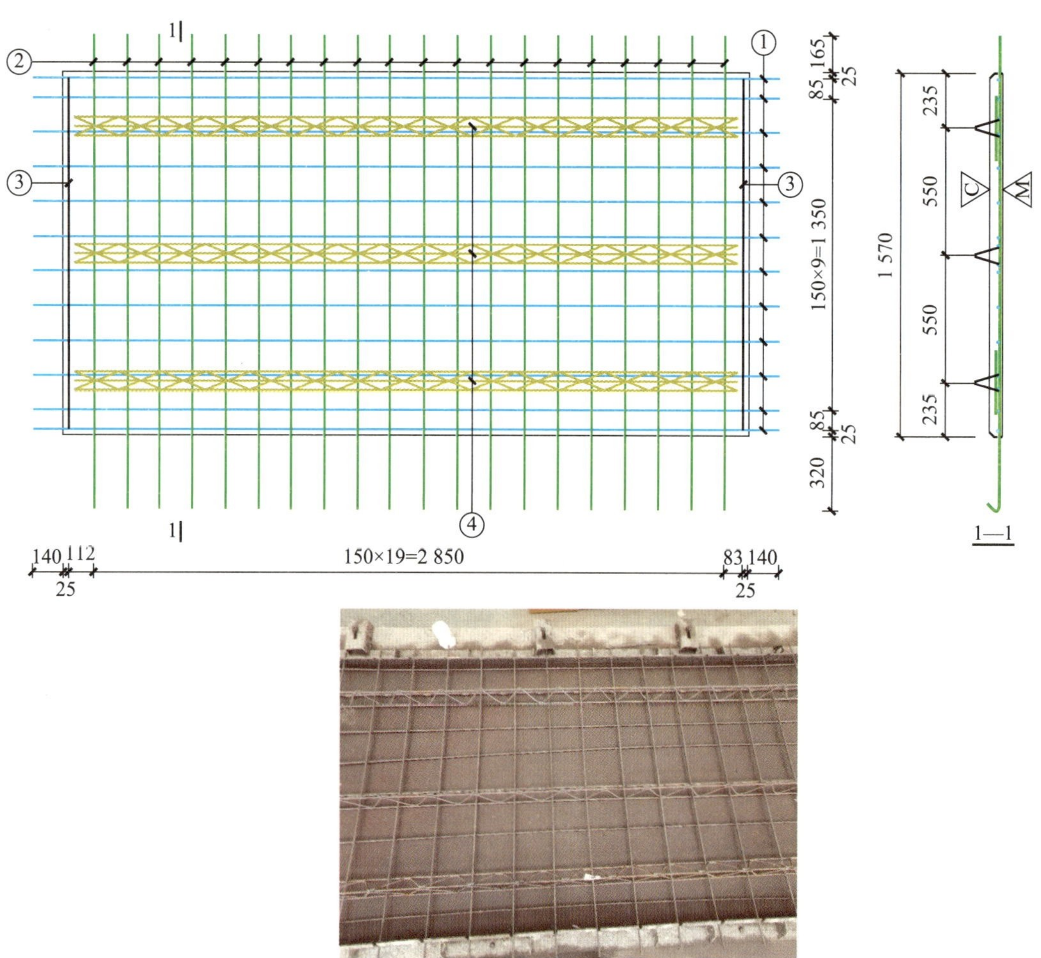

钢筋表					
使用部位	钢筋类型	编号	钢筋规格	数量	钢筋加工尺寸/mm
底板	横向	1	Φ8	12	140 | 3 095 | 140
底板	纵向	2	Φ8	20	165 | 1 570 | 320 40
底板	端头加固	3	Φ8	2	1 520
钢筋桁架	钢筋桁架	4	B80	3	2 995

图 8-4 双向叠合板底板配筋图

(2) 纵向受力钢筋

图 8-4 中②号钢筋为纵向受力钢筋。钢筋间距根据计算确定,底板最外侧两根钢筋间距应不大于中间钢筋间距,最外侧纵向受力钢筋距底板边缘 25 mm。预制底板内的纵向受力钢筋宜从板端伸出并锚入支撑梁或墙的后浇混凝土中,锚固长度不应小于 $5d$(d 为纵向受力钢筋直径),且宜伸过支座中心线。后浇带一侧钢筋应锚入后浇带一个锚固长度,两侧钢筋间距应相差 30 mm,弯钩角度为 135°。单向叠合板底板纵向受力钢筋不出筋且截断至距板边缘 15 mm。

(3) 端头保护钢筋

图 8-4 中③号钢筋为端头保护钢筋,钢筋直径为 8 mm。左右各配置两根端头保护钢筋,上下不出筋,且截断至距板边缘 25 mm。单向叠合板底板无端头保护钢筋。

(4)桁架钢筋

图 8-4 中④号钢筋为桁架钢筋,其立面图与剖面图及叠合板剖面图如图 8-5 所示。桁架钢筋放置于底板钢筋上层,下弦钢筋与底板钢筋绑扎连接。叠合楼板采用桁架钢筋的作用是增加叠合板预制部分的刚度,提高叠合板的抗剪能力。桁架钢筋沿主要受力方向布置,间距应不大于 600 mm,距底板边缘应不小于 300 mm。桁架钢筋混凝土保护层厚度不应小于 15 mm,桁架钢筋高度为 H_1。

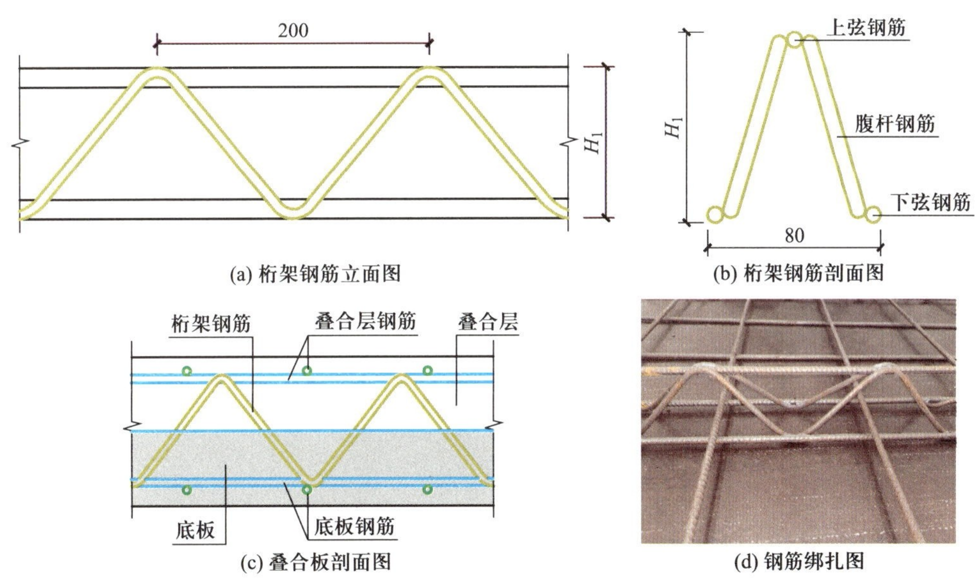

图 8-5　桁架钢筋示意图

3. 混凝土

普通叠合楼板的混凝土强度等级不宜低于 C30;预应力混凝土叠合楼板的混凝土强度等级不宜低于 C40,且不应低于 C30;现浇混凝土的强度等级不应低于 C25。

4. 吊点位置

如图 8-6a 所示,设某一块叠合楼板,长度为 L,宽度为 b,采用等代梁模型进行吊点位置计算:在满跨均布荷载作用下,利用两吊点之间梁的最大弯矩与吊点处弯矩大小相等的条件,可计算得到吊点距板边缘的距离为 $0.207L$ 或 $0.207b$,如图 8-6b 所示。

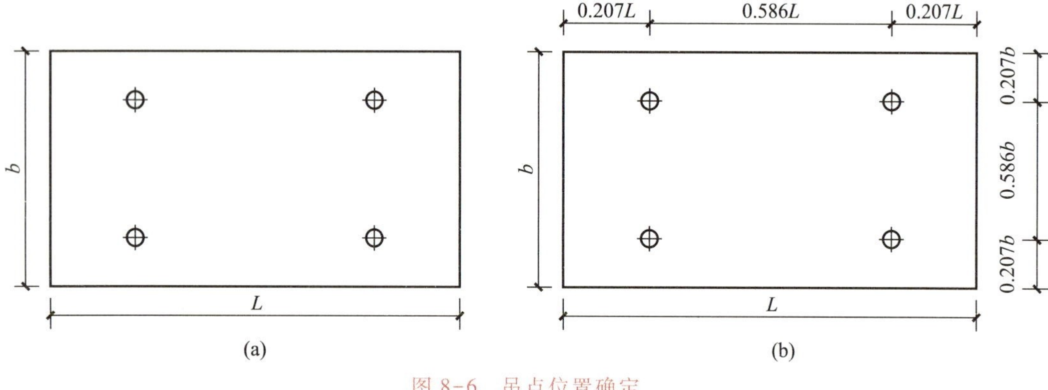

图 8-6 吊点位置确定

二、普通叠合楼板的分类和拼接

在建筑结构中,普通叠合楼板根据支座及受力情况的不同,通常可分为单向叠合楼板(图 8-7a)和双向叠合楼板(图 8-7b)。单向叠合楼板沿非受力方向拼接,预制底板采用分离式接缝,可在任意位置拼接;双向叠合楼板的预制底板采用整体式接缝,接缝位置宜设置在叠合楼板的次要受力方向且受力较小处,预制底板间宜设置 300 mm 宽后浇带用于预制板底钢筋连接,如图 8-8 所示。

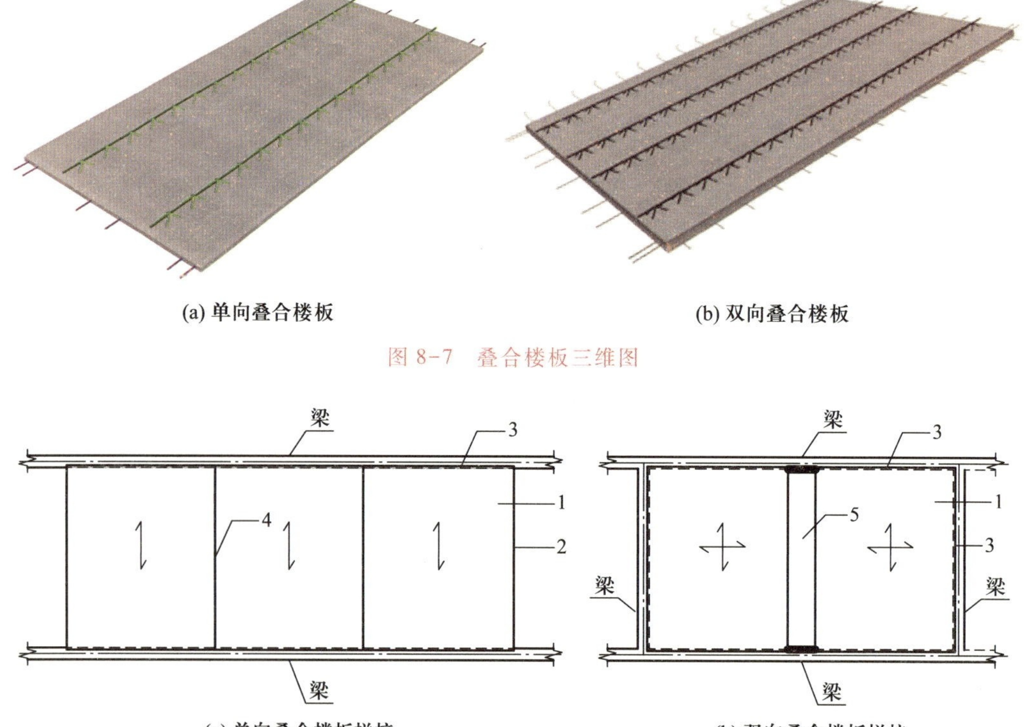

(a) 单向叠合楼板 (b) 双向叠合楼板

图 8-7 叠合楼板三维图

(a) 单向叠合楼板拼接 (b) 双向叠合楼板拼接

图 8-8 普通叠合楼板拼接示意图

1—预制叠合楼板;2—板侧支座;3—板端支座;4—板侧分离式拼接;5—板侧整体式拼接

三、普通叠合楼板的编号

1. 叠合楼板的编号

叠合楼板的板块按板的跨度进行划分，双向（X 和 Y 两个方向）均以一跨为一个板块。叠合楼板的编号由叠合楼板的代号和序号组成，序号可为数字，也可为数字加字母，见表 8-1。

表 8-1　叠合楼板的编号

叠合楼板类型	代号	序号
叠合楼面板	DLB	××
叠合屋面板	DWB	××
叠合悬挑板	DXB	××

2. 叠合楼板底板的编号

叠合楼板底板的编号见表 8-2。

表 8-2　叠合楼板底板的编号

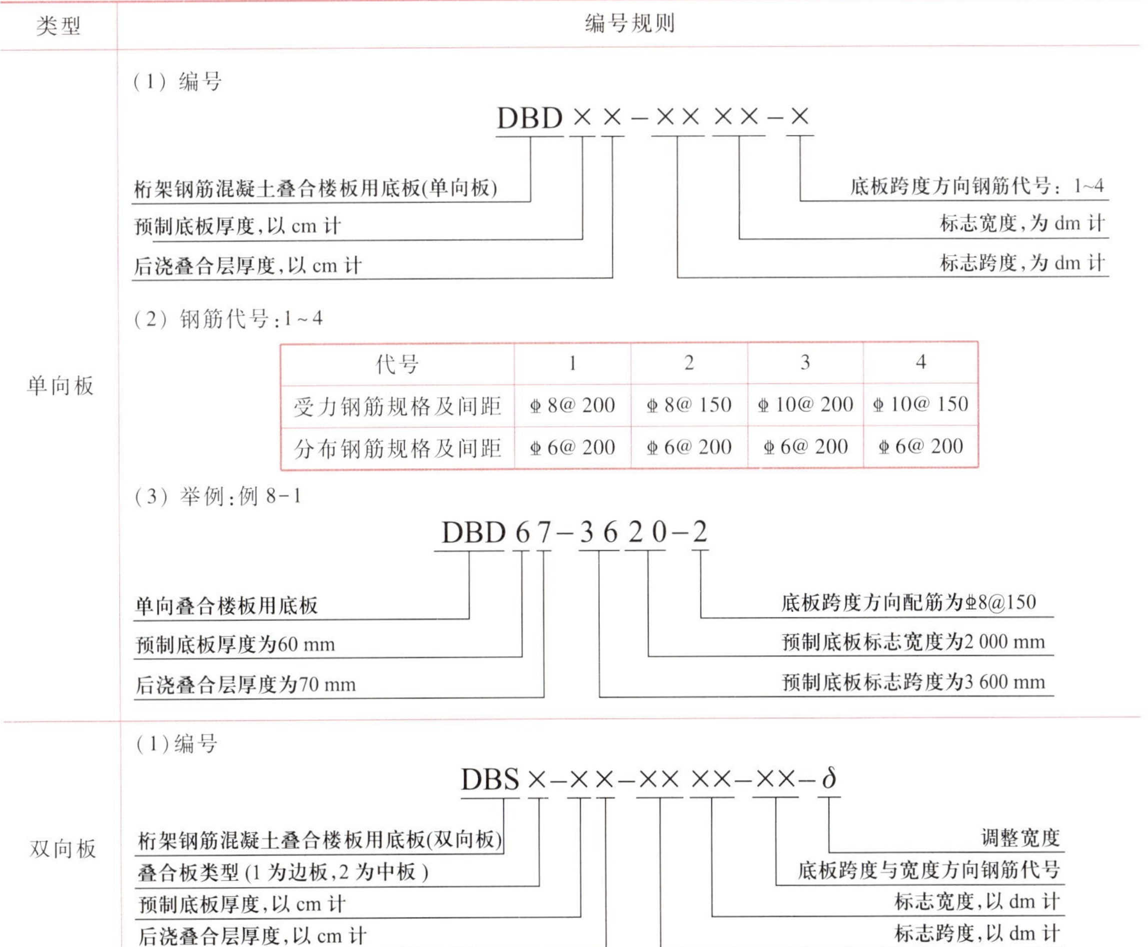

类型	编号规则
单向板	见下文
双向板	见下文

单向板

（1）编号

DBD ×× – ×× ×× – ×

- 桁架钢筋混凝土叠合楼板用底板(单向板)
- 预制底板厚度，以 cm 计
- 后浇叠合层厚度，以 cm 计
- 底板跨度方向钢筋代号：1~4
- 标志宽度，为 dm 计
- 标志跨度，为 dm 计

（2）钢筋代号：1 ~ 4

代号	1	2	3	4
受力钢筋规格及间距	ϕ 8@ 200	ϕ 8@ 150	ϕ 10@ 200	ϕ 10@ 150
分布钢筋规格及间距	ϕ 6@ 200	ϕ 6@ 200	ϕ 6@ 200	ϕ 6@ 200

（3）举例：例 8-1

DBD 67 – 3620 – 2

- 单向叠合楼板用底板
- 预制底板厚度为60 mm
- 后浇叠合层厚度为70 mm
- 底板跨度方向配筋为ϕ8@150
- 预制底板标志宽度为2 000 mm
- 预制底板标志跨度为3 600 mm

双向板

（1）编号

DBS × – ×× – ×× ×× – ×× – δ

- 桁架钢筋混凝土叠合楼板用底板(双向板)
- 叠合板类型 (1 为边板，2 为中板)
- 预制底板厚度，以 cm 计
- 后浇叠合层厚度，以 cm 计
- 调整宽度
- 底板跨度与宽度方向钢筋代号
- 标志宽度，以 dm 计
- 标志跨度，以 dm 计

续表

类型	编号规则
双向板	（2）钢筋代号：

<table>
<tr><td rowspan="2">宽度方向钢筋</td><td colspan="4">跨度方向钢筋</td></tr>
<tr><td>Φ 8@ 200</td><td>Φ 8@ 150</td><td>Φ 10@ 200</td><td>Φ 10@ 150</td></tr>
<tr><td>Φ 8@ 200</td><td>11</td><td>21</td><td>31</td><td>41</td></tr>
<tr><td>Φ 8@ 150</td><td></td><td>22</td><td>32</td><td>42</td></tr>
<tr><td>Φ 8@ 100</td><td></td><td></td><td></td><td>43</td></tr>
</table>

（3）举例：例 8-2

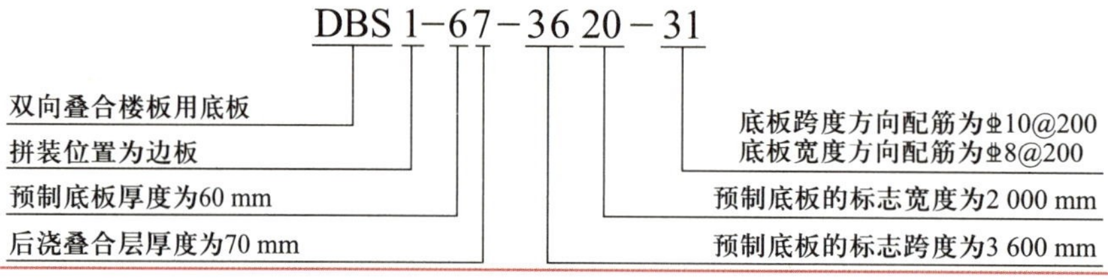

DBS 1-67-36 20-31

双向叠合楼板用底板
拼装位置为边板
预制底板厚度为60 mm
后浇叠合层厚度为70 mm
底板跨度方向配筋为Φ10@200
底板宽度方向配筋为Φ8@200
预制底板的标志宽度为2 000 mm
预制底板的标志跨度为3 600 mm

四、钢筋桁架规格及代号

钢筋桁架规格及代号见表 8-3。

表 8-3 钢筋桁架规格及代号

桁架规格代号	上弦钢筋公称直径/mm	下弦钢筋公称直径/mm	腹杆钢筋公称直径/mm	桁架设计高度/mm
A80	8	8	6	80
A90	8	8	6	90
A100	8	8	6	100
B80	10	8	6	80
B90	10	8	6	90
B100	10	8	6	100

五、普通叠合楼板的支座节点与连接节点

1. 支座节点

普通叠合楼板的支座节点分为板端支座及板侧支座，叠合楼板的板端及板侧支座构造如图 8-9 所示。

2. 连接节点

普通叠合楼板的连接节点分为分离式接缝和整体式接缝两种。

单向叠合楼板底板采用分离式接缝，可在任意位置拼接，单向叠合楼板底板分离式拼缝构造如图 8-10 所示。

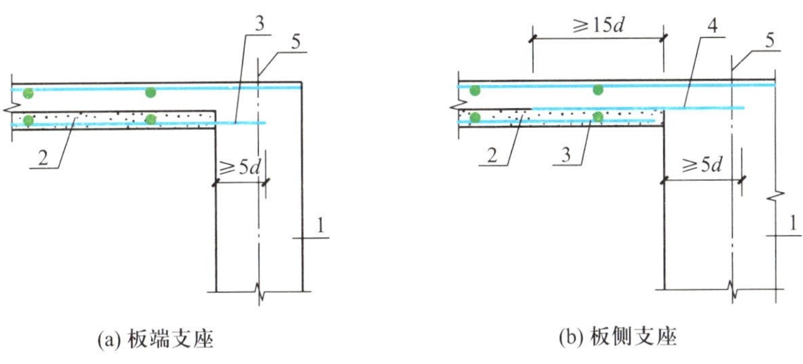

图 8-9　叠合楼板的板端及板侧支座构造示意

1—支承梁或墙；2—预制板；3—纵向受力钢筋；4—附加钢筋；5—支座中心线

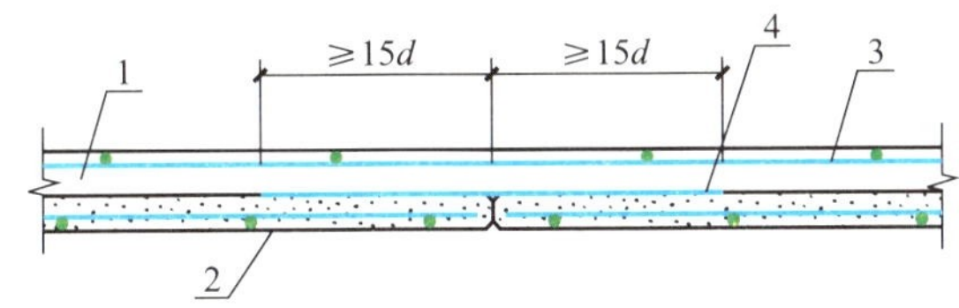

图 8-10　单向叠合楼板底板分离式接缝构造

1—后浇混凝土叠合层；2—预制板；3—后浇层内钢筋；4—附加钢筋

双向叠合楼板底板采用整体式接缝，接缝位置宜设置在叠合楼板的次要受力方向且受力较小处。接缝采用后浇带形式，双向叠合楼板底板整体式接缝构造如图 8-11 所示。

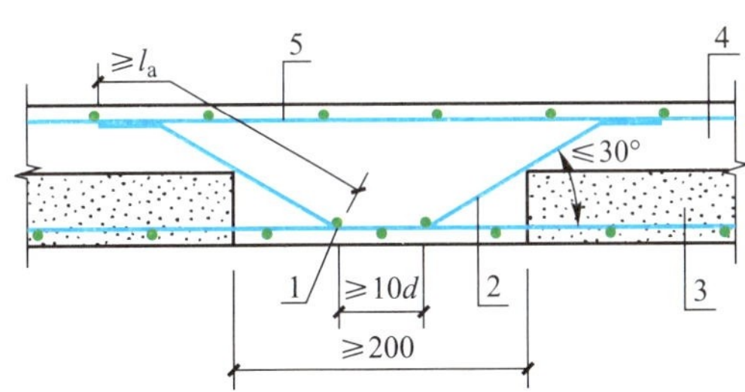

图 8-11　双向叠合楼板底板整体式接缝构造

1—通长构造钢筋；2—纵向受力钢筋；3—预制板；4—后浇混凝土叠合层；5—后浇层内钢筋

一、预制叠合楼板施工图的识读

预制叠合楼板施工图的识读主要包括预制叠合楼板底板平面布置图、现浇层配筋图和水平后浇带施工图的识读。现浇层配筋图识读参照项目 5 板平法施工图的识读；水平后浇带施工图包括水平后浇带平面布置图与水平后浇带表，前者在平面布置图上标注水平后浇带的分布位置，后者表示水平后浇带平面所在位置、所在楼层以及配筋情况。下面主要简单介绍预制叠合楼板底板平面布置图的识读，见表 8-4。

表 8-4 预制叠合楼板底板平面布置图的识读

图纸示例	主要内容识读
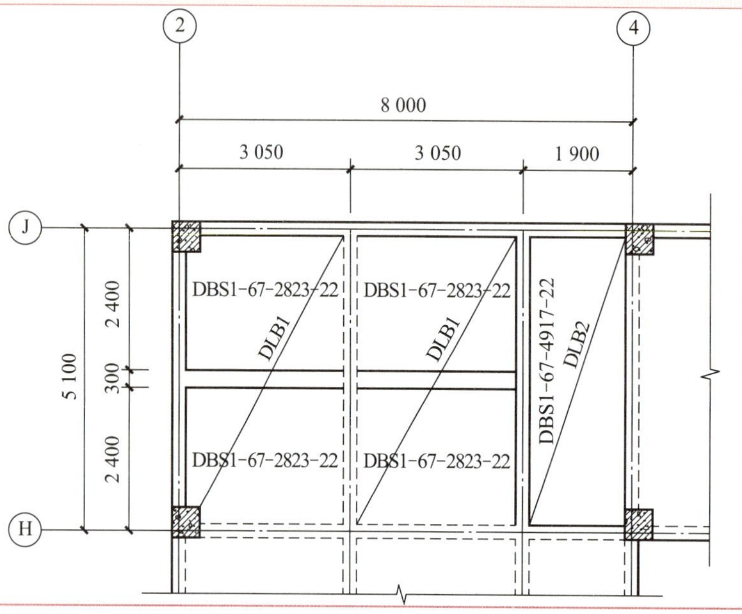	（1）板块编号 DLB1——1 号叠合楼面板 DLB2——2 号叠合楼面板 （2）叠合楼板底板编号 DBS1-67-2823-22：表示该叠合楼板为双向板，拼装位置为边板，预制底板厚度为 60 mm，后浇叠合层厚度为 70 mm，预制底板的标志跨度为 2 800 mm，预制底板的标志宽度为 2 300 mm，底板跨度方向配筋为Φ 8@ 150，底板宽度方向配筋为Φ 8@ 150。 DBS1 - 67 - 4917 - 22：读者自主识读

二、预制叠合楼板底板施工图的识读

预制叠合楼板底板施工图的识读主要包括叠合楼板底板的模板图、配筋图的识读，见表 8-5。

表 8-5 预制叠合楼板底板施工图的识读

识读步骤	图纸示例	主要内容识读
模板图	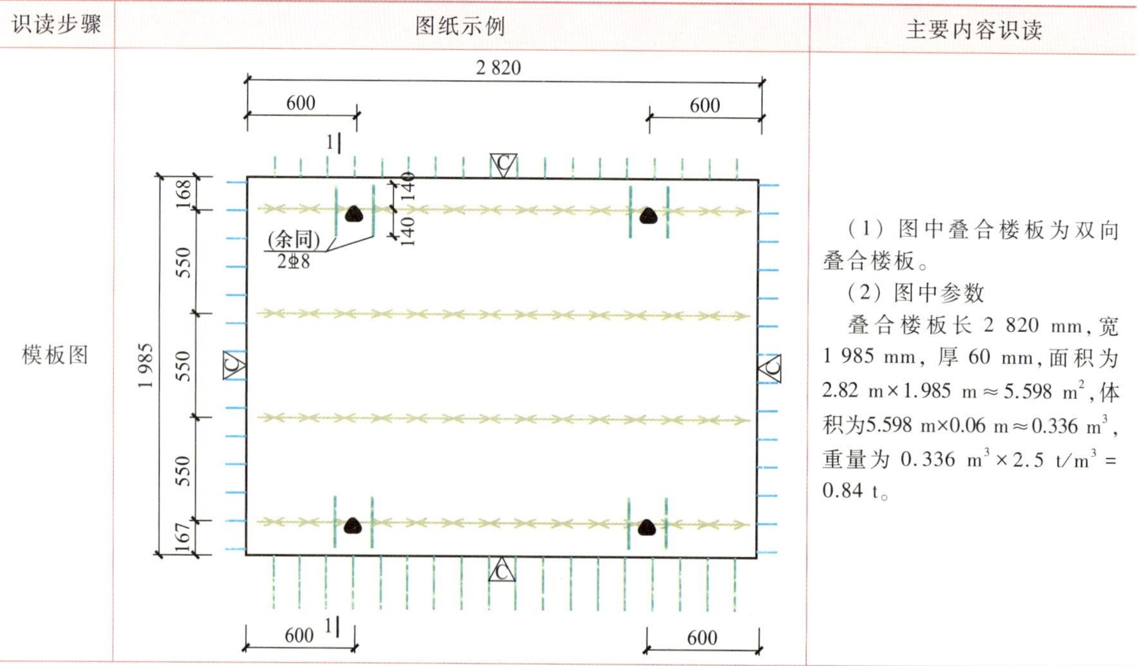	（1）图中叠合楼板为双向叠合楼板。 （2）图中参数 叠合楼板长 2 820 mm，宽 1 985 mm，厚 60 mm，面积为 2.82 m×1.985 m ≈ 5.598 m²，体积为5.598 m×0.06 m ≈ 0.336 m³，重量为 0.336 m³×2.5 t/m³ = 0.84 t。

续表

<table>
<tr><th>识读步骤</th><th>图纸示例</th><th>主要内容识读</th></tr>
<tr><td>模板图</td><td>
<table>
<tr><td colspan="4">DBS1-67-2820-22 用量清单</td></tr>
<tr><td>构件类型</td><td>面积/m^2</td><td>混凝土体积/m^3</td><td>混凝土重量/t</td></tr>
<tr><td>叠合板</td><td>5.598</td><td>0.336</td><td>0.840</td></tr>
<tr><td colspan="4">预埋件及孔洞信息</td></tr>
<tr><td>编号</td><td>符号</td><td>名称</td><td>数量</td></tr>
<tr><td>1</td><td>▲</td><td>吊点</td><td>4</td></tr>
</table>
</td><td>（3）吊点设置
长边长度为 2.82 m<3.9 m，长边方向设置两个吊点，短边长度为 1.985 m<2.4 m，短边方向设置两个吊点，吊点距板边为 2 820 mm×（0.20～0.21）=（564～592.2）mm，因模数为 50 mm，取 600 mm。
（4）图例
“C”表示粗糙面，“M”表示模板面</td></tr>
<tr><td>配筋图</td><td>预制底板配筋详图 1 : 25 </td><td>（1）受力钢筋
①号钢筋为横向受力钢筋，钢筋直径为 8 mm。左侧出筋长度为 115 mm，右侧出筋长度为 115 mm，中间配置 12 根间距为 150 mm 的钢筋，边上两根钢筋间距为（1 985－25×2－11×150）mm×1/2＝142.5 mm，上侧为 143 mm，下侧为 142 mm。
②号钢筋为纵向受力钢筋，钢筋直径为 8 mm。上侧出筋长度为 115 mm，下侧出筋长度为 290 mm，中间配置 18 根间距为 150 mm 的钢筋，边上 2 根钢筋间距为（2 820－25×2－17×150）mm×1/2＝110 mm，后浇带一侧钢筋错开 30 mm，所以左侧为 125 mm，右侧为 95 mm</td></tr>
</table>

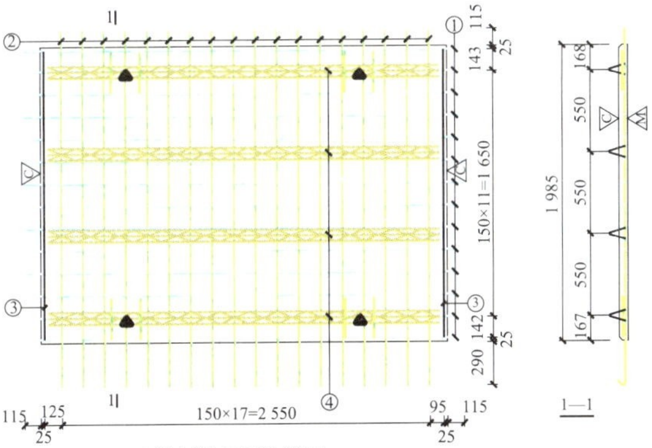

续表

<table>
<tr><th>识读步骤</th><th>图纸示例</th><th>主要内容识读</th></tr>
<tr><td>配筋图</td><td>
<table>
<tr><th colspan="6">钢筋表</th></tr>
<tr><th>使用部位</th><th>钢筋类型</th><th>编号</th><th>钢筋规格</th><th>数量</th><th>钢筋加工尺寸/m</th></tr>
<tr><td>底板</td><td>横向</td><td>1</td><td>Φ8</td><td>14</td><td>115 2 820 115</td></tr>
<tr><td>底板</td><td>纵向</td><td>2</td><td>Φ8</td><td>18</td><td>40 115 1985 290</td></tr>
<tr><td>底板</td><td>端头加固</td><td>3</td><td>Φ8</td><td>2</td><td>1 935</td></tr>
<tr><td>钢筋桁架</td><td>桁架钢筋</td><td>4</td><td>B80</td><td>4</td><td>2 720</td></tr>
</table>
</td><td>（2）端头保护钢筋
③号钢筋为端头保护钢筋，钢筋直径为 8 mm。上下不出筋，左右各配置两根端头保护钢筋，且截断至矩形板边 25 mm。
（3）桁架钢筋
④号钢筋为桁架钢筋，沿受力方向长边方向布置，桁架钢筋距板边为 50 mm，长度为 2 820 mm−2×50 mm=2 720 mm。按照短边方向 1 985 mm，设置四排桁架钢筋，中间桁架钢筋间距为 550 mm，两边桁架钢筋距板边为（1 985−550×3）mm×1/2＝167.5 mm，所以一侧为 167 mm，一侧为 168 mm。
钢筋表中 B80 为桁架规格代号，其中“B”为桁架钢筋型号：上弦钢筋直径为 10 mm，下弦钢筋直径为 8 mm，腹杆钢筋直径为 6 mm，“80”为桁架设计高度 80 mm</td></tr>
</table>

知识要点

叠合楼盖是预制底板与现浇混凝土叠合的楼盖。本项目以装配式叠合楼板为例，简要介绍了其一般规定、分类和拼接以及施工图的识读。通过对叠合楼板施工图的识读，使学生初步掌握装配式混凝土结构施工图的识读方法和识读要点。

学习检测

一、单项选择

1. 普通叠合楼板按现行行业标准《装配式混凝土结构技术规程》（JGJ 1—2014）的规定可做到____ m 长，宽度一般不超过运输限宽，可做到____ m。以下选项正确的是（　　）。

A. 6　3.5　　B. 7　3.5　　C. 6　4　　D. 5　3.5

2. 通常普通叠合楼板预制底板厚度为____ mm，后浇混凝土叠合板的厚度为____ mm。以下选项正确的是（　　）。

A. 60　60　　B. 60　70　　C. 70　60　　D. 70　70

3. 跨度大于 3 m,小于 6 m 的叠合板,宜采用(　　)。

A. 预应力混凝土叠合板　　B. 预应力混凝土空心板

C. 带肋预应力叠合楼板　　D. 钢筋混凝土桁架钢筋叠合板

4. 跨度大于 6m 的叠合板,宜采用(　　)。

A. 预应力混凝土叠合板　　B. 预应力混凝土空心板

C. 带肋预应力叠合楼板　　D.钢筋混凝土桁架钢筋叠合板

5. 板厚大于 180 mm 的叠合板,宜采用(　　)。

A. 预应力混凝土叠合板　　B. 预应力混凝土空心板

C. 带肋预应力叠合楼板　　D. 钢筋混凝土桁架钢筋叠合板

6. 普通叠合楼板的混凝土强度等级不宜低于____;现浇混凝土的强度等级不应低于____。以下选项正确的是(　　)。

A. C25　C30　　B. C35　C30

C. C30　C25　　D. C30　C20

7. 预应力混凝土叠合楼板的混凝土强度等级不宜低于____,且不应低于____。以下选项正确的是(　　)。

A. C30　C25　　B. C35　C30

C. C40　C30　　D. C40　C35

8. 桁架钢筋沿主要受力方向布置,桁架钢筋混凝土保护层厚度不应小于(　　)。

A. 15 mm　　B. 20 mm　　C. 25 mm　　D. 10 mm

二、填空

1. 建筑中的楼板进行装配式施工时,通常根据支座及受力情况的不同,可分为__________板和__________板。

2. 单向叠合楼板沿非受力方向拼接,预制底板采用__________接缝,可在任意位置拼接;双向叠合楼板的预制底板采用__________接缝。

3. 叠合楼板采用桁架钢筋的作用是________________,________________。

4. 普通叠合楼板的支座节点分为__________支座及__________支座。

5. 底板编号 DBS2-67-3018-22,表示__________叠合板用底板,拼装位置为__________,预制底板厚度为__________ mm,后浇叠合层厚度为__________ mm,预制底板的标志跨度为__________ mm,预制底板的标志宽度为__________ mm,底板跨度方向配筋为__________,底板宽度方向配筋为__________。

三、识图

某单向叠合楼板底板施工图如图 8-12 所示,识读后回答下列问题。

(1) 该叠合楼板为__________楼板。叠合楼板长__________ mm,宽__________ mm,厚__________ mm,面积为__________ m^2,体积为__________ m^3,重量为__________ t。长边方向设置__________个吊点,短边方向设置__________个吊点,吊点距板边为__________ mm。

(2) ①号钢筋为__________钢筋,钢筋直径为__________ mm。左侧出筋长度为__________ mm,右侧出筋长度为__________ mm,中间配置__________根间距为__________ mm 的钢筋,边上两根钢筋间距为__________ mm。

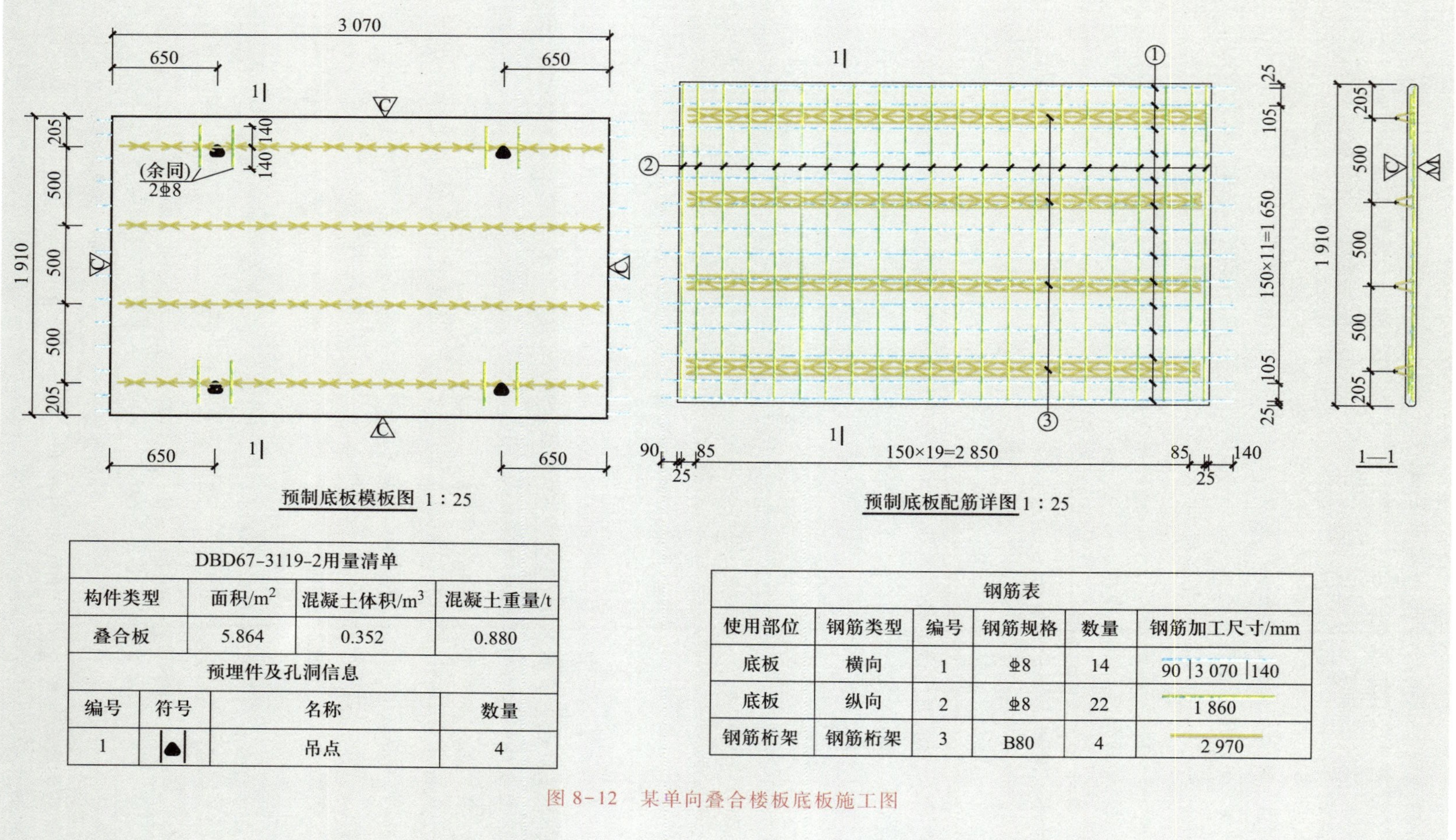

DBD67-3119-2用量清单			
构件类型	面积/m²	混凝土体积/m³	混凝土重量/t
叠合板	5.864	0.352	0.880
预埋件及孔洞信息			
编号	符号	名称	数量
1	●	吊点	4

钢筋表

使用部位	钢筋类型	编号	钢筋规格	数量	钢筋加工尺寸/mm
底板	横向	1	Φ8	14	90 |3 070 |140
底板	纵向	2	Φ8	22	1 860
钢筋桁架	钢筋桁架	3	B80	4	2 970

图 8-12 某单向叠合楼板底板施工图

(3) ②号钢筋为__________钢筋,钢筋直径为__________ mm。上下两侧钢筋不出筋且距板边__________ mm,中间配置__________根间距为__________ mm 的钢筋,边上两根钢筋间距左侧为__________ mm,右侧为__________ mm。

(4) ③号钢筋为__________钢筋,沿受力方向长边方向布置,桁架钢筋距板边为__________ mm,长度为__________ mm。按照短边方向 1 985 mm,设置__________排桁架钢筋,中间桁架钢筋间距为__________ mm,两边桁架钢筋距板边为__________ mm。

参考文献

[1] 王仁田,林宏剑.建筑结构施工图识读[M].北京:高等教育出版社,2015.
[2] 傅华夏.建筑三维平法结构识图教程[M].2版.北京:北京大学出版社,2018.
[3] 魏文彪.平法钢筋识图与算量实例教程[M].武汉:华中科技大学出版社,2017.
[4] 张建荣,郑晟.装配式混凝土建筑识图与构造[M].上海:上海交通大学出版社,2017.

郑重声明

高等教育出版社依法对本书享有专有出版权。任何未经许可的复制、销售行为均违反《中华人民共和国著作权法》，其行为人将承担相应的民事责任和行政责任；构成犯罪的，将被依法追究刑事责任。为了维护市场秩序，保护读者的合法权益，避免读者误用盗版书造成不良后果，我社将配合行政执法部门和司法机关对违法犯罪的单位和个人进行严厉打击。社会各界人士如发现上述侵权行为，希望及时举报，本社将奖励举报有功人员。

反盗版举报电话 (010)58581999 58582371 58582488

反盗版举报传真 (010)82086060

反盗版举报邮箱 dd@ hep.com.cn

通信地址 北京市西城区德外大街 4 号
高等教育出版社法律事务与版权管理部

邮政编码 100120

防伪查询说明

用户购书后刮开封底防伪涂层，利用手机微信等软件扫描二维码，会跳转至防伪查询网页，获得所购图书详细信息。也可将防伪二维码下的 20 位密码按从左到右、从上到下的顺序发送短信至 106695881280，免费查询所购图书真伪。

反盗版短信举报

编辑短信"JB，图书名称，出版社，购买地点"发送至 10669588128

防伪客服电话

(010)58582300

学习卡账号使用说明

一、注册/登录

访问 http://abook.hep.com.cn/sve，点击"注册"，在注册页面输入用户名、密码及常用的邮箱进行注册。已注册的用户直接输入用户名和密码登录即可进入"我的课程"页面。

二、课程绑定

点击"我的课程"页面右上方"绑定课程"，正确输入教材封底防伪标签上的 20 位密码，点击"确定"完成课程绑定。

三、访问课程

在"正在学习"列表中选择已绑定的课程，点击"进入课程"即可浏览或下载与本书配套的课程资源。刚绑定的课程请在"申请学习"列表中选择相应课程并点击"进入课程"。

如有账号问题，请发邮件至：4a_admin_zz@ pub.hep.cn。